彩图 **HISTORY OF SCIENCE**

世界科学史

〔英〕彼得·惠特菲尔德　甘晓　著

本书翻译组　译

中国科学技术出版社

·北　京·

图书在版编目（CIP）数据

彩图世界科学史. 2 /(英) 彼得·惠特菲尔德, 甘晓著 ; 本书翻译组译. -- 北京 : 中国科学技术出版社, 2022.8

书名原文: History of science

ISBN 978-7-5046-9506-2

Ⅰ.①彩… Ⅱ.①彼… ②甘… ③本… Ⅲ.①自然科学史—世界—普及读物 Ⅳ.①N091-49

中国版本图书馆CIP数据核字(2022)第046169号

著作权合同登记号 01-2022-4271

本卷目录

5

THE 科学
SCIENTIFIC
REVOLUTION 革命

引言：科学革命

THE SCIENTIFIC REVOLUTION

如今，我们把17世纪上半叶称为科学革命的时代。在这50年中，天文学、物理学和生命科学领域都出现了许多重大的新发现，从而为现代科学奠定了基础。除了这些科学上的成就，一种以观察实验为基础的科学思维新模式也同时形成。

把这种科学思维新模式应用于科学领域，这就意味着人们欲了解天体是如何运行的，生物是如何繁殖后代的，人体各个系统是如何协调运行的等问题，唯一有效的方法就是直接研究这些事物。以前的亚里士多德、托勒密或盖仑等人的科学著作，一直被当作经典和权威，但是，仅仅阅读和相信他们的学说，已经远远不够了。这些权威学者的大多数学说，如今看来无非是一些猜测而已，显然受到他们所处时代哲学思想的局限。最高的权威应当是实践经验，即应当相信我们的肉眼，或借助于某些非凡的新式科学仪器，直接观察事物，然后

◎科学时代的来临：法国国王路易十六参观巴黎天文台，该台为法国重新绘制了世界地图和天体图。

◎阿龙·拉思伯恩1616年出版的《观测者》（*The Surveyor in Four Books*），
该书是17世纪出版的众多科学著作之一。

再得出结论。

望远镜和显微镜是科学革命时代的两项重要发明，具有特别重大的意义，它们改变了人们对自然界的看法。使用了这两类仪器之后，人们发现，肉眼所见的只不过是自然界的一小部分。在我们周围还存在许多难以解释的事物，如天空、植物、动物以及人体内部。可以说，人们以前对这些事物所知甚少，今后还需要我们努力去解释这些事物。

世界在扩大

观察实验的原则，是由文艺复兴时代的各种经验所形成的，那时的艺术家和从事采矿与航海等技术领域的人们在实践中积累了重新发现世界的各种经验。其中最有影响力的因素，当数发现新大陆和环球航行。这些事实向欧洲人民展示，世界是如此广阔，丰富多彩，复杂多变，远远超出了中古时代那些伟大思想家的想象力。看来，那些伟大的思想家有时也会犯错误，他们就好像是禁锢在柏拉图《理想国》牢笼中的人，错把影子当成真实。那么，他们是否还会犯一些别的错误呢？他们有关自然界和人类的那些说法，难道就值得人们完全相信吗？

显然，人们应当亲自去试验，去观察，去实验，去测量，然后得出结论，这才是唯一正确的途径。按照科学自身的条件与规律完善科学体系，以新发现为基础，构建知识的完整体系，这样才能算作科学的方法。

科学院

科学革命是从第谷、开普勒和伽利略这三位伟大人物有关天文学的创新工作开始的，由此很快扩展到物理学和生命科学等其他领域。牛顿集其大成，创建了宇宙结构的新理论，这个理论甚至今后还会主宰科学思想数百年。从伽利略到牛顿，这些科学家就像过去的许多伟大思想家一样，研究出多种新的数学形式，因为他们相信，宇宙是井然有序并且和谐统一的，主宰这一切的规律，只能用数学语言才能表达明白。

这门新的科学理论的一个显著特点是，它并非由大学的研究人员研究出来的，因为，那时这些大学仍然按照传统的神学教学大纲进行教学，所采用的仍然是经典的拉丁语言和文法。起初，这门新科学是由几位杰出的人物各自独立进行研究，后来他们共同建立了各种松散联系的学会，利用这些学会，彼此见面，互相通信，以便讨论他们的各种新想法。这些学会后来成为一些新的科学院的核心，例如，英国皇家科学院和法国皇家科学院，都是17世纪下半叶建立的。类似的科学院后来也相继在柏林、斯德哥尔摩、圣彼得堡、佛罗伦萨以及其他城市建立。

这些科学院为科学研究和科学讨论提供了论坛，并帮助建立科学实践所应具备的各种严格标准。这些科学院在学报上发表成员的研究报告，通过这种方式，新科学开始建立新的知识体系，其真实性经得起检验，并得到学者的认可，每位研究人员都是在前人成就的基础上取得自己的新研究成果。这些科学院的成果表明，新的科学理论已经具备其新特点，它追求着知识的严格性和逻辑的正确性。像传统的哲学一样，科学也已经发展到了成熟阶段。

◎右图为1688年出版的一本书中的一幅插图，书中论述了气压计、温度计和湿度计的工作原理。图中桌面上水瓶内插有一根玻璃管，瓶内的空气受热或降温后，玻璃管内的水柱便会上升或下降，这就是温度计的工作原理。

Fig. 1.

A
B
C
B
E
D

天文学革命: 第谷·布拉赫

THE SCIENTIFIC REVOLUTION

◎第谷·布拉赫，
天文观测革命
的先驱。

第谷·布拉赫
(Tycho Brahe, 1546—1601年)

· 天文学家，他精确地将天空中多种星体进行分类，而那时还
没有发明望远镜。

· 出生于现在瑞典的斯堪尼亚，当时属于丹麦。

· 1565年，他的鼻子在一次决斗中损坏了大部分，此后一直戴
着金属鼻套。

· 他曾在哥本哈根大学学习数学和天文学，此后曾在德国的莱
比锡、维滕贝格、罗斯托克和奥格斯堡学习。

· 1572年，他发现在仙后座内出现了一颗新星，由此闻名于
世；这颗超新星现在被命名为第谷星。

· 1576年，他在文岛上建立天文堡天文台。

· 他花了20年的时间，记录和测量了777颗星体的位置，一直到
1596年，他离开丹麦。

· 随后他到其他地方旅行了三年，最后定居于布拉格附近，此
时，开普勒是他的助手，协助他观察天象。

如果要说科学革命有一个开始的日期，那就应该是1572年11月11日。这一天日落后不久，丹麦天文学家第谷·布拉赫在观测仙后座时，惊奇地发现其中出现一颗比周围任何星都亮的星体，他认为，在这个位置上原来从未发现这颗星。他赶紧跑回家里，仔细地记录这颗星的位置。此后，他每天晚上都反复进行观测和记录，并且发现这颗星变得越来越暗，终于在1574年3月从视野中完全消失。

第谷发现，这颗星没有尾巴，当然就不会是彗星；这颗星也不像行星那样运行，因为在十七个月的连续观测中，它的位置完全没有移动。第谷断定，它本身就是一颗星体，而且是一颗新星，闪耀着强烈的光芒，然后逐渐减弱，最终隐身于黑暗之中。

这颗星的出现，撼动了传统科学的根基。因为，那时欧洲的所有学者都接受亚里士多德的学说，认为天体是永恒不变的，只有地球才会出现变化。宗教思想更是一直在强化这种学说，认为天上是上帝和天使们的居处。第谷认识到，这一基本学说是错误的。

天空中的新星

第谷在1573年所发表的一篇简短的论文《新星》（*De Nova Stella*）中，描述了他所发现的这颗新星（我们现在称之为超新星）。他的这篇论文对传统科学提出了质疑，在科学界引起了轰动。四年之后的1577年11月，又出现了一颗彗星，这次所引起的轰动效应

比上次更为强烈。对于这颗彗星的轨道，第谷每晚进行观测，连续观测两个月之后，他所得到的结论是：这颗彗星的轨道不是位于月亮的下方（人们此前一直这样认为），而是在月亮的上方，并且穿越水星和金星的运行轨道。第谷在反复思考的过程中，开始认识到，自古相传的所谓天球的说法，根本就是一个谎言，因为，彗星会打穿这个所谓的天球。第谷在16世纪70年代观测到这些新星之后，他不得不摒弃中世纪天文学的两项基本学说，开辟另一条新的道路，去重新认识宇宙的结构。

仔细观测

第谷是一位丹麦贵族，他用他的财富来扩展科学知识。他得到丹麦国王腓特烈二世的帮助，在丹麦西兰岛和瑞典南部之间的文岛上建立了当时欧洲第一所天文台，他称之为"天文堡"（译注：Uraniborg，丹麦文）。

第谷在世的时候，望远镜还没有发明。他是靠肉眼观测的，但是他有一些特制的仪器，比同时代其他人的仪器更大，也更准确。他雇用了一支人数众多的助手队伍，花了二十多年的时间，专门从事天文观测工作。他记录了一些行星的轨道，测量了许多星体的位置，以便发布一个新的星表，在这个基础上，就可以绘制新的星图和制作新的天球仪。

第谷了解哥白尼学说，同意他所说的行星是在围绕太阳转动，这应当是行星运动的最好解释。但是，第谷从来就不相信哥白尼的地球也在运动的说法，所以他另外设想出自己独有的一套妥协折中的太阳系理论。第谷同意，行星是围绕太阳转动的，但是他强调，太阳（还有月亮）是围绕地球转动的，地球仍然是宇宙的中心。按照他的这一套理论，太阳和月亮的轨道会穿越行星的轨道，这就再一次表明，所谓的天球并非物理学上的现实。第谷全身心地投入天文观测工作，终于为天文学研究开辟新道路奠定了基础。

◎天文堡是第谷所使用的天文台，当时在欧洲独一无二，位于厄勒海峡中的文岛。在观测天象时，该天文台的屋顶可以部分打开。

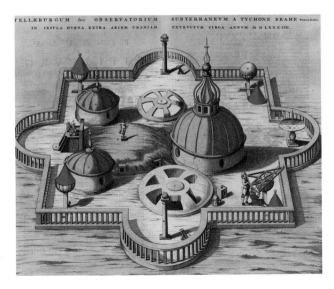

◎天文堡的附属建筑。

新科学的倡导者：培根和笛卡儿
THE SCIENTIFIC REVOLUTION

◎培根（上图）和笛卡儿（下图），这两位哲学家首先提出：通过经验建立科学。

当第谷在文岛进行革命性的天文观测时，欧洲的一些哲学家也感受到知识新发现大潮的影响。意大利和法国的学者们挺身而出，开始反对大学所传授的那一套老科学，因为这套科学是以亚里士多德的学说为基础，只能把它看成是逻辑推理，而非符合现实的描述。他们强调，应当通过人们的感官来重新认识自然界，各种学说应当接受实践的检验，只有这样才能得到可靠的知识。

培根与自然界的研究

将科学视为一整套知识系统并尽力捍卫它，弗朗西斯·培根当属第一人，他首先著书立说捍卫科学。培根的著作带有非常明显的社会背景。首先，他的著作是发表在文艺复兴、发现新大陆和印刷术出现之后的世纪。其次，他本来是一位律师和政治家，对同时代出现的新科学不太感兴趣。但是他已看出，当时现存的学术基础存在着缺陷，而且过分依赖于早年的权威学者的那些学说，毫无生气可言，简直可以说已经老掉牙了。所以，培根把这些权威称为：他们不过是神庙中的神像而已。

培根强调，这些权威的学说应该被经验观察的结论所取代，人们应当研究自然界本身多姿多彩的各种形态，然后由自己来得出结论；人们应当先研究个别事物，然后推广到一般，努力探索主宰自然界的各种规律。他说："这才是一切知识的基础。我们不能只进行猜想和假设，而是应当发现自然界是如何运作的，或者说，应当发现它究竟如何才会这样运作的。"

培根认识到，他和他同时代的人已经走到一个新时代的大门前，在真实的世界中已经发现了一些新的国家，所以，同样的，在知识领域内也一定会遇到不少新挑战。在培根的一本书的扉页上，画有一艘帆船，冲出赫拉克勒斯（译注：罗马神话中的大力神）神庙的双柱，乘风破浪，驶向辽阔的大海，它象征着人类正在寻求地理上的新发现和心灵世界中的新探索。

追求实验

据我们所知，培根没有讲过专门针对科学的话。对他而言，物理学、哲学原理体系、力学和巫术，都属于哲学的一部分，而人类的其他知识都应当分别归入历史、诗歌和神学三大类。在培根的著作中，最明确涉及科学的一本，当数1627年出版的《新大西岛》（*The New Atlantis*），书中叙述一支科学家队伍在想象中的岛屿上搜集数据和进行实验。用培根的原话来说，他们的目的是"寻求事物起因的知识，事物各种运动的秘密，以及人类王国的疆界，以便使所有的事物都成为事出有因的"。这些研究工作，大多数都会引向各种实践科学，如冶金、气象、医药和食物生产等领域。在培根的思想深处，知识的力量是强大无比的，人类对自然界的了解，可以看成是他们对自然界进行控制的前奏曲。因此，培根可以被看作是技术科学（作为一门纯科学）的预言家或倡导人。

有这样一种传说，培根的死因也在于他过于执着追求实际实验。据说，他相信雪有助于保存食物，因此他在一个大雪的冬天外出搜集雪，把雪填入鸡的肚子里以便保鲜。由于他身体羸弱，经受不住风寒的侵袭，支气管炎复发，病情恶化而去世。

◎培根选择这样一幅画面作为书的扉页，图中一艘帆船冲出赫拉克勒斯神庙的双柱，它象征人类正在进入新的知识王国。他借这幅图画表明，发现新大陆与出现新科学之间显然存在联系。

勒内·笛卡儿
(René Descartes，1596—1650 年)

·现代哲学之父。

·生于法国图尔附近。

·先在拉弗莱什的一所耶稣会学院接受教育，然后在普瓦捷学习法律。后来参加私人雇佣军。

·1618—1628年，他周游德国、法国、意大利和荷兰，最后在荷兰定居。1619年时，他在德国。他设想，真理是一个统一的系统，严格的唯理论和数学在其中起作用。

·1637年，出版《方法论》（Discourse de la Méthode）。

·1637年，出版《第一哲学沉思集》（Meditationes de Prima Philosophia）。

·1649年，应邀至斯德哥尔摩，为瑞典的克里斯蒂娜王后辅导哲学。次年在该地病逝。

◎笛卡儿的生理学观点绘图。他相信，人的各种感觉和动作都是由通过神经传导的微小物质进行控制。

笛卡儿和他对自然界的机械论观点

第二位伟大的科学哲学家是勒内·笛卡儿，他是一位数学家和唯理论者，而且是法国启蒙运动的缔造者。他亲手进行过许多实验，对动物解剖尤其感兴趣。与培根相比，笛卡儿更像是一位实践科学家。笛卡儿对自然界的观点，可以说是纯粹的唯物主义的。在他看来，物质世界里所发生的一切，都是基于物体之间相互作用的机理。他声称这种机理应该是纯经验的，并试图描述这些机理。以人的生理学为例，笛卡儿强调，人的身体不过是一部机器，由各种物理力使它运作。他认为，身体中有一种微小的物质，由大脑出发，通过神经传导到人身的各部分，由此产生人的各种物理运动。

笛卡儿说，这种微小物质的流动，就像水是通过喷泉水管流动的，然后花园里的喷泉就会喷出多姿多态的水花。他说过，人的心灵并非物理现实个体的人是一个有幽灵的机器。

心灵是如何与身体相互作用并且指挥身体进行活动呢？笛卡儿给出的答案是：深深植根于大脑中的松果体，能够通过身体改变动物精气的运动方向，它还能产生各种复杂的感情，如恐惧、愤怒和爱慕等。即使在今天听到他的这些话，也会同样令人感到惊讶，因为他竟然早就正确地指出了松果体的重要性。这大概是他在动物解剖过程中意识到松果体就像是一只眼睛，可能因此令他认为，它就是人身体中幽灵的眼睛。

笛卡儿采用同样的方法来认识宇宙，他认为，天体也是一部又复杂又奥妙的物理机械，新的天文学家已经推翻了旧的天球理论，并且对宇宙结构提出了意义深刻的质疑："是什么东西维系着各种天体，使它们处于各自的位置呢？"身为一个坚定不移的机械论者，笛卡儿简直难以设想这些天体会在虚无缥缈的空间随意运动。他认为，一定是有某种看不见的物质形式在主宰着这些天体的运动。他提出：宇宙充满了微小而稀薄的物质颗粒，而且在不断地旋动着，就像旋涡中的水一样，这些物质颗粒带动行星运动，而且每颗行星都处于它本身旋涡的中心。笛卡儿认为，空间并不是空虚无物的，而是存在大量的这种旋涡系列物质，不但本身在旋转，而且是一个绕着另一个旋转。

机械结构模型

笛卡儿的这些理论，并非经验主义的，而是基于预先设想的一种机械结构模型，它在科学思维中具有非常强大的威力。按照这种模型，一切物理效应都有其物理原因，因为一个物体会受到另一个物体的影响。所以，他在解释他所看到的事物时，提出了一种设想，即宇宙中存在许多看不见的机械，而这些机械的零件，由于太小或者太稀薄，以至于人们用肉眼很难观察到。

从某种意义上说，笛卡儿的这种模型是完全错误的。牛顿随后就提出惯性物理学学说，这是与笛卡儿根本不同的有关天体运动的另一种解释。笛卡儿和他同时代的学者，对于生理学的化学基础可以说是一无所知，尽管如此，笛卡儿的理论在当时还是产生了很大影响，它能促使科学家努力去探索自然界内在的运作机理。和培根一样，笛卡儿也反对老式的经院派学习方式，他认识到，应当在物理学和生命科学问题方面得出全新的答案。笛卡儿尽力使自然界的问题不再神秘化，与他同时代的一些学者始终沉湎于各种神秘的和魔幻的"科学"之中，而他对此则不屑一顾。笛卡儿把科学看成是知识领域的中心问题。他的唯理论和机械哲学，为法国启蒙运动的开展奠定了良好基础。

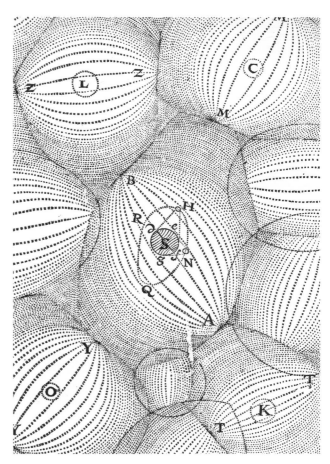

◎笛卡儿绘制的各种旋涡。笛卡儿认为，只要把各种天体的运动看成是物理机械作用的结果，它就能够被解释清楚。他强调，行星和恒星的周围存在肉眼看不见的旋转的云雾状物质。

天文学： 开普勒与宇宙和谐论
THE SCIENTIFIC REVOLUTION

◎约翰尼斯·开普勒，完成了第谷推翻中世纪天文学理论的任务。

约翰尼斯·开普勒
（Johannes Kepler，1571—1630年）

·天文学家。

·生于德国维滕贝格的魏德斯塔特。

·曾就读于蒂宾根大学。

·1594年起，在格拉茨担任数学教师。

·担任华伦斯坦的阿尔布莱希特公爵的占星师。

·1596年，出版《神秘的宇宙》一书，书中阐述了太阳及其六大行星之间的几何关系。

·1600年，应邀至布拉格，协助第谷工作。第谷于1601年去世以后，开普勒接第谷之位，担任国王鲁道夫二世的御前数学家。

·1627年，出版《鲁道夫星表》（*Tabulae Rudolphinae*）一书，书中阐述了开普勒的行星运动三定律，并附有1005颗星的星表。

在各自的位置上呢？这些天体为什么不掉到地球上，或者旋转着离开地球飞向更遥远的空间呢？是什么样的强大力量足以使各种星体沿着它们各自的轨道运动呢？如果哥白尼的理论是正确的，那么，又是什么样的强大力量足以使地球运动呢？

17世纪时开始寻求解答这些难题的那些天文学家，实际上全都是信仰宗教的人，不是无神论者。尽管他们承认上帝是宇宙的缔造者，但是他们不满足于仅仅把上帝就是这种未知力量的说法看成是这些难题的唯一解答。他们认为，一定要找出某种源于自然界和科学的解答，而且还必须用数学语言来表述。

第谷论证出天球不可能实际存在，同时，他也把一大堆难题留给了科学界。例如，恒星和行星如果不是由透明的球体空间维系着，那么，是什么东西使它们保持

德国天文学家约翰尼斯·开普勒就是这些天文学家中特别坚信新观点的人之一，他开始探索一种新的物理学，正因为有了这个扎实的基础，后来牛顿的研究工作才可能达到一个科学新顶峰。他一直在寻找他所信仰和强调的那种主宰宇宙的和谐统一性，有时他甚至以为已经找到了答案。他同时还是一位杰出的数学家，花了很长时间去进行不计其数的计算，希望能够揭示宇宙的结构。

相信占星术

开普勒一生都对占星术极感兴趣，因为他相信，人类在宇宙中占有一个特殊位置，而且人们会以某种方式与天体发生关联。因此，他努力想找出占星术的物理基础。例如，他曾经猜测，这些天体所发出的光线的特性，可能会解答它们之所以会产生不同影响的原因，而且各种行星之间的角度可能就是关键因素。由此，他试图通过数学的方式来把天体的光线和影响结合起来。

开普勒年轻的时候就相信自己已经找出了太阳系结构的秘密。他发现，太阳系各种行星的轨道可能内接于经典几何学的五种正多面体之一，它们是：立方体、四面体、八面体、二十面体和十二面体。他设想的这种看上去引人入胜的太阳系结构模型，实际上是毕达哥拉斯和柏拉图的思想再现，即自然界内存在着某种数学秩序。这种结构设想确实接近于真实，但是这种设想似乎也存在一种偶然性关系，与其他任何更广泛的科学规律无关。他于 1596 年出版了一本名为《神秘的宇宙》（Mysterium Cosmographicum）的专著，此书是以哥白尼思想（太阳是宇宙中心的日心说）为框架的天文学首批专著之一。开普勒强烈地感到，他已经找到了上帝所制定的规律，以至于他在论文中写道："我希望我能成为一名神学家，为此我曾经长时间无休止地工作，但现在我已看到上帝正在当众赞美天文学领域内的新成就。"

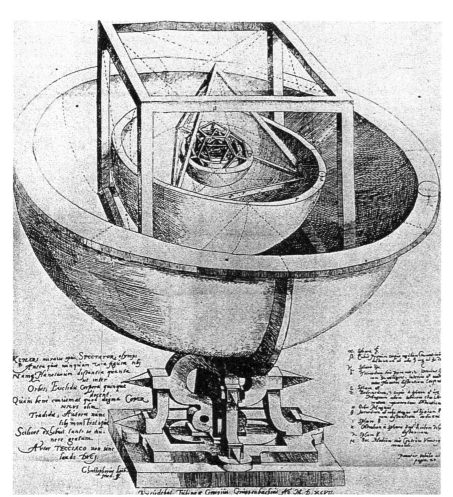

◎开普勒相信，他已发现了能够解答宇宙运动的伟大的数学定律：任何一条行星轨道必然符合五种经典的立体形式之一。

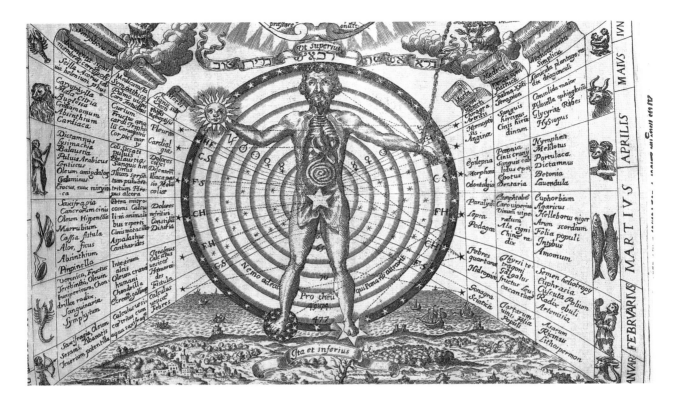

◎尽管开普勒在天文学方面进行了开创性的工作，他对占星术还是深信不疑，认为各种天体会对人们的行为产生影响。凡是占星师都相信，人类的心灵和身体与宇宙是和谐一致的，这种观点在阿萨内修斯·基尔舍于1646年出版的《伟大的光影艺术》(*Ars Magna Lucis et Umbra*) 一书中也有所反映。

探索驱动力

开普勒并未就此止步，他不满足于仅仅用几何来描述宇宙，而是要继续探索天体运行的驱动力。他感到，太阳不仅是一组天体的中心，而且可能是一个力学系统的中心。他注意到威廉·吉尔伯特等学者所进行的有关磁性的实验，由此他猜想，太阳很可能就像一个巨大的磁铁那样对其他天体产生磁力作用。他试图把作用于行星上的各种力进行量化，在这方面作出了重要贡献，因而成为天体力学这门科学的奠基者。

开普勒在1601年接替第谷的工作，他利用第谷的天文观测结果，绘制出太阳系各行星的运行轨道，比前人在这方面的数据更为准确。第谷将他所有的天文观测数据遗赠给开普勒，因为他相信开普勒正是能够利用这些数据构筑行星运动新理论的最佳人选。开普勒确实不

负重托，在此后的20年中持续不断地工作，利用这些数据，汲取其中精华，终于对太阳系作出了新的数学描述。

行星运动三定律

开普勒发现，所谓行星全都进行圆形运动之说，根本是不真实的，由此可以说，他这时在天文学上已取得了伟大的突破。他认为，行星运动的轨道并非圆形，虚构的所谓本轮之说，完全无法解释这些行星的轨道和速度的不规则性。开普勒起初并不能确定这些行星的轨道为何种形式，但是他发现，它们接近太阳时是在加速，而远离太阳时则是在减速。他用数学形式表达了行星的运动：由太阳到行星的半径矢量在相同时间内扫过相同的面积。由这个结论可以清楚地看出：太阳控制着行星

◎根据开普勒的理论，各颗行星的运动速度都有与之相适应的，而且是各不相同的音乐音符群，当行星接近太阳时，音符群的音调上升，离开太阳时则下降。他为这种古老的行星运动音乐观披上了一层崭新的科学外衣。

的运动。

开普勒经过无数次尝试之后，终于得出了行星运动第一定律，即行星运动的轨道是椭圆的，太阳位于椭圆的一个焦点。他的这个发现，推翻了自托勒密以来长期流行的一套复杂的本轮体系。后来他又得出了行星运动第三定律，即这些行星的轨道周期和它们与太阳之间的距离存在着精确的关系，用数学公式可以表达为：$p^2=a^3$，其中p为行星的轨道公转周期，以年为计算单位，a为行星与太阳之间的距离，以天文单位（AU）为计算单位。

例如，木星离太阳的距离为5.2天文单位，5.2的立方为140.6，其平方根为11.8，这就是木星在其绕日轨道上的公转周期。开普勒这条定律是如此精确和高度概括，适用于任何绕日运动的天体，只要能观测到某天体绕日的公转轨道周期，就可以计算出它离太阳的距离。

开普勒把天文学带入一个新时代，他的研究工作可以看成是后来出现牛顿时代的必不可少的前提。他并未解答有关维系宇宙运动的那些力到底是什么的问题，但是他开创了一条全新的数学分析道路，由此证明所有的天体运动都遵循力学定律。开普勒对于宇宙运动定律的探索，虽然带有很强烈的神秘主义色彩，但是他与那些赫尔墨斯学派信奉神秘主义的学者全然不同，他完全靠

严格的数学方法才得出他的天体运动观点的。他在临死之前不久，曾为自己写下了一段简短而感人的墓志铭：

我曾经上观天文，

如今去下查地府。

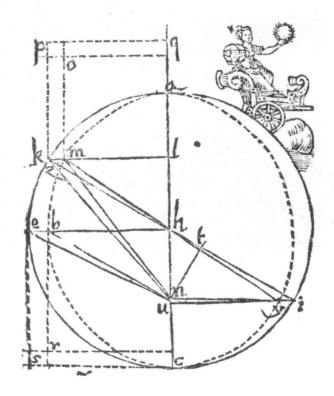

◎开普勒对火星轨道所做的数学分析。他发现，太阳系所有的行星轨道并非圆形，而是椭圆形，如图中的虚线所示。太阳位于图中的n点，偏离中点比较远。这幅图为开普勒获取了学术成就的桂冠。

天文学：伽利略和望远镜
THE SCIENTIFIC REVOLUTION

◎伽利略，杰出的天文观测家和天文学家，对他的宗教审判，象征着天文学已从中世纪天文学时代过渡到科学的天文学时代。

意大利人伽利略·伽利雷是现代天文学的伟大奠基人之一，与开普勒相比，他更清晰地举例阐明了17世纪的科学研究已经摒弃了抽象的思想体系，走向经验主义和数学分析之路。伽利略与罗马教廷之间的矛盾清楚地

表明，科学已经作为一种新生力量，出现在欧洲知识分子的生活之中。

伽利略在科学上日趋成熟的前20年中，先后在比萨大学、帕多瓦大学担任数学教授。他的兴趣主要集中在力学方面，他曾尝试对运动问题进行一种新的数学描述。

1609年，他转向天文观测学，所取得的成就对科学发展和对他自己来说，影响都是极为深远的。此时，一位名为汉斯·利佩歇的荷兰工匠把两片透镜组合成为一种新的光学观测仪器，能够使远距离的物体奇迹般地呈现在眼前。伽利略读到有关这种仪器的报道后，兴奋无比，自己也急忙制作出一具能够放大9倍的望远镜。当年年底，他又制作出一具能够把图像放大30倍的望远镜。

近观苍穹

1610年1月，伽利略将他新制作的望远镜对准天空，很快就取得大量划时代的新发现。他发现月球表面遍布沟壑和山峰，就像地球一样，还有许多斑点，他认为这些可能是海洋。他又看出，银河是由无数星体组成的。他发现：木星有四颗属于它自己的"月亮"卫星；土星似乎有一颗奇怪的椭圆形卫星；金星显示出一些不同的金星相，就像月亮有不同的月相一样。这些发现的最后一点尤其重要，当太阳、地球和金星处于不同的相对位置时，就会出现不同的金星相，如果按照托勒密的

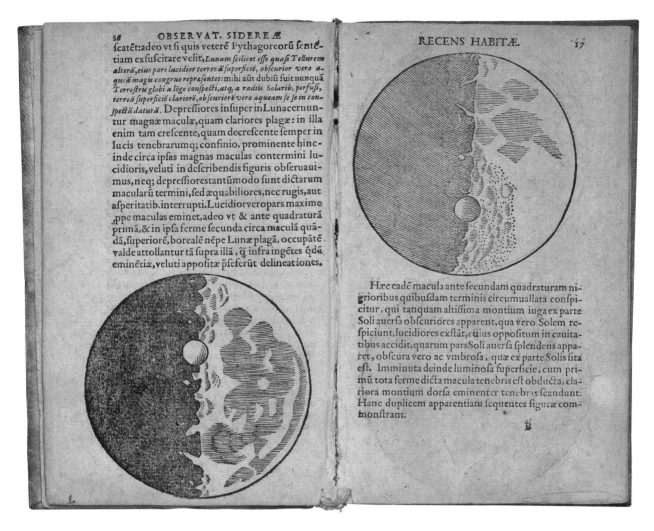

◎伽利略用望远镜观察月球的第一份观察报告。

伽利略·伽利雷
(Galileo Galilei，1564—1642年)

·天文学家、哲学家和数学家。

·生于意大利的比萨。

·曾就读于比萨大学。1589年受聘为该校数学教授。

·1582年，发现钟摆的等时性原理。

·1592年，转至帕多瓦大学担任数学教授。

·1604年，论证了星体的运动。

·1610年，制作出折射式望远镜，他由此发现：月亮上有山峰；木星有卫星；银河内众多的星体清晰可见（均属人类首次发现）。

·1632年，出版《关于托勒密和哥白尼两大世界体系的对话》一书。

·1633年，他的书由于捍卫哥白尼日心说体系，被罗马教廷斥为异端邪说，他在罗马被判有罪。

·1638年，完成《关于两门新科学的对话》（*Discourses on Two New Sciences*）一书，阐述了力学原理。

行星体系的学说，这是根本不可能发生的。所以，伽利略关于各种金星相的发现，可以看成是哥白尼日心说的经验性证据。

伽利略看到了太阳黑子的运动，他所得出的结论是：太阳也在绕本身轴旋转，周期约为一个月。更为重要的是，不管他把望远镜转向何方，在星空的任何深处，都可发现更多的星体。他于1611年出版了一本名为《星空信使》（*Sidereus Nuncius*）的小册子，公布了他观察所得的新成果，这是科学史上最重要的著作之一。看到书中这些数据之后，人们对于宇宙的看法，随之突然眼界大开，多年来为人们珍视的许多宇宙概念，看来必

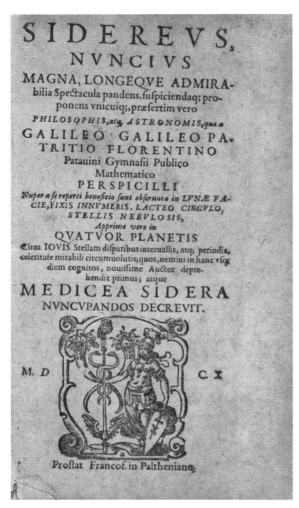

◎伽利略两本最重要的著作：左图是1611年出版的《星空信使》；右图为1632年出版的《关于托勒密和哥白尼两大世界体系的对话》。前者公布了他采用望远镜观察天体后所得到的各种新发现，后者被罗马教廷斥为异端邪说，导致对他的著名宗教审判。

须重新修改了。伽利略坚定地拥护哥白尼的日心说（译注：即地动说），他发现，木星也有自己的四个"月亮"卫星，他把这看成是太阳系的一个缩影，按照同样的运动规律运转着，这就为哥白尼的日心说进一步提供了实证。

违禁研究

当《星空信使》一书出版时，罗马教廷立刻就看出了哥白尼日心说观点在该书中有所反映。教廷一直认同亚里士多德的有限宇宙论，认为对这种观念的任何挑战，都应视为对基督教教义的挑战。伽利略是一位虔诚的基督徒，但他申辩说，科学领域和神学领域完全是两回事，科学家应当直接研究自然界，而且应把他所看到的事物如实说出。可是罗马教廷不同意伽利略的申述，1615年，伽利略被召至罗马，教廷明确禁止他讲授哥白尼的学说。教廷有时也会容忍人们讨论哥白尼的日心说，好像它只不过是一种理论或数学练习而已。伽利略声称：使用望远镜所观测到的各种事实，足以证明亚里士多德的宇宙观是荒谬的。

此后的七八年中，伽利略只得研究其他学问，一直到

MOEDICEORVM PLANETARVM

ad inuicem, et ad IOVEM Conſtitutiones, futuræ in Menſibus Martio et Aprile An: M DCXIII. à GALILEO G.L. earundem Stellarū, nec non Periodicorum ipſarum motuum Repertore primo, Calculis collectæ ad Meridianum Florentiæ.

◎伽利略于1613年3—4月记录的木星卫星的运动。

the Two Chief World Systems: The Ptolemaic System and the Copernican System）一书。

这本书是1632年出版的，书中采用了双方论战的形式，一方名为萨尔维亚蒂，是一位坚信哥白尼学说的科学家；另一方名为辛普利西奥，是一位坚信亚里士多德学说的学者。伽利略在书中当然是让萨尔维亚蒂在论战中大获全胜，他之所以要把论战的另一方学者取名为辛普利西奥，是因为simplicio在意大利语中还有"傻瓜"（译注：相当于英语中的simpleton，即simple＋ton）的意思。

教皇看了这本书之后，勃然大怒，认为伽利略不仅背叛了他，而且在取笑他。于是，伽利略再一次被召唤到罗马接受宗教法庭的审判。教廷威胁要严刑拷打和宣判死刑，伽利略被迫发誓放弃哥白尼的日心说。尽管是被迫违心发誓，他还是暗中感到庆幸，因为教廷的镇压行动为时已晚，全欧洲已经看到了他的书，未来的胜利必然属于他。

1623年，马费奥·巴伯里尼当选为新教皇乌尔班八世（任期为1623—1644年），他似乎还有点学者风度，而且比较开明，允许人们出书讨论哥白尼的理论，但是有个先决条件，即传统的宇宙观在书中必须占有同等分量。于是，伽利略花了6年时间，写出了他著名的《关于托勒密和哥白尼两大世界体系的对话》（Dialogue Concerning

伽利略虽然逃过了宗教死刑，但他生命最后的8年还是被软禁在家中。他的科学事业显示了17世纪科学中的经验主义精神，这种精神是威力无比的，足以粉碎任何传统保守思想。他深信，天文观测和数学分析必将使天文学和物理学大踏步向前，对宇宙产生新的认识，从而一劳永逸地彻底推翻那些保守思想的教条。

天文学：使用望远镜的天文学家

THE SCIENTIFIC REVOLUTION

伽利略革命性的天文学发现之后的50年间，第二代天文学家相继扩大了天文学知识领域。这些天文学家虽然分别在意大利、德国、荷兰、斯堪的纳维亚半岛和英国等地进行研究工作，但他们都使用国际通用的拉丁文进行写作出版。他们对17世纪天文学所取得的成就感到振奋不已，人人都想取得新的伟大发现，好让自己名留青史。他们有时互相争吵不休，为的就是争论谁是取得一项重要发现的第一人，或者谁是对观察到的现象作出新诠释的第一人。

我们可以以克里斯托夫·沙伊纳为例说明这类争论。他是一位德国耶稣会士、英戈尔施塔特大学的教授，他使用自制的望远镜观测到太阳黑子，其观测日期与伽利略几乎同时。他于1612年发表了太阳黑子观测报告，但是伽利略急忙宣

◎上图：1630年前后，一群天文学家在工作。

◎下图：耶稣会士兼天文学家克里斯托夫·沙伊纳观测并报道了太阳黑子的性质，他的这一发现早于伽利略。

◎约翰内斯·海威留斯在他寓所的屋顶上安装了一台很大的六分仪，他的夫人也在旁协助，共同确定星体的位置。他是广泛采用望远镜探测天文时代之前的最后一人。

乔利并非哥白尼派学者，他拥护第谷的宇宙和谐体系，同意太阳位于五大行星运动轨道的中心，而太阳是围绕地球旋转的。

不同的观点

罗马教廷中有许多人都偏爱第谷的宇宙体系，因为哥白尼把太阳作为宇宙的中心，而第谷把地球又重新作为宇宙的中心。里乔利所拟订的月面名称系统，很快就取代了四年前（1647年）出版的约翰内斯·海威留斯（与哥白尼一样，出生于德国与波兰之间的边境）所著的《月面图》（*Selenographia*）。

海威留斯提出一个奇异的设想，他认为月球的表面与地球上的地中海和中东地区有相似之处。所以，他用地球上的黑海、意大利、埃及、西西里等地区的地名命名月球上的一些地区，又按照地球上的山峰名称，命名月球上的一些环形山。在17世纪的月面图上，里乔利和海威留斯所拟订的各地名有所不同，前者把月球南部的大环形山命名为第谷环形山，此名称一直沿用至今，而后者则称之为西奈山。海威留斯还发表过一份相当准确的新星表，包括了1500多颗星的坐标。为了制定这份新星表，海威留斯在其格但斯克寓所的屋顶上安装

称是他更早观测到太阳黑子。伽利略不同意沙伊纳认为这些黑子是很靠近太阳的小行星的说法；伽利略正确地指出，这些黑子是太阳本身表面的现象，它们的运动表明太阳也在围绕自身轴旋转。

另有一位名为乔瓦尼·巴蒂斯塔·里乔利的意大利耶稣会士，也使用望远镜观测月球。他于1651年建议，可以系统地为月球的各个地区和环形山命名，例如澄海、静海、第谷环形山、托勒密环形山等，这些名称一直沿用至今。里

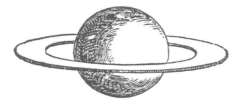

SYSTEMA SATVRN... 47

ea quam dixi annuli inclinatione , omnes mirabiles Saturni
facies ficut mox demonftrabitur , eo referri poffe inveni.
Et hæc ea ipfa hypothefis eft quam anno 1656 die 25 Mar-
tij permixtis literis una cum obfervatione Saturniæ Lunæ
edidimus.
    Erant enim Literæ aaaaaaacccccdeeeeegh
iiiiiiillllmmnnnnnnnnnooooppqrrsttttt
uuuuu; quæ fuis locis repofitæ hoc fignificant, *Annulo
cingitur, tenui, plano, nufquam cohærente, ad eclipticam in-
clinato.* Latitudinem vero fpatij inter annulum globum-
que Saturni interjecti , æquare ipfius annuli latitudinem vel
excedere etiam, figura Saturni ab aliis obfervata , certiuf-
que deinde quæ mihi ipfi confpecta fuit, edocuit: maxi-
mamque item annuli diametrum eam circiter rationem ha-
bere ad diametrum Saturni quæ eft 9 ad 4. Ut vera pro-
inde forma fit ejufmodi qualem appofito fchemate adum-
bravimus.

Cæterum obiter hic iis refpondendum cenfeo , quibus *Occurri-*
novum nimis ac fortaffe abfonum videbitur,quod non tan- *furiis quæ*
tum alicui cæleftium corporum figuram ejufmodi tribuam, *de annulo*
cui fimilis in nullo hactenus eorum deprehenfa eft , cum *objici pof-*
contra pro certo creditum fuerit, ac veluti naturali ratione *fens.*
conftitutum, folam iis fphæricam convenire , fed & quod

◎已解之谜：惠更斯于1656年观察并绘制的土星光环。

◎克里斯蒂安·惠更斯，天文学家、理论家和技术专家。

了一台很大的六分仪，用肉眼观测星体，他认为，与望
远镜观测相比，这样可以更精确地测定星体的位置。

土星光环之谜的破解

克里斯蒂安·惠更斯是一位荷兰科学家，曾对钟摆
型时钟装置加以改进，并曾对于光的性质设想出一套理
论。对于土星周围存在一些光环，伽利略曾认为它们是
一些卫星。惠更斯于1659年借助放大倍率为50倍的望
远镜，观测确定了这些光环很大，而且是扁平的，但是
他未能说明这些光环到底是什么，这个谜团难倒了不少
天文学家，一直到19世纪末才获破解。惠更斯还把围绕
土星运转的最大一颗卫星命名为泰坦。

望远镜不仅揭露了行星的物理性质，而且从根本上

克里斯蒂安·惠更斯
(Christian Huygens，1629—1695 年)

· 主要研究光的性质的物理学家。

· 生于荷兰海牙。

· 曾就读于莱顿大学，后来就读于布雷达大学。

· 1651年，出版了他的数学专著《定理》(Theoremata) 一书。

· 1655年，发现了土星周围的光环，以及土星的第四颗卫星。

· 1657年，采用了伽利略的构思，设计制作出一台摆钟。

· 发现了弹性体碰撞定律，他的这个发现与克里斯托弗·雷恩和
约翰·沃利斯的发现同时。

· 对光学问题进行研究，提出光的波动理论，并发现了光的极
化现象。

深入揭示了整个宇宙多种问题的新本质。其中之一是光
的性质，它在物理上属于一种物质，那么它怎样在空间
运动呢？

◎丹麦天文学家奥勒·罗默是计算出光速的第一人。

丹麦天文学家奥勒·罗默于17世纪70年代观测到，木星的一些卫星呈现周期性的"月食"。前人已经计算并发表过这些木星卫星的"月食"时间表，罗默通过观测发现，表中的数据并不总是准确的，他为此感到大惑不解：为什么这些"月食"有时会出现得比预测的时间稍微早一些，有时又会稍微晚一些呢？

通过仔细的观测和研究，罗默发现，当地球和木星在各自的轨道上相向而行的时候，木星卫星的"月食"就会出现得比预测早一些，相反而行的时候，就会晚一些。他推断出，这种"月食"或早或晚的现象，是由于太阳发出的光线从木星卫星反射到地球所需的时间略短或略长所致。所以，罗默认为，光线的速度是有限的，他通过计算，得出光速为140000英里/秒（约225300千米/秒）。他所计算的光速，虽然比现在所测定的光速低20%，但在当时已经是一项了不起的成就。

弗拉姆斯蒂德和哈雷

到了17世纪末，英国一位天文学家约翰·弗拉姆斯蒂德使用望远镜，进行了他的首次星体观测，重新测定了在格林尼治天文台的纬度上所能观察到的几乎多达4000颗星体的位置，制订了一份新的星表。他因此被授予皇家天文学家的荣誉称号，并被任命负责格林尼治天文台的工作，这表明官方认可他为本国科学服务的业绩。

弗拉姆斯蒂德曾经与牛顿发生过一场激烈争论，其中心问题是，他认为他的天文观测数据的出版物的所有权应属于他本人，而牛顿则迫切需要这些数据来进行自己的研究工作。

英国第二位伟大的天文学家是牛顿的朋友埃德蒙·哈雷，他曾经为了支持牛顿巨著的出版而做了大量工作。哈雷在20岁出头的时候，曾在大西洋南部圣埃伦娜岛居住过一段时间，观测过天文，出版了一份南半球星表。他研究过磁偏角问题，制作了一幅世界磁图，绘出

◎约翰·弗拉姆斯蒂德是英国第一位皇家天文学家，著有大量星体的星表。

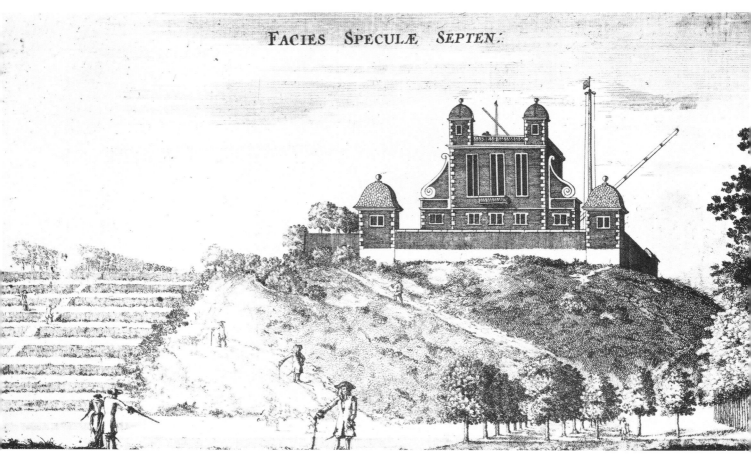

◎位于格林尼治的皇家天文台，该台后来成为地球子午线的起点。

了地球磁场不同地区的罗盘读数偏差。哈雷的名字经常与彗星联系在一起，因为他解决了科学机械论新时代的一个最难解之谜。牛顿对开普勒和伽利略的学说提出了不同见解，他说，如果太阳系真如他们所说的那样是一部精确的而且遵守数学规律的机器，那么，彗星又是什么呢？像彗星这些神秘的天外来客划过长空时，为什么总是出现在人们无法预测的时刻呢？

这些陌生的彗星神出鬼没，曾被人们视为上天降祸于人间的预兆。伽利略曾经设想，彗星可能只是一些光学幻影。哈雷曾经仔细研究过从1337年到他所处的时代之间曾被观测到的24颗彗星的记录。他认为，1531年、1607年和1682年出现过的那三颗彗星，外貌是如此相似，以至于可以判定它们就是同一颗彗星。他设想，这颗彗星也像行星那样绕日运动，只不过它的运行轨道非常特殊，他计算出这颗彗星的轨道，而且预言人们将于1758年再度看到它。可惜哈雷活着的时候无缘看到它的再度出现，但是这颗彗星的确于1758年又出现在人们眼前，这可以视为牛顿所奠定的天体力学真实性的最终确证。

从伽利略时代到牛顿时代的这些天文学家，坚持采用望远镜观测天象，得出了真实的太阳系各天体的面貌，与人们所看到的完全一致。他们长年醉心于仔细计算这些天体的速度和位置，然后得出了有关天体本质以及宇宙论多种问题的一些极其重要的推论。

◎埃德蒙·哈雷爵士解决了彗星之谜。

 # 科学革命的高潮：艾萨克·牛顿
THE SCIENTIFIC REVOLUTION

艾萨克·牛顿爵士的科学研究成就，代表科学革命达到了一个高潮。哥白尼、第谷和开普勒摒弃了亚里士多德的有限宇宙论，以及所谓"天球"的说法，然而他们也同时为人们留下了一道巨大难题：到底是什么力量把宇宙各天体维系在一起呢？牛顿的研究成就是他那个时代的奇迹，有一位同时代的诗人是这样歌颂牛顿的：

　　自然界的真相及规律深深隐藏在黑暗之中，上帝说："让牛顿来吧！"顿时，光芒照亮万物。

牛顿是英国一位农夫的儿子，小时候性格孤僻，是个善于自学的天才。他在剑桥大学读本科时，总是爱独自学习，即使他后来成为欧洲最优秀的数学家，别的学者也好像并不知道他的存在。

1665—1667年，英国瘟疫大流行，剑桥大学因此关闭了两年，牛顿只好在家学习，不仅研究宇宙的机理，而且深入研究其他一些富于独创性的学科。有一天，他看到一只苹果从树上掉下来，由此突然得到启迪，想到了地球与落体之间一定存在某种吸引力。

他认为，从地球到苹果树树顶之间，显然有一种垂直向下的吸引力，这种力量的影响也许可以伸展到更远处。他设想，如果这种吸引力向上伸展到空间深处，是否就能维系月球在其轨道上运行呢？其他行星是否也是被作为宇宙体系中心的太阳所吸引呢？他又设想，是否有一种向心力的作用，行星才会在其轨道上不断偏离直

线运动呢？怎样才能把这种神秘的力量进行量化呢？牛顿为此开始策划一些划时代的实验，并根据这些实验进行一些计算。

万有引力定律

牛顿知道月球轨道的大小和周期，于是，他开始计算月球由直线运动偏转为曲线运动的每秒距离（速

◎立于科学巅峰的牛顿。与他同时代的人赞美他的一双眼睛不但炯炯有神，而且具有过人的洞察力。

艾萨克·牛顿
（Isaac Newton，1643—1727年）

· 科学家和数学家，万有引力的发现者。
· 生于英格兰的林肯郡。
· 曾就读于剑桥的格兰瑟姆学校和三一学院。
· 1665年左右，他在家中的花园里注意到一只苹果从树上掉到地面，由此发现引力定律。他还研究了太阳光通过三棱镜时所出现的光线折射现象。
· 1677年，当选为三一学院院士；1669年，担任卢卡斯大学的数学教授。
· 1684年，发表了关于他的地球万有引力理论的说明性论文。
· 1687年，出版了《自然哲学的数学原理》，书中阐述了他的运动三定律。
· 1689—1690年，代表他的大学当选为英国议会下院议员（1701年再度当选）。
· 1699年，担任敏特大学校长。
· 1705年，被安妮女王授予爵士头衔。

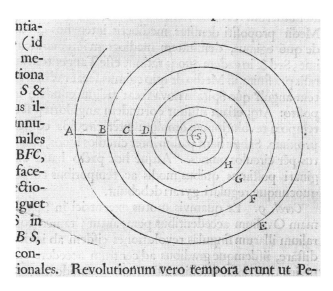

◎牛顿的巨著《自然哲学的数学原理》中的一页，书中分析了各种行星的圆周运动。

度），由此得知这个速度为每秒1/20英寸（约1.27毫米/秒）。产生这个速度的力是否有可能与吸引苹果的力进行比较呢？又是否有可能与地球吸引其他天体的力进行比较呢？牛顿采用钟摆作为工具，测定了苹果由静止状态向下降落的速度达到200英寸/秒（约5.08

米/秒）时所需的时间，这个数据非常接近地球表面重力的真实数据。由此得知，地球表面重力应该比月球在其轨道上的重力大4000倍。牛顿立刻联想到，4000这个数字比较接近3600，而3600是60的平方。60这个数字的意义在于：从地球到月球的距离正好约为60个地球半径。

牛顿对开普勒第三定律相当熟悉，他认为，行星运动速度减缓的趋势，应该与该行星到太阳的距离成正比（译注：实际上是与距离的平方成正比）。牛顿试图量化这个引力，他认为它是遵从倒数的平方定律的，就像开普勒计算行星运动时所得出的结果类似。

牛顿知道，他此时的想法已经接近一个极为重要的发现，可惜，数字尚未满足精确的一致性。此外，他还缺少更多的关于行星的轨道和周期的较精确的数据，难以进一步验证他的想法。可以说，他这时已经到达了后来他所提出的牛顿第二运动定律的大门前，这条定律说：物体运动的变化与施加于该物体上的外力成正比。

牛顿想到，似乎有一种力从地球发出，使得月球的运动轨迹从直线偏转为曲线，这种力虽然微小，但是仍可测得出来，而且它与作用于地球上所有物体的力均呈现一个恒定的比例。牛顿暂时放下这项研究工作有好几年，他回到剑桥大学，担任数学教授。在此期间，他进行了几项非常具有开创性意义的光学实验，由此证明了白色光是由多种彩色光组成的，而此前的思想家都认为，彩色光属于白色光之外的其他光，或者是由白色光折射而成的。

牛顿的巨著

埃德蒙·哈雷来到剑桥与牛顿会面，讨论了皇家科学院科学家所提出的有关行星运动的一些问题。由于哈雷参与此事，牛顿又重新回过头来研究重力。哈雷当时问牛顿：如果的确是有某种力将各个行星的运动维系在它们的轨道上，那么，有可能计算出这种力吗？牛顿立

◎由梅多斯按照乔治·罗姆尼所绘的原画仿制成的雕版画，牛顿位于画中右方，手执一块三棱镜对着射入屋内的一束日光，左面有两位妇女在协助。

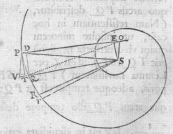

◎牛顿的巨著《自然哲学的数学原理》中的一页。

刻给哈雷一个肯定的答案，因为他早已在对这种力进行计算了。但要是在几年之前，他还不能如此爽快地回答哈雷，因为那时他还未找到证据。哈雷催促牛顿赶紧对这个问题给出答案。于是，两年后的1687年，牛顿的巨著《自然哲学的数学原理》（*Philosophiae Naturalis Principia Mathematica*）终于出版了，哈雷所提问题的答案就在书中。

牛顿在该书中所采用的几种设想和方法，早在1665—1667年他研究太阳系各个天体的运动时就采用了。他在书中利用了当时可能得到的各种最佳数据，证明了各行星的运动受到太阳引力的影响，所以它们的运动轨迹从直线变为椭圆，而且，影响这些轨迹偏离直线的力量，反比于各行星与其轨迹的椭圆中心之间的距离。这条定律同样可以应用于地球和月球的运动，甚至木星及其卫星的运动。

他把这种引力称为重力（gravity），这个英文词出自拉丁文"gravitas"（重量），这个引力就是使得重物向下落到地球表面的原因。这个引力定律同样适用于全宇宙。牛顿设想，宇宙中任何物体或物质的质点都被其他质点所吸引，这个引力与这些质点的质量成正比，而与它们之间的距离成反比。他认为，宇宙是一个惯性系统，也就是说，在不受外力作用时，这个系统的运动状态就会保持原样不变，直到永远。这就是牛顿第一运动定律，即任何物体在不受外力作用时都保持原有的运动状态不变，即原来静止的继续静止，原来运动的继续做匀速直线运动。

牛顿的这种学说，与亚里士多德或其中世纪的追随者的物理学不同，它说明不需要外来的力量维系宇宙体系内各种天体的运动，也不需要所谓的天球之说来维系这个宇宙。牛顿未曾想过要发明某些物理装置来验证这些行星的运动，但是他已从数学上证明了：各个行星由于引力的作用而维系其运动的平衡状态。

书中之谜

牛顿的这部巨著立刻得到世人公认，它证明了自然界的运动是由各种定律所主宰的，并且牛顿采用数学语言来说明这些定律。牛顿证明了引力是无所不在的，这是任何人也无法否认的。但是与此同时，书中却存在一个谜，那就是：牛顿在书中并没有说出引力到底是什么东西，以及引力是如何跨越虚无缥缈的空间对远方物体起作用的，他对此甚至连一点暗示也没有给出。

对于与牛顿同时代的，尤其是欧洲大陆的学者来说，牛顿这部书中之谜成了一个深奥的难题。他们觉得，牛顿似乎又在赞同那些中世纪巫师和炼金术士所提倡的神秘力量的说法，如今已处在经验科学的新时代了，这种老说法似乎也该抛弃了吧。这些学者也无法接受引力能够经过"遥远的距离"起作用的说法，但是，牛顿这些运动定律的真实性是至今无人能驳倒的。

牛顿的这本巨著中充满了哲学内涵。读了这本书之后，似乎会在读者的脑海中浮现一个宇宙形象，那将是一部神奇的机械，而且是硕大无比的时钟机械，由这部

机械的最初缔造者来启动它，而且这些永恒的和完美的定律至今还在控制着它的运转。如此看来，这台完美无缺的机械似乎是创世者的杰作，在这台机械背后，人们似乎可以隐约看到上帝的身影。

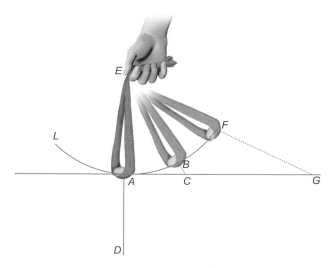

◎演示离心力原理——如果没有吊带的约束，重物将沿着图中的直线ACG运动，而重物受到吊带束缚之后，它将偏转做圆周运动。牛顿对这类运动进行了分析。

物理学和数学语言
THE SCIENTIFIC REVOLUTION

牛顿所描绘的宇宙图像之所以具有权威性，在于它有数学证明作为根据。可惜牛顿并未把此理论再向前推进一步，也没有讨论它的抽象意义的各种可能性，而笛卡儿则这样做了。笛卡儿根据行星的运动数据，验证出行星的运动与太阳的作用有关联，而且是遵从精确的数学规律。物理力的量化是科学革命的核心，也是自然观的核心，它通过数学语言描述的方式，使得人们容易接受它。

比利时数学家西蒙·斯蒂文的著作，就属于采用数学形式的语言进行描述的早期论文之一。他还把小数制发展为小数学科，使得烦琐的计算工作从此大为方便。他曾预言，通用的小数制终有一天将一统天下，可以用来表述重量和尺寸。

重物和平衡

斯蒂文最伟大的成就，当数他的有关斜平面和平衡力的研究工作。他证明，重物的向下的重力，只要通过一个角度很陡的斜平面，用一个非常微小的力就可使重物取得平衡，这些力构成一个力的三角形。后来，他建立了力的平行四边形法则：两个相交力的作用相当于一个合力的作用，其合力方向位于这两个力所构成的平行四边形对角线上；如果这两个力取得平衡，它们将互相抵消为零，即它们的合力为零。这条法则成了静力学的奠基石，广泛应用于建筑结构方面。有一些力学法则，人们过去只知道在实践中应用，而从未对其进行过数学

西蒙·斯蒂文
(Simon Stevin，1548—1620年)

· 数学家和工程师，小数的发明者。
· 生于比利时的布鲁日。
· 为奥兰治的毛里斯王子工作。
· 发明控制流水的水闸。
· 1585年，出版了《论十进制》(*De Thiende*)一书，书中阐述了小数的用途。
· 研究斜平面定律。

分析。

斯蒂文还进行过一些实验，用来反驳亚里士多德关于重的物体比轻的物体落下得快的说法。1586年，他用两个铅球进行落体实验，一个比另一个重10倍，从30英尺（约9米）高处同时下落，实验的结果表明，它们同时落地，分秒不差。斯蒂文的这个落体实验与伽利略的落体实验是在同一个地方，前者比后者还要早20年，不过当时的人很少注意到斯蒂文实验的报道文章。

伽利略声称，物理世界的现象能够也应当用定量的方法来描述。他清楚地看出，经典的亚里士多德的物理学虽然是严格合乎逻辑的，可是并非对于真实世界的描述。他说，亚里士多德的思想是"深不可测的大海，而且一望无际，然而，他所进行的却是一次没有罗盘、没有星星、没有桨舵的大海航行"。伽利略花了多年的时间来设计他的实验，用于了解物体的运动问题：当一个物体进行运动或被迫运动时，到底发生了什么事？实

◎比萨斜塔。这幅照片摄于1941年6月25日，属于早期的达盖尔式照片。

◎斯蒂文的斜平面和平衡力示意图：较重的砝码位于左方，较轻的砝码位于右方角度较陡的斜面上，两者取得平衡。

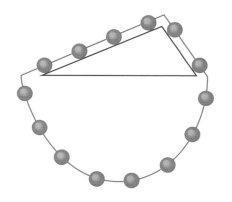

距离的增加与时间的平方成正比：
第1秒：　$1^2=1$；　$1×16=16$
第2秒：　$2^2=4$；　$4×16=64$
第3秒：　$3^2=9$；　$9×16=144$
第4秒：　$4^2=16$；　$16×16=256$

际上，他已经发现了一条重要的运动法则，即钟摆的等时性，或者说，重物来回摆动的周期与摆的长短无关。他还因此建议，这种等时性现象可以用来制作一种时钟机构。

质量与运动的定律

伽利略是否真的在比萨斜塔上进行过重物落体实验，至今没有人敢肯定，但是，西蒙·斯蒂文的确在同一个地方做了相同的实验。斯蒂文还仔细地观察了重物沿着斜平面向下滚动的实验，他认为，在这个实验中最重要的事，并非重物下降的平均速度，而是重物在单位时间内迅速加速下降时所经过的距离。这就是说，斯蒂文发现了加速度。

斯蒂文通过大量的研究之后，终于制定了一条定律：重物下降的距离随时间的平方而增加。例如，在第一秒、第二秒、第三秒和第四秒时，重物下降的距离分别为16英尺、64英尺、144英尺和256英尺（1英尺=0.3048米）。这条定律现在写作：$S∝T^2$（S代表距离，T代表时间）。

这一发现极为重要，因为这条定律中把时间要素作为变量引入数学计算。经典数学是由计算数量的代数学和计算空间的几何学所组成，两者都属于静止状态的要素。而如果要讨论运动状态，则必须处理变量，即位置、时间、速度或方向的改变量。

伽利略并非是牛顿那样的数学奇才，但他依靠直觉所得到的结论，后来由牛顿从数学上加以证实。这个结论是：自然界是具有相同特征的，人们所发现的地球上任何一条有关物质和运动的定律，可以同样在全宇宙得到应用；所以，我们在地球上所发现的有关质量和运动的一些定律，只要我们对这些定律有透彻的了解，那就可以同样应用于星体和行星。伽利略曾在文章中，将他对自然界中数学的作用的看法，做过最铿锵有力的陈述：

ARITHMETICA
LOGARITHMICA
SIVE
LOGARITHMORVM
CHILIADES TRIGINTA, PRO
numeris naturali ferie crefcentibus ab vnitate ad
20,000 : et a 90,000 ad 100,000. Quorum ope multa
perficiuntur Arithmetica problemata
et Geometrica.

HOS NVMEROS PRIMVS
INVENIT CLARISSIMVS VIR IOHANNES
NEPERVS Baro Merchiftonij : eos autem ex eiufdem fententia
mutavit, eorumque ortum et vfum illuftravit HENRICVS BRIGGIVS,
in celeberrima Academia Oxonienfi Geometriæ
profeffor SAVILIANVS.

DEVS NOBIS VSVRAM VITÆ DEDIT
ET INGENII, TANQVAM PECVNIÆ,
NVLLA PRÆSTITVTA DIE.

LONDINI,
Excudebat GVLIELMVS
IONES. 1624.

◎亨利·布里格斯于1624年出版了《对数论》（*Logarithmica*），
图中为该书的扉页和样张。

我们所看到一直展现在我们眼前的那部巨著（我指的是宇宙）中存在哲学，如果我们不能首先懂得书中的语言并且掌握其中符号的意义，那么，我们就不可能真正了解它。这本巨著是用数学语言写成的，其中的符号有三角形的、圆形的或其他几何图形，如果不借助于数学，我们对它就连一个字都不可能理解。如果没有数学，任何人都像是处于黑暗的迷宫中，可能会迷失方向且徒劳无功。

光线折射

人们发现自然界是按照数学规律运作的，这是一场典型的科学革命，到了牛顿时代已发展到一个高潮。当然，在许多小科学领域内也相继出现了革命，例如光的折射定律。许多观测者注意到，光线从一种介质进入另一种介质时，会出现折射，最简单的例子就是光线从空气进入水中。威利布罗德·斯内尔发现了一条光线折射定律：光线如果从一个比较稀疏的介质进入一个比较密实的介质时，它就会偏转而靠近两种介质交界面的垂直线方向；与此相反，如果光线从一个比较密实的介质进入一个比较稀疏的介质时，它就会偏转而远离两种介质交界面的垂直线方向。在这条定律的基础上，斯内尔分析并得出了各种物质的折射系数，在望远镜和显微镜的时代里，这些折射系数的意义显得越来越重要。

对数表

过去，开普勒等人对行星轨道的计算，需要的时间太长，而且异常烦琐复杂。自从苏格兰数学家约翰·内皮尔于1614年首次发表了他的对数表之后，这类天文计算就被大大简化了。对数被定义为：一个底数的对数是表明这个底数应当自乘的次数，可以用来得出与它们相应的真数（译注：例如，如果取 a 为底数，k 为对数，b 为真数，则它们之间有以下关系：$a_k=b$，或可记为 $k=\log_{ab}$）。底数相同时的对数的相加（或相减），就相应于真数的相乘（或相除）。这种对数计算过程，是以成对的代数顺序和几何顺序为基础的。内皮尔的

对数后来被另一位数学家亨利·布里格斯发明的以10为底的对数所取代。例如

代数顺序：	1	2	3	4	5
几何顺序：	10	100	1000	10000	100000

如果要计算100×1000，只需计算$2+3=5$，而10的5次方就等于100000。在现代的计算器出现之前，对数表一直是数学家的有力工具。

我们在斯蒂文、伽利略和斯内尔等物理学家和数学家的著作中可以看出，这些学者都深信：自然界的许多结构和过程，都可以用数学规律加以具体描述。我们暂且可以不管究竟是什么力量把数学嵌入宇宙的结构和过程中，也可以不管数学符号是否属于人们便于计算的工具，因为这两个问题实际上是属于哲学范畴的争论。17世纪的绝大多数科学家的看法是：数学显然已经嵌入了宇宙的结构和过程。如力、加速度、平衡、吸引力等名词的含义，虽然已经变得越来越清晰，但是这还远远不够，物理学的研究已经超越普通语言领域，进入了数学王国。

◎威利布罗德·斯内尔的光线折射定律：图中沿 AO 或 BO 射入的光线从空气进入水中时，将向两种介质交界面的垂直线方向偏转折射，aA：$A'a'$ 和 bB：$B'b'$ 不变。在水中，此比例为4：3，称之为水的折射系数。

不可见的力：磁力、真空和气压

THE SCIENTIFIC REVOLUTION

在 17 世纪，物理世界的许多方面都被人们注意到了。自此，人们开始接受并采用经验方法进行科学研究，科学家也试图用各种概念性术语来解释自然界所发生的现象。威廉·吉尔伯特进行了一项有关磁性的实验，它属于当时最早一批科学实验项目之一。希腊书籍中曾记载某种金属具有这种神秘的吸引力。拉丁文中的"magnes"一词，是源于爱琴海东部的色萨利地区的马格尼西亚州（Magnesia）的名称，因为这个地方出产这种神秘的金属。到后来，这种金属矿就被称为磁铁矿（magnetite），古老的英文名词中也有"lodestone"之说。

磁罗盘

这种磁铁石一直到发明磁罗盘之前都未曾得到过应用。磁罗盘可以说是文艺复兴时代最具革命性的发明。磁罗盘可能最初来自中国，即使如此，至今仍然无法得知是如何从中国传入欧洲的。1200年之前不久，磁罗盘已经在航海中开始得到应用，到了1269年，它已广为应用。一位名叫皮埃尔·德·马里古的法国士兵，首次详尽地描述了磁铁的各种性质。此后不久，就出现了地中海的海图，图中绘有罗盘经线，航海技术也由此大大向前跨了一步。但是在此之前，曾经有一种关于磁铁性

◎威廉·吉尔伯特正在锤打一根热铁条，以便制作出一根磁铁，用它可以指出地球上的南北方向。

◎威廉·吉尔伯特。

质的古老说法流传了好几个世纪，说是北天极吸引着这种磁铁。

威廉·吉尔伯特是在伦敦行医的一位医生，他相信哥白尼学说，在亲自进行过多年磁性实验之后，于1600年发表了他的一篇具有历史意义的专著《磁性》（*De Magnete*）。这一发现的关键是，产生磁性现象的原因是地球而不是北天极。这种新思想是从他所进行的多次球形磁铁实验之后所得出的，他把磁铁作为地球的模型，然后把几枚磁针放进去观察实验。他发现，这些磁针总是不变地排列成子午线的形式，分别指向相应于地球两极的两个磁性相反的磁极。他把这些磁针指向地球南北极时所出现的各种差异（译注：相应于磁差）归因于磁针内存在杂质，他认为，地球内部也有杂质，所以也存在磁差现象。他又发现，可以采用捶打的方法使铁条产生能够指向地球南北极的特性。

磁性吸力

威廉·吉尔伯特未能解释什么是磁力，他只是说：每个磁铁一定被一种"磁性轨道"所包围，它是看不见的，磁力的作用可以向外伸展至一定距离，而且会影响其他物体。他认为，如果地球也是一个巨大的磁铁，那么，这种磁力就能把月球维系在其轨道上进行运动；其他行星的运动也是同样道理，因为它们都受到太阳的吸力。伽利略发现了加速度，牛顿发现了引力，而威廉·吉尔伯特则是根据他的实验发现了磁力，这是实验科学的一座里程碑，他的关于实验科学的思想，极大地影响了包括开普勒和牛顿在内的其他科学家。

磁性是一种尚未解释清楚的效应，但这种磁性效应是人所共知的。而真空和大气压力的特性，也是两种客观的物理存在，在这个实验科学时代之前，人们一直没有意识到它们的存在。实际上，从亚里士多德时代到笛卡儿时代，许多思想家一直认为不可能存在真空，他们声称，宇宙空间总是充满着某些物质的。

在没有创造出制造真空的手段和对它进行研究之前，真空是不可能被人们理解的。

制造真空环境

在17世纪中叶，有一些工匠利用阀门制造出一些泵，它可以让空气单向流动，只进不出或只出不进。利用这种泵的装置，可以把一个容器内的空气排空，由此可以对真空现象进行实验。最重要的真空实验之一，是

◎图中为一具老式的泵，它能抽出容器内的空气以制造真空。

由德国军事工程师奥托·冯·居里克于1650年所进行的，他由此揭示了有关真空的一些重要特性：光线可以穿过真空，而声音则不能；不同形状的物体自由落体时，通常会受到大气压力的影响而出现不同的下落速度，而它们在真空中自由下落时则具有相同的下落速度。

居里克还认为，在真空容器的周围，一定会出现指向真空容器内部的巨大的大气压力，这可能是他最重要的发现。他于1654年在德国的马格德堡所进行的一项公开实验中，验证了这种性质。他将两个铜质的空心半球体合在一起成

◎奥托·冯·居里克发现，由于真空的存在而出现巨大的空气压力的现象。

◎奥托·冯·居里克使用两个金属空心半球体组合成一个空心球体，进行了激动人心的马格德堡实验。

◎托里拆利对大气压进行校准工作并制作出气压计。

的空气，使水柱升高至约10米，但是没有办法使得水柱再升高了。托里拆利猜想，这是由于大气压的大小限制了管中水柱的升高的缘故。他想到水银的密度是水的约13.6倍，因而改用水银来取代水，他估计大气的压力可以使管中这种液态金属的高度维持在76厘米左右的高度。

托里拆利将一根细长的管子的一头封闭，然后灌入水银，倒置在一个水银槽中，这时水银柱的高度的确为76厘米，正如他所预计的一样高。他观察到，水银柱的高度有时会略高或略低，每天都如此，他由此推论：大气压并非恒定。于是，他发明了气压计。

法国数学家布莱兹·帕斯卡后来在高山上进行了一些实验，发现大气压是随着实验高度的增高而降低的。他由此得出一项结论：大气是地球周围的一个有限的空气海洋。1640—1655年，一些实验科学家成功地测量到这种不可见的自然力，即大气压力。在此之前的许多年间，人们似乎根本没有想到过这种压力的存在。

为一个空心球体，它们外圈的凸缘相对，两者之间并没有使用密封圈，然后，用泵把空心球体内的空气抽空。空心球体两端的两个拉环分别与两队马的轭架相连（每队8匹马），驱使这两队马分别向相反的方向用力拉，试图拉开这个空心球体。事实证明，这16匹马的力量虽然很大，但是并未能使这两个空心半球体分开。这是因为，这两个空心半球体被周围空气的压力紧紧压在一起。然后，再把半球体上的阀门打开，使空心球体内部与大气相通，于是真空消失，两个空心半球体就立刻彼此分开了。

测量大气压

这种大气压能测量得出来吗？意大利数学家埃万杰利斯塔·托里拆利认为能够办到这一点。人们早就知道，用泵可以将矿中的水抽出，这种泵也可以抽出管中

光之谜：光学
THE SCIENTIFIC REVOLUTION

　　光，在我们的周围，无所不在，显而易见，却充满谜题。哲学家和科学家一直对光具有极为浓厚的兴趣，因为人们的视觉能够立刻提供宇宙存在的证明。但是，在光或视觉的科学领域内很少取得重要进展。11世纪时，伊斯兰学者海赛姆发现了反射光的基本原理，而且认为光可以像光线一样进行分析，他的著作在西方广为人知。

绘眼图

　　对人眼的结构和作用进行现代科学分析的，开普勒当属第一人。当他协助第谷进行天文观测工作之后，他已经觉察到必须查明光的大气折射问题，由此研究了光学的种种问题。

　　与海赛姆一样，开普勒也认识到一个发光体表面上的任何一点会同时向各个方向辐射出光线，但是只有进入瞳孔的光线才能被人眼看见。视觉范围内的所有光线形成一个光锥，瞳孔就位于其圆形的底。然后，所有的光线折射聚焦于视网膜上的第二个光锥的顶点上，再现了外物形象的各个要素。外物形象的各种光学信号通过视神经传到大脑，于是人们感知它，也就是说，看见了这个物体。但是，如果眼睛不正常，第二个光锥聚焦后的焦点位置落在视网膜之前或之后，于是人们就会感到物体的形象模糊不清。

　　欧洲从14世纪起已经开始用透镜来纠正视力模糊的问题，但是一直没有人能够解释清楚这是什么道理，开普勒是从理论上彻底解释透镜作用原理的第一人。他还用同样的道理解释了当时所发明的望远镜的原理。

光的分解

　　开普勒曾经合理地解释过视觉的某些特性，但是，光究竟是什么呢？难道它真是古人所说的一种上天的精

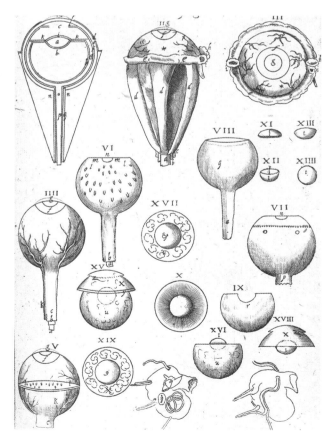

◎开普勒所绘制的眼睛解剖图。

◎1650年左右所制作的一副打磨成多棱面的眼镜。

◎在意大利1689年出版的一本书上，描述了当时使用的各种不同的眼镜类型。左边的这副眼镜，根本没有透镜，而是起着针孔照相机的作用，只让很少的光线进入眼睛聚焦成像。

灵吗？或者它是一种物质吗？怎样才能解释光的各种色彩呢？

笛卡儿是一位伟大的机械论者，他认为，光是一种粒子流，而且他正确地解释了彩虹的原理。他相信，彩虹是日光在雨滴中出现折射和反射所造成的，而且只有光的粒子流在与日光成一定的角度下通过雨滴进入人的眼睛时，人眼才会看到彩虹。与其他的思想家一样，笛卡儿把色彩现象看成是纯白光的改变或缺陷。他认为，在彩虹的这个例子中，光的粒子流减缓了速度，并在雨滴周围旋转，使得白光变换成彩色。

当然，笛卡儿这样解释彩色是错误的，与他同时代的一些学者也犯过同样的错误。但是，笛卡儿却正确地掌握了这样一个事实，即由于折射作用，光线改变了本身的方向，因为光线的运动穿过密度不同的介质（一般是空气、玻璃或水）过程中，光速会变慢或加快。

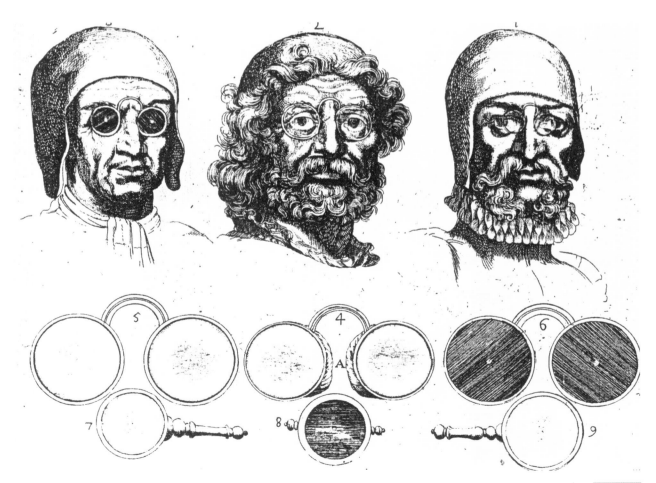

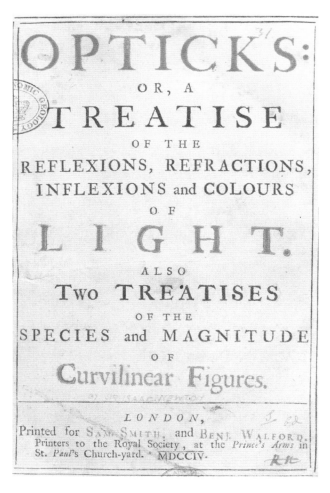

◎牛顿于1704年出版的《光学》一书的扉页。

◎第一具反射式望远镜，是由牛顿于1671年设计并制作的。这具望远镜由于尺寸比较小，所以取代了此前所使用的折射式望远镜。此前，天文学家为了提高折射式望远镜的放大倍率，把管身做得越来越长，透镜的尺寸也变得越来越大，使得望远镜变得难以操纵，而且透镜图像的变形率也更大。牛顿采用反射镜的方式，就好像透镜的作用一样，把进入望远镜的光线通过一个平面镜偏转并聚焦于管身侧壁的目镜上，由此克服了折射式望远镜难以操纵的困难。

三棱镜实验

在了解光的特性方面，牛顿取得了最杰出的成就和进步。这是因为，牛顿不但是一位数学天才，而且在实验方面具有最杰出的敏感和才能。他从 17 世纪 60 年代就开始研究光的各种效应，但是直到 1704 年才出版《光学》（Opticks）一书，阐述了经过他反复深思的关于光学的观点。1671 年，他设计并制作了一具反射式望远镜，因为经过一段时间的研究之后，他认识到折射式望远镜是无法消除色差的。他制作的这具反射式望远镜曾在伦敦的皇家学会展出，给人以下列印象：长度为 6 英寸（约 15 厘米）多，放大倍率为 40 倍，其放大能力相当于 6 英尺（约 1.8 米）长的折射式望远镜。

牛顿采用三棱镜进行了大量光学实验，从根本上改变了人们对于彩色光的认识。他通过三棱镜实验观察到，一束绞合在一起的红色和蓝色棉丝中，有一条直线棉丝总是看不清，而且红色总是处于较高的位置，并向蓝色方向不均匀地折射。他还发现，白色光线总是不能准确地聚焦于一个点，他认为，这是因为各种彩色光线的聚焦长度不相等的缘故。他由这些观察所得的事实总结出一条结论：白光并不纯净，也不均匀，它是由彩色光组合而成的。

为了印证这条结论，牛顿设计了一项实验，在一个三棱镜之后又摆放第二个三棱镜，前者把一束白色光分解为彩色光束，后者则把彩色光束又还原成一束白色光。但是，如果把其中任何一种单色光束仔细地分离到一块板上，再让它通过第二个三棱镜，它的色彩总是保持不变。由此可以得知，白色光属于合成的或衍生的

◎1535年出版的一本书中的插图，描绘了一系列流传下来的光学之谜：可点火的透镜、彩虹、反射和水中折射。

光，而彩色光则不是。

对于光的本身性质，牛顿同意笛卡儿的看法，光属于一种物质，用牛顿自己的话来说，光是由微粒组成的。他认为，只有采用这种说法，才能解释单色光为什么会具有一些固定的特性。例如，光的入射角等于其反射角。显然，只有光是一种物质流，这种说法才是合乎逻辑的，否则就是不可思议的。牛顿给出一个常识性的证据：光射到角落处时，它不能弯曲或绕过这个角落，只会投射出阴影。丹麦天文学家奥勒·罗默对光速进行过计算，他证明了，由于光是以有限速度传播的，所以光必然是一种物质。

光的波动说

牛顿关于光的物质基础的观念，实际上是错误的。克里斯蒂安·惠更斯于1690年出版了一本关于光学的书籍，提出了另外一种理论。惠更斯是土星光环的发现者，也是摆钟的首先设计制作者。他认为，最好是把光理解成以波动的形式传播，它从光源向外辐射，就好像是水池中涟漪的波动。他正确地看出，光确实能够在某种程度上呈现弯曲，这些现象只有用光的波动理论才能解释。他提出，任何地方只要出现一个光的波阵面，其四周就会相继出现许多次级波，一圈一圈地向外传播，就好像水池中一圈圈圆形涟漪的波动。

如果说光是一种波动，那么，它就必须借助于某种介质才能进行传播。惠更斯于是提出以太说：设想有一种称为以太的物质，它是一种稀薄而看不见的物质，充满了宇宙空间，无所不在。如果没有以太，宇宙间各种星体以及太阳和地球所发出的光，就不可能在它们之间相互进行传播。惠更斯的这种光的波动理论，与牛顿的理论有着极大的区别，而且与同时代的科学家的理论也极不相同。牛顿在当时具有极高的权威性，所以他的光的微粒说在整个18世纪中盛行一时，而惠更斯的光的波动说只是到后来才占有一席之地。17世纪的科学家虽然未能解决有关光的各种难解之谜，但是他们已经认识到，光是一种物质存在，而且试图去分析它。

物质的科学：从炼金术到化学
THE SCIENTIFIC REVOLUTION

　　有人曾说，第谷、开普勒和伽利略对天文学进行改革，由此引发了科学革命，然而，与地球上的物质有关的科学却无法割断它与中世纪炼金术的关联。这可以算是一种奇怪的悖论。有关炼金术的专著仍然以手稿的形式流传于世，其中充满了神秘的符号图形，各种金属分别用人格化的神祇或帝王，以及他们在婚礼、死亡和复活时的各种变形来表示。炼金术的目标仍然是要找寻

"哲人石"，想用它把基本的金属变成黄金，还要找寻长生不老药。这两种理想的物质有时就是相同的一种东西。

　　尽管人们进行了多年的实验，可是一直没有产生新的化学理论框架。人们仍然认为，宇宙是由四种要素所组成的，实际上这是原则而非可确知的元素。炼金术的所有实践，无非是加热、燃烧、蒸馏的过程，以便强迫

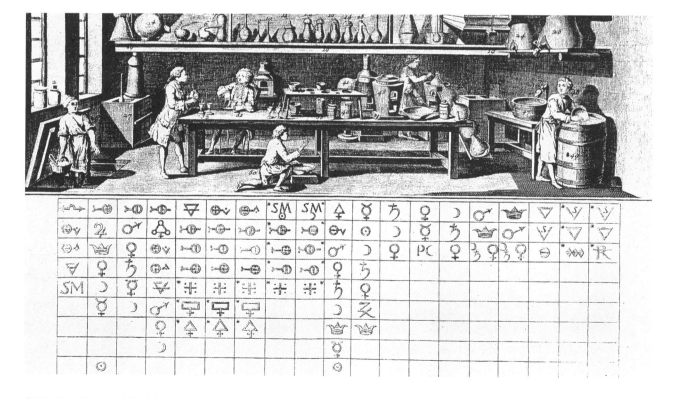

◎图中的上半幅为17世纪末的一间化学实验室。下半幅为各种化学物质的符号表，当时尚未把它们看成是各种元素。

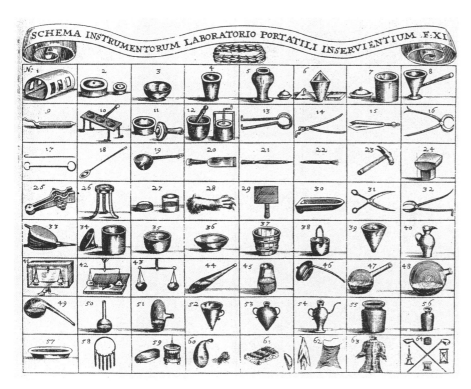

◎1689年出版的一张化学实验室所用的便携式用具目录图，其中有天平、钵、杵、风箱、钳子、玻璃容器等用具。

他所采用的"气体"（gas）一词源于希腊语chaos一词。他发现，燃烧木头或发酵葡萄，都可以得到相同的气体（现在称为二氧化碳）。他还把传统所谓的物质四要素，改为两要素，即水与土，因为火焰只是一种过程，它本身并不具备任何能力。他认为，空气可以分解为更为单纯的几种气体。他还认识到，水是物质的基本成分，而且应该用一种令人信服的实验来证明这一点。

海耳蒙特用了5年的时间，在一大锅土壤中培育一株小柳树，只灌水，不添加任何东西，最后称得柳树的重量为164磅（约74千克），而且发现土壤的重量并未因此减少。他由此得到的结论是：水是滋养柳树的唯一物质要素。尽管这个实验的目的和手段都一清二楚，但是他的结论却是错误的，这是因为他当时对植物的呼吸作用还一无所知。由此可知，理论如果不够全面可靠，就会导致错误结论。海耳蒙特还用超自然的幽灵原理来谈论一些化学过程，例如他说，当一种物质通过燃烧转化为气体时，这种物质就脱离了它在人间的形态而转化为幽灵的形态。

物质改变其性质而已。

炼金术士认为，地球上的各种物质与各种行星的本质有着共性，它们的物理形态，不过是各种容器内所装的超自然的实体。这就是炼金术士的内心世界，即使处在牛顿时代，他们仍然如此。依照他们的观念，人们的身体内装的是神秘的智慧，它披着符号语言的外衣，只有炼金术士才能感知，其他任何人都无法理解它。人们对于物质的这种神秘状态的认知，多年没有出现什么变化，一直到17世纪末才有所改观。

从炼金术演变为化学

简·巴普蒂斯塔·范·海耳蒙特是一位比利时学者，他在化学实验方面取得了重要进展。尽管他的研究工作还是用神秘主义语言包装的，但他仍然可以称得上是过渡时期的一位重要人物。他认识到，气体有别于空气，

玻意耳的观点

人们认为，终于能够驳倒古老炼金术的各种学说和公式的贡献者，应当归功于英国科学家罗伯特·玻意耳。他在1661年出版的一本名为《怀疑的化学家》（*The Sceptical Chymist*）著作中，驳斥了多种传统理论的荒谬性，包括亚里士多德的四元素论和帕拉塞尔苏

斯的三要素论（指盐、硫、水银）等，这些学者都认为这些要素就是所有物质的基础。而玻意耳以合乎严格逻辑的论证指出，他们虽然称之为要素，但是这些要素根本就属于混合性物质，所以没有理由相信这些要素就是宇宙中的基本物质。于是，他提出：物质由基本微粒或可称为"细胞"所组成，这些基本微粒具有不同的性质和结构，由这些微粒组成了地球上所看到的各种复合型物质。玻意耳关于基本微粒的概念是这样写的：

> 我现在所给出的元素的定义是：它们是某些基本的和单纯的物体，不是由其他物体所构成，也不是由其他物体的组合所构成，所有被称为完善混合

体的物体，都是由这些元素组合而成，而这些混合体最终也将分解为这些元素。

玻意耳关于"元素"的说法，与现代关于元素的概念非常相近，他也接受原子论观点，认为可以用它来解释化学吸引力。但是，玻意耳未能对元素之间的化学反应进行量化工作，这是因为他对于原子量和原子序数根本一无所知。他当时猜想，各种微粒可能具有不同的形状和性质，如：各种酸的微粒可能是带有尖刺的和粗糙的，所以舌头尝起来会感到刺激，而且酸能够分解其他物质；各种油类具有滑润性质的微粒；而金属和盐的微粒则是具有几何结构的形状，所以能够组合到一起，或者形成结晶。

这种微粒说的影响非常大，因为它能解释物质的许多次要的性质，如滋味、气味、色彩等。如果能够知道所有微粒的性质，那么，就能够解释某些物质为什么能够结合在一起，而其他一些物质则不能。玻意耳说："银溶解于硝酸，而金溶解于王水（硝酸和盐酸的混合液），如果把这两种酸溶液交换一下，金和银就都不能溶解，明白这个道理并不难，就好像一把钥匙只能开一把锁，换一把锁就打不开，其道理是一样的。"他在这段话中强调微粒的物理性质，其结果是几乎把人们带进了一条死胡同，但是仍然可以认为，他还是为化学指出了一个新方向，把化学从炼金术士的幻想中解脱出来，为理性研究化学带来了一线曙光。

玻意耳定律

玻意耳还进行了许多物理实验，其中之一就是以他的姓氏命名的玻意耳定律。他在该定律中证明了：空气或任何气体都是可被压缩的，而且这个过程是可逆的。他断定，气体的体积反比于它所受到的压力，如果没有压力，气体就会无限膨胀，进而充满整个宇宙。玻意耳在他的实验中用到气泵，并由此证明：在真空的条件

罗伯特·玻意耳，近代化学的先驱。

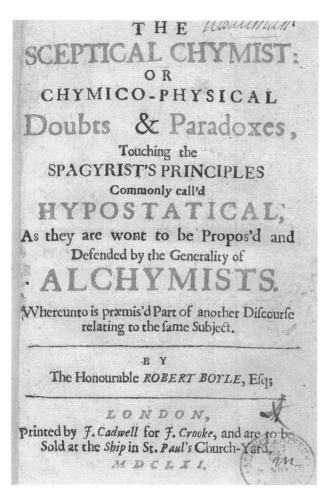

THE
SCEPTICAL CHYMIST:
OR
CHYMICO-PHYSICAL
Doubts & Paradoxes,
Touching the
SPAGYRIST'S PRINCIPLES
Commonly call'd
HYPOSTATICAL,
As they are wont to be Propos'd and
Defended by the Generality of
ALCHYMISTS.

Whereunto is præmis'd Part of another Discourse
relating to the same Subject.

BY
The Honourable ROBERT BOYLE, Esq;

LONDON,
Printed by J. Cadwell for J. Crooke, and are to be
Sold at the Ship in St. Paul's Church-Yard.
MDCLXI.

◎玻意耳于1661年出版的《怀疑的化学家》一书的扉页，这部书表明他已站在位于炼金术和经验化学之间转折点的大门前。

罗伯特·玻意耳
（Robert Boyle，1627—1691年）

· 物理学家和化学家。
· 生于爱尔兰芒斯特省的里斯莫尔堡，为第一任科克伯爵的第七子。
· 曾就读于伊顿公学。
· 曾在英格兰多塞特郡的斯多尔桥住所潜心研究科学。
· 1654年，移居牛津，成为"无形院"的奠基人之一，这个组织是牛津知识分子反对科学院的经院式科学思维方式的团体。
· 在罗伯特·胡克的协助下，他对空气、呼吸作用、真空和燃烧等方面进行研究。
· 1661年，出版了《怀疑的化学家》一书，书中把元素作为化学分析的实践极限。他还批评了当时科学院的科学研究思维模式。
· 玻意耳定律，发现气体在恒定温度下，其体积与所受到的压力成反比。

下，不可能进行呼吸和燃烧。但是他忽略了一个关键性事实，即空气只有一部分参与这些过程。

在玻意耳定律发表数年之后，伦敦的一位物理学家约翰·梅奥在一个密闭容器内点燃了几支蜡烛，一直等到这些蜡烛熄灭，他发现，空气中的大部分仍然存在，没有发生变化。他由此得出一个结论：空气中只有一部分气态物质与燃烧有关。他的这个结论已经接近于发现氧气，可惜他英年早逝，生前未能提出完善的氧气理论。

在玻意耳去世后的整整100年中，化学研究始终未能理性化。这是由于其间始终没有出现一整套按照原子量和原子序数作为基础的理论框架，以此来解释各种化学反应和化合作用。但是玻意耳已经使原子论获得新生，而这正是寻找真理的一条非常重要的线索。

牛顿花了多年时间进行化学方面的研究工作，可惜他未能使这门科学变得系统化，但是他也同样得出了一个结论，即原子论应该是打开化学这扇科学大门的一把钥匙。牛顿曾在书中预言："上帝在开天辟地之初创造了物质，但这种物质是由固体的、有质量的、坚硬的、穿不透的和运动着的微粒所组成；物质是如此坚硬，简直无法把它打碎成更小的碎片；普通的力量很难把上帝在开天辟地时亲手所创造的物质再进一步分解。"

玻意耳研究化学的方法，是17世纪典型的机械论方法，他所寻找的是各种事物和现象的物理原因，而非它们之间玄妙的相似性。他是一位虔诚的基督徒，相信研究自然就是他的神圣职责。他也相信，宇宙就是一部硕大无比的机械，是由其缔造者首先开动的，而人们现在所进行的工作就是要找出一些下一层次的定律，但是这些定律应当是基于理性的研究目标。

血液循环：威廉·哈维
THE SCIENTIFIC REVOLUTION

从16世纪的比利时人安德烈亚斯·维萨利乌斯开始，出现了解剖学研究的革命，他的研究工作为人们带来了人体功能机制的新思维。许多医生更加密切观察人体内的各种器官和系统，他们终于发现，这一切并不像盖仑和其他经典著作者所说的那个样子，于是进而寻求新的生理学。

其中影响最为深远的著作，当数威廉·哈维于1628年在英格兰出版的《心血运动论》（*Anatomica de Motu Cordis et Sanguinis in Animalibus*）一书，书中阐述了他所发现的人体血液循环机制。哈维在书中证明了人体最基本过程的全新概念，彻底推翻了传统医学关于生理学的说法，从而奠定了真正合乎实际的生理学这门科学的基础。

哈维曾在意大利几所著名大学学习医学，后来先后担任英国国王詹姆斯一世和查理一世的御医，并追随后者参与英国资产阶级革命。哈维很早就认识到，生命中最重要的力量就是血液。他迫切感到需要了解人体心脏这个器官系统，想搞清它究竟是如何使血液进行工作的。

从古希腊传承下来的经典生理学认为人体的动脉系统能把一种生命的精神从肺脏带到全身。这种说法与血管把养分从肝脏带到全身的说法是完全不同的。那时的人们认为，血液能够挥发而进入肌肉，而且总是由肝脏进行补充。他们还认为，脉搏就是动脉的运作，但是与心脏并不相连。

◎威廉·哈维在与英国国王查理一世讨论一只被解剖了的麋鹿。哈维当时是查理一世的御医，图中的男孩是王储，后来继位，成为查理二世。此图约绘制于1640年。

威廉·哈维
（William Harvey，1578—1657年）

· 一位医生，发现血液循环。

· 生于英格兰肯特郡的福克斯通。

· 曾在剑桥的卡尤斯学院攻读医学。

· 在意大利的帕多瓦生活一段时间之后，于1602年移居伦敦。

· 1609年，在圣巴塞罗缪医院（St. Bartholomew Hospital）担任医生。

· 1628年，出版《心血运动论》一书，书中介绍了他的发现，认为心脏的搏动像一个泵，能够压送血液至身体各个部分。

· 1618年，担任国王詹姆斯一世的御医；1640年，担任国王查理一世的御医。

· 1651年，发表《论动物的生殖》（*Essays on Generation in Animals*），科学地证明了一切动物都是由卵子发育而成。

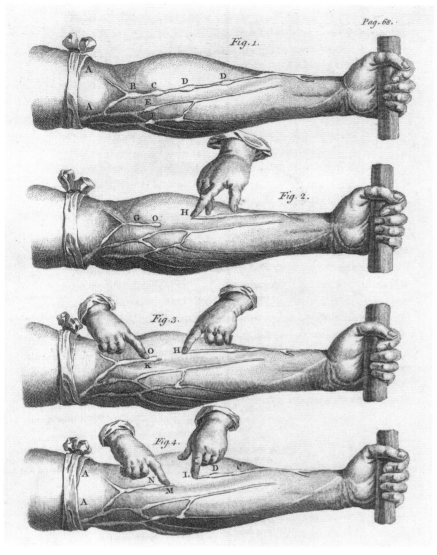

Pag. 68.

Fig. 1.

Fig. 2.

Fig. 3.

Fig. 4.

◎哈维关于血液流动的演示。血液通过静脉血管从四肢到心脏单向流动，而且是由瓣膜控制血液的通路。

现，情况果真如此。"他肯定了血管内小瓣膜的存在及其作用，实际上，意大利医生吉罗拉莫·法布里齐早就发现了这一点。这些小瓣膜保证了静脉血总是按照单方向流动，即从身体的各个末端流回心脏。哈维从他的那些实验观察中得到了一个基本结论，即心脏是一种血液泵，而脉搏则是由于血液泵的作用所导致的动脉瞬间扩张。血液总是通过腔静脉流回心脏，而通过主动脉离开心脏。

然而，哈维当时并未能够解答两个关键问题。第一个关键问题是，动脉血怎样才会被送至静脉，然后流回心脏呢？他设想，人体组织内必定存在某种微小的连接通道。关于这个连接通道，是被后人发现的，并取名为毛细血管。第二个关键问题是，他未能解释血液循环的目的，这可能比第一个问题更加重要。在当时，哈维并不知道肺脏的作用是对血液的补氧作用。于是，他只能重复传统的说法，即心脏是身体热量的来源，血液在心脏里重新获得热量，然后分散到全身。30年后，一位名为理查德·洛厄的英国医生，进行了一系列实验，证明了静脉血和动脉血的唯一区别就在于后者接触空气，他由此推断出肺脏的作用。

实验方法

哈维进行过多项长期实验，这使他确信，古人的关于生理学的各种理论是完全错误的。他发现，如果心脏只向主动脉供血，短时间内会有大量的血液消耗，其结果是人在几分钟之内就会死亡。实际上，从心脏排出的血液量是巨大的，但消耗量是有限的，血液没有被蒸发掉或片刻之内被置换。哈维感到，其中必然会有血液向心脏"回流"，也就是说，必然会有血液循环。

哈维在书中写道："我开始考虑到，血液也可能存在某种运动，好像它是在一个圆周上做运动，后来我发

显微镜革命：列文虎克和斯瓦默丹
THE SCIENTIFIC REVOLUTION

望远镜的出现，曾经导致天文学革命；而显微镜的出现，则导致了生物学革命。

17世纪中叶，显微镜的发明，导致人们对自然界产生了全新的看法。有关显微镜的发明情况，并不像望远镜在历史上记载得那么清楚，但是人们知道显微镜是出现在1600年之后不久，与望远镜的出现几乎同时，而且这两项科学工具的发明都是源于荷兰。第一本记载用显微镜观察自然的书，是意大利生物学家弗朗切斯科·

◎安东尼·范·列文虎克，荷兰的显微镜学的先驱者。

斯泰卢蒂于1630年在罗马出版的著作，在这部书中所叙述的那具显微镜，只安装了一片放大倍率不到10倍的透镜。17世纪30年代，也出现过一些记载使用显微镜的文献。采用两片透镜的复合型显微镜在那时也出现了，不过在光学上仍然存在缺陷，所以单片式显微镜还是比较实用。

显微镜并没有像望远镜那样立刻引起轰动，而是过了几十年之后，才出现使用显微镜所带来的重要发现。在这方面的最重要的先驱者都是荷兰人，他们的生活年代相近，但似乎都是各自独立研究。

微观世界

安东尼·范·列文虎克起先是一位布店商人，后来供职于荷兰代尔夫特市政府，但他个人的兴趣主要在于磨制各种透镜，用来研究微小的物体。列文虎克曾经制作出许多具单片透镜的显微镜，现在保存下来的显微镜中有一具的放大倍率竟高达300倍。

列文虎克从来不与其他科学家来往，总是独自工作，也从来不肯透露他的显微镜制作诀窍，而且只说荷兰语。他在文章中仅描述他所见到的事物，很少进行分析研究。他设想，运动与生命是相似的，所以他认为，一滴水中运动着的各种物体也是生命的各种形式，这是指微生物。他所发现的各种微生物之中，有原生动物、轮虫和细菌。他发现，人的口腔和肠子内存在相似的细菌，而且计算了它们的尺寸大小。是他首次把这些微小的生命命名为animalcules，意即"微小动物"，他在文章中写道："从排水沟内舀到水桶中的水或雨水，都可以发现这种'微小动物'，在露天的各种水中也可能发现它，因为它是被风带来的空气中悬浮的灰尘微粒。"

自1676年起，列文虎克向伦敦的皇家学会寄出了一些信件，信中宣布了他的各种发现，从而引起了人们的极大兴趣。他肯定了与动脉和静脉相连的毛细血管的存

在，而这一点早已被意大利人马尔切洛·马尔皮吉发现了；他还首次准确地描述了红细胞；列文虎克最重要的发现，可能要数他确定了精液中的"微小动物"（精子），后来由此出现了关于受精过程的新理论。列文虎克是一位业余科学家，没有受过正规教育，在大学中也没有地位，但是他的这些新发现使他闻名于世，有几位国王曾经拜访过他，想亲眼看一看他所发掘的世界新发现。

昆虫世界

与列文虎克同时代的扬·斯瓦默丹，是一位受过正规教育的医生，但是他从来没有行过医，而是像列文虎克一样，专心致力于自己对显微镜观察的个人爱好。

安东尼·范·列文虎克
（Antonie van Leeuwenhoek，1632—1723年）

·业余科学家，显微镜的发明者。
·生于荷兰的代尔夫特。
·曾为布店商人，并开始研磨玻璃透镜，以便改进织物的检验工作。
·1674年，通过显微镜，在水中和血液中发现了"微小动物"（现在称为"protozoa"，即原生动物）的存在。
·1676年，在唾液和牙垢中发现细菌。1683年，发现血球。1682年，发现在骨骼肌肉之间有沟。1717年，发现神经结构。又曾发现植物纤维的一般组成结构。

扬·斯瓦默丹
（Jan Swammerdam，1637—1680年）

·自然学家，昆虫分类学家。
·生于荷兰的阿姆斯特丹。
·曾在莱顿大学学习医学。
·1669年，出版《昆虫自然史》（*The Natural History of Insects*），书中专门描述昆虫的生命循环。
·1737—1738年，他的著作《自然》（*Biblia Naturae*）出版，书中叙述了通过显微镜所观察到的范围广阔的多种生物现象，而此时他已去世多年。

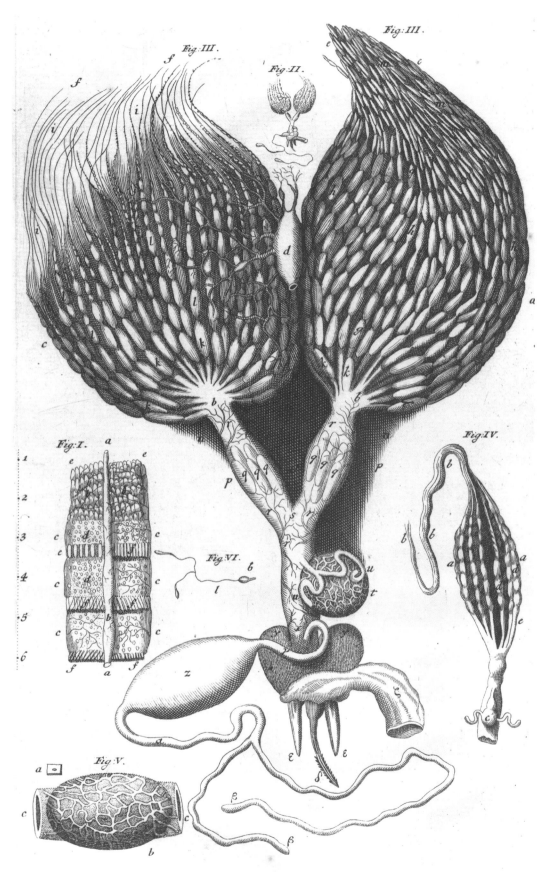

◎由扬·斯瓦默丹
绘制的蜜蜂内部
器官图。

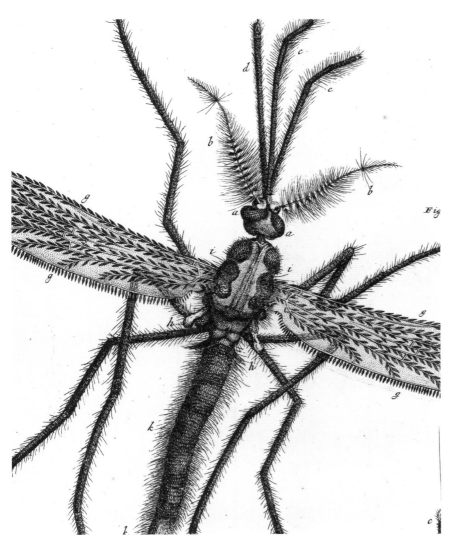

　　他的注意力主要集中在昆虫世界，首次介绍了昆虫解剖和昆虫的生命循环。在亚里士多德时代，人们一直忽略昆虫研究，认为它们是低等的和不入流的生命形式，根本不值得去研究。人们认为，昆虫是自发出现的，没有什么内部解剖可言，只是突然且神秘地改变它的形态。斯瓦默丹则反驳了这些看法，他说昆虫也有神经和大脑以及循环和消化系统等，这一点和高等动物没有什么两样。他证明了蝴蝶的脚和翅膀是在毛毛虫身体内逐步发育出来的，即使在蝶蛹阶段之前也是如此，是在正常发育过程中形成了奇迹般的形态变化。

　　斯瓦默丹于 1669 年出版了《昆虫自然史》(The Natural History of Insects)。在他去世后，人们把他生前所绘制的许多昆虫插图收入该书，改名为《自然》(Biblia Naturae)，后者是收有根据显微镜所观察到的图像绘制成图画的最佳生物学著作之一。列文虎克和斯瓦默丹所进行的显微镜研究工作，是 17 世纪出现的采用经验主义重新研究科学的典型范例。由于他们的努力，自然科学的面貌才得以焕然一新，他们由观察所得到的新发现，由此融入各种新的生物学理论。

罗伯特·胡克的《显微图》

THE SCIENTIFIC REVOLUTION

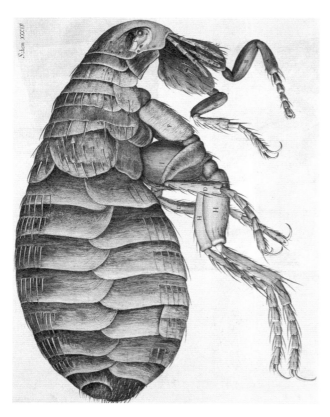

◎罗伯特·胡克绘制的一幅著名的昆虫图，画的是经过显微镜放大的跳蚤，此图引自他的著作《显微图》。

列文虎克和斯瓦默丹的研究成果，发表在多所科学院的学报上，他们因此成为著名学者。但在英国，1665年《显微图》（*Micrographia*）一书的出版，才使得显微镜革命的影响范围更广。

该书的作者是罗伯特·胡克，他是一位大学讲师，伦敦皇家学会的实验研究学者。他对各门科学有着相当

广泛的兴趣，虽然并不具备一流学者的天分，但还是对物理学和生物学作出了许多重要贡献。胡克从十岁起就喜好制作各种模型，像船舶、时钟、水车等，到了二十多岁，他与一些科学家（如玻意耳等）合作制作一些实验设备。

胡克本人的上述情况和经历，也许能说明为什么他的自然哲学观会属于彻底的机械论。他认为，显微镜能够揭示生物中深奥难解的机制。他曾经亲手制作了一具采用多片透镜组合而成的复合型显微镜，但是与荷兰人制作的单片型透镜相比，实际上是复杂程度有余而放大倍率不足。他把显微镜看成是经由经验主义手段进行科学革命的一个重要组成部分，并在其《显微图》一书的序言中写道：

> 自然科学经历了漫长的道路，实际上它不过是大脑的思考与幻觉的一种综合体。现在，它应该依靠直接观察各种物体的途径，回到科学本身所应该具备的那种朴素性和可靠性的道路上来。哲学（意指科学）过去偏离了正道，掉进了不可知论的陷阱，几乎把它自己毁灭了。如果它不能重新回到像它最初那样依靠直接感知的途径，那它就会变得无可救药了。

胡克在《显微图》一书中，对有机物和无机物世界中各种事物，如皮肤、毛发、雪、冰、矿物质、昆虫、

◎罗伯特·胡克制作的显微镜。

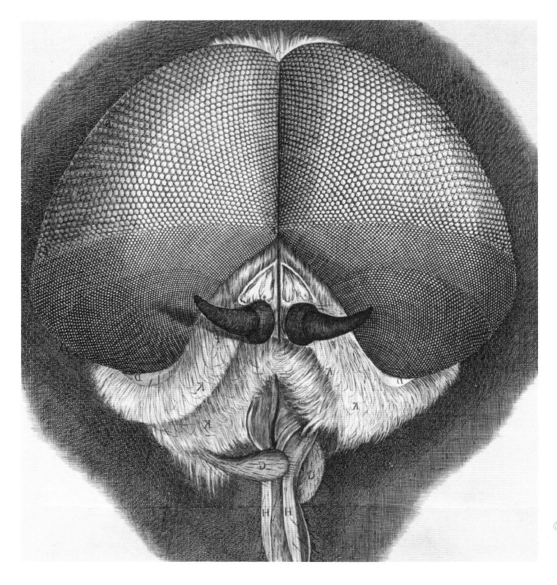

◎蜜蜂的眼睛，引自胡克所著的《显微图》一书。

罗伯特·胡克
（Robert Hooke，1635—1703年）

·建筑师、科学家和哲学家。

·生于英格兰的怀特岛。

·曾就读于牛津的基督教堂。

·协助罗伯特·玻意耳制作气泵。

·1662年，任伦敦的皇家学会博物馆馆长。

·任伦敦的格莱沙姆学院物理教授。

·1665年，出版《显微图》。

·他和牛顿两人对各种科学问题长期存在争论。

·他的胡克定律涉及弹性物体内的应力和变形。

·他在其他方面也获得许多成就。他首先制作出一具反射式望远镜，由此计算出木星的转动，并在猎户星座内发现了第五颗星体。

·发明船用气压计。

·1666年伦敦大火后，任伦敦市监督员。

·设计过蒙塔古大厦和伯利恒医院。

苔藓、植物等，进行了详细的描述和说明。该书的某些说明文字，曾被英国一位著名的科学家和建筑师克里斯托弗·雷恩引用过，书中的许多插图和文字，尤其是关于昆虫的那些，被人们看作是对微观世界的一种揭示。

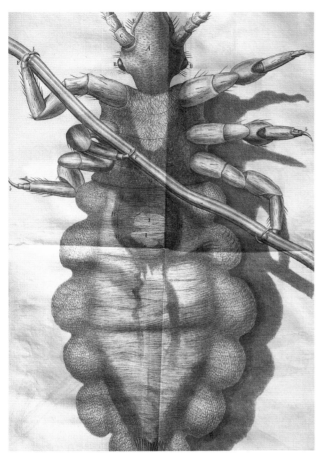

◎胡克所绘制的一幅虱子图，这只虱子正紧紧抓住一根人的头发。

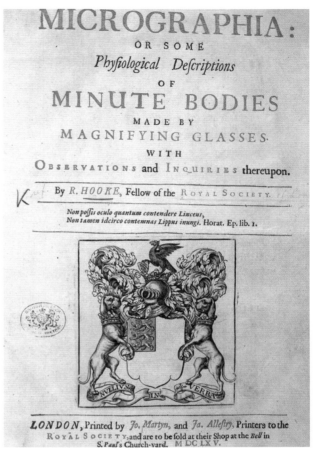

◎胡克于1665年出版的巨著《显微图》的扉页。

该书在科学界所引起的轰动效应，可以与伽利略的《星空信使》一书相媲美。这两本书所宣告的，不是新概念或新理论的出现，而是进行科学观察的新世纪的到来。

实际上，胡克有时也使理论向前发展，因为他认识到，由显微镜观察所得种种事实，使科学家面临着巨大挑战，他们必须努力诠释他们所见到的各种新事物。他由观察而发现了软木的腔室结构，使他由此提出了"细胞"（cells）一词。从现代对于细胞一词的含义来看，胡克当时实际上并没有看到真正意义上的细胞，因为细胞实在是太小了，当时的显微镜还看不到。到了19世纪，人们才真正发现细胞，而胡克所首创的关于"细胞"这个词和它的概念，到这时方才喜获新生。

胡克观察并研究了苍蝇的复眼，并且详细描述了羽毛和蜂刺。他所绘制的苍蝇和跳蚤图，是在他观察这两种昆虫的不同身体部位后组合而成。在18世纪，这两幅图曾被反复转载，甚至到了19世纪，这两幅图还吸引了成千上万的读者，并把他们带入显微镜世界。

胡克在物理学方面也进行过一些重要的研究工作。他发现了关于物体弹性的定律。他设想太阳系各个行星之间也存在着某种吸引力，影响着它们的运动；他的这个设想虽然比牛顿还要早几年，但是未能从数学上加以证明。他始终认为他是在牛顿之前就构想了引力的概念，所以，他一直为牛顿的声誉居然超过他而感到愤愤不平。在现代科学初期的黄金年代中，胡克曾在科学的许多领域内作出了贡献，然而最令人们难忘的，还是他的那本《显微图》。

生物学的各种问题：由经验通向科学

THE SCIENTIFIC REVOLUTION

　　随着显微镜的发明以及解剖学领域的多种发现，传统医学的许多教条也随之被推翻了，大量的难解之谜的破解，使近代生物学逐渐成形。其中第一项难解之谜就是关于哺乳动物的繁衍后代问题。

　　人们当然知道，人类要想繁衍后代，必须同时具备男性和女性的某种要素，但在17世纪之前，人们还不知道细胞是生命的基本单位，也不知道在受精过程（男女双方要素的结合）中到底发生了什么事，于是就认为这个过程是高深莫测的，成为一个难解之谜。按照传统的亚里士多德学说的术语，女人的经血中含有一种新胚胎的"物质"要素，而男性则提供一种"形态"要素，后者是一种活性因素，促使胚胎发育成长。像威廉·哈维等权威学者则认为，男性精子内蕴藏有某种"重要热量"或"蒸汽"，能促进发育。

调和派

　　1672年，荷兰医生莱格尼尔·赫拉夫在哺乳动物的卵泡中发现了卵子。于是就相应出现了一种"卵原论"学派，他们认为哺乳动物的发育是从卵子开始的。还有一些人认为，卵子内含有未来胚胎的形态，它不是仅仅具备可能性，而是实际上任何物种的卵子内都含有未来发育的真正形态。以人类为例来说，他们认为这一点可以上溯到上帝所创造的女性夏娃，她的卵巢中包含着未来整个人类的各种形态，而且是一种形态藏在另一种形态之内，就像中国制作的一组套盒一样（译注：一个盒子比另一个小，比较大的盒子套在比较小的盒子外面）。这种说法后来形成著名的"套装"说（译注：法语为"emboîtement"，这是一种"先成说"，其含义是：假设的小个体被包在前代生殖细胞内）。卵原论派的原理，实际上是把男性受精必要性的说法与上述的"重要热量"说法调和起来。

　　列文虎克等人通过显微镜观察的发现，为近代生物

◎列文虎克所使用的结构简单的单透镜显微镜。

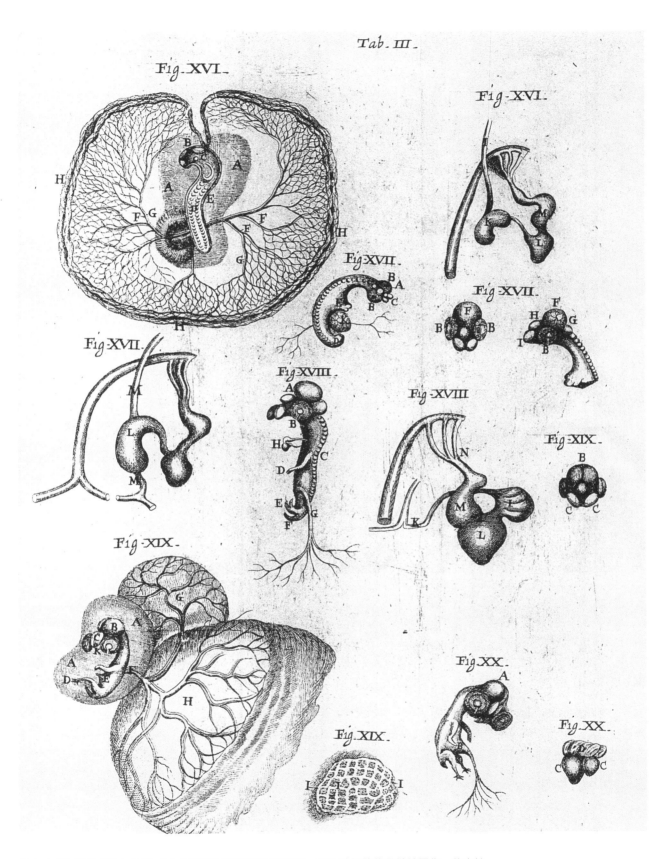

◎意大利生理学家马尔切洛·马尔皮吉于1673年所观察到的一幅小鸡胚胎的显微镜图像。他支持
"先成说"理论，并声称在最早期阶段可以观察到小鸡的头和四肢。

◎马尔切洛·马尔皮吉，一位颇具影响力的意大利生物学家。他发现了毛细血管，而静脉和动脉通过毛细血管相连通。

他们所偏爱的理论。通过显微镜观察生物所得到的各种发现，为生物学的各种引人注目的新前景提供了扎实的证据。但是，不要误以为诠释显微镜所观察到的种种新发现的道路会是一帆风顺的。

生物发育之谜

生物发育之谜，引发了有关生物学一些问题的第二次大争论，其焦点在于：胚胎实际上是怎样生长和发育的？具有各种显然不相同器官系统的复杂生物，怎么会从没有后来形态的组织中生长出来的？有一种学派认为，胚胎发育出它的各种特征（例如四肢和器官）是一个随着时间而渐进的过程。我们现在的解释则是，生物的各种组织是逐渐分化的，其术语就是"渐成说"。

但是，当时显微镜所观察到的事实似乎支持另外一种观点，即胚胎从一开始就具备了它最后的形态，所不同的不过是后来的尺寸变大了，这就是"先成说"的原理。意大利生理学家马尔切洛·马尔皮吉从他对鸡蛋的研究所得出的结论出发，支持"先成说"，他声称，他看到小鸡的胚胎在其最早阶段中具备了头部和四肢的雏形。对人们影响更大的，恐怕要数扬·斯瓦默丹对昆虫所进行的研究工作。他声称有充分的证据表明，蝴蝶的翅膀在其幼虫时代就已经具备了，青蛙的四肢在其蝌蚪时代也已经具备了，所不同的只是后来的尺寸变大了。以上这些学者的"先成说"观点，从使用显微镜的初期一直盛行到18世纪。

学开拓了种种发展的可能性。列文虎克观察到男性精液内有许多精子细胞，他当时称之为"微小动物"，并认为这种有生命的小动物本身具有活动能力。他声称，胎儿完全是由男性精液所决定的。另外一些显微镜学家曾发表了一些图画，认为微小的人类形态是隐藏在精子头部的。从一方面来看，人们对于从显微镜看到的物体图像还有不少争论，而从另一方面来看，人们看到已经发表的一些颇为夸张的物体图像之后，也会被诱导去支持

自然发生说

有关生物学问题的第三次大争论，可能算是持续时间最长的一次，它是关于"自然发生说"（译注：认为动植物都起源于无生命有机物的一种过时概念）的可能性问题。生物有多种形态，尤其是那些微小的生物，它们的生命循环几乎是无法观察的，因此有人陷入了一种看法，认为一切生物都是自发形成的。一个经典的例子是，昆虫的蛆是出现在腐烂的物质中，如腐烂的奶酪或肉等。另外两个例子是，人们猜想有壳的水生动物似乎是从温暖的沙子或泥土中生长出来的，还有，鳗鱼似乎最初是在陆地出现的。人们认为，类似的例子可能还有很多，比如，蜜蜂似乎是从动物的肌肉中生长出来的，某些鸟类从来没有发现有窝，那就有可能是从植物中孵化出来的。

意大利医生弗朗切斯科·雷迪下定决心要站出来驳斥这种广为流传的"自然发生说"。据他推断，生命的各种形态应当是从卵子或种子的某种形态中发育出来的（如昆虫的蛆以及各种生物都应如此）。他决定进行一些实验，其方法是隔离宿主与外界的一切接触。在这项实验中，他把几片肉和奶酪放入密封的容器内，而另外几片肉和奶酪则暴露于空气中。实验的结果表明，密封容器内的肉和奶酪丝毫没有出现变化，而暴露于空气中的那些肉和奶酪上则发现了昆虫的蛆和幼虫，这个实验结果与他的预想完全一致。在仔细跟踪观察了一段时间后，他发现，有苍蝇和其他昆虫曾经沾过这些暴露于外的肉和奶酪。他对这些暴露于外的肉和奶酪进行了解剖，在显微镜下清楚地观察到这些昆虫的卵。雷迪对于实验中的有些寄生虫侵扰现象未能进行解释，例如，肠子内的肠虫和寄生虫，以及植物上的虫瘿（译注：指植物体上的瘤状物）。他怀疑这是由于生物宿主本身的机能失常，而不是外来原因所致。

尽管雷迪未能证明"自然发生说"所说的现象从未发生过，或者根本不可能发生，但是他令人信服地对最

弗朗切斯科·雷迪
(Francesco Redi，1626—1697年)

· 医生和诗人。
· 生于意大利的阿雷佐。
· 曾就读于佛罗伦萨和比萨的大学。
· 先后担任好几位托斯卡纳公爵的私人医生。
· 曾对"自然发生说"深感兴趣，但是，他于1668年彻底驳倒了这种理论。

常见的现象给出了不同且合理的解释。他的这些实验研究工作，可以称得上是仔细的而且控制得当的实验范例。不过也会出现例外，一旦出现无法清楚观察到的生命循环的存在，"自然发生说"就可能死灰复燃，有人会急忙挺身而出维护这种无生命有机物会变成生物的说法。

从经验之路通向科学，以及由显微镜观察所得到的新现象，出现了大量的新观点，但是，只靠这些新现象和新观点，仍然无法回答下列问题：万物是如何运作的？生命的基本过程到底是怎样进行的？

近代植物学的兴起
THE SCIENTIFIC REVOLUTION

◎17世纪，约翰·帕金森所著的一本关于植物学概览的扉页。

显微镜自然而然地被应用于研究植物和动物世界，从17世纪60年代起，欧洲的植物学家就一直在努力回答有关植物的形态和作用的各种问题。植物显然有别于动物，因为前者没有感官和知觉。人们所想知道的中心问题是：生命的规律是否同样主宰植物和动物两个领域？或者说：它们的存在是否处于不同的层次？科学家所提出的理论并不见得总是正确的，但是他们成功地奠定了近代植物学的基础。

植物结构

尼赫迈亚·格鲁从事多年植物研究之后，于1682年在伦敦出版了《植物解剖学》（*The Anatomy of Plants*）一书，他在书中不仅描述了植物的茎、根和叶的结构，还介绍了它们各自是怎样起作用的。但是他的许多观点都带有推测性，例如，他认为植物内的汁液可能在进行机械运动，就好像动物的血液运动一样，而且植物也可能有自身的循环系统。

格鲁最富有开创性和洞察力的想法是，他认为植物也具有性特征，其雄蕊属于雄性器官，而雌蕊则属于雌性器官。对于这种理论，他没能从实验方面去验证，但不久之后，德国人鲁道夫·卡梅拉留斯证明了这一点，这是一位博物学家和图宾根大学的教授。

卡梅拉留斯先着手解决了一个简单问题：为什么有些植物能结出果实和种子，而另一些则不能？他像格鲁一样，也观察到某些种类的植物的花是雌雄异株，而有些则是雌雄同株。他为此进行了一系列实验，第一组使雄性植物和雌性植物彼此隔开，第二组则让它们互相接触。在前一种情况下，植物只结出空果（没有种子的果实），而如果要想结出带种子的果实，则必须使雄性植物和雌性植物有互相接触的机会。他设想，雌雄同株的植物本身就能自我受精，关于这一点，他可是完全错了，因为实际情况并非如此。他的很多有关植物性特征实验具有非常重大的意义，因为，性特征是自然界的一个普遍原则，不仅适用于动物世界，也适用于植物世界。生物具备性特征的发现，有助于加强那种宗教传统理念的地位，即上帝创造世界的原则能适用于整个自然界，而且，即使属于低等形态的生命，也是值得进行科学研究的。

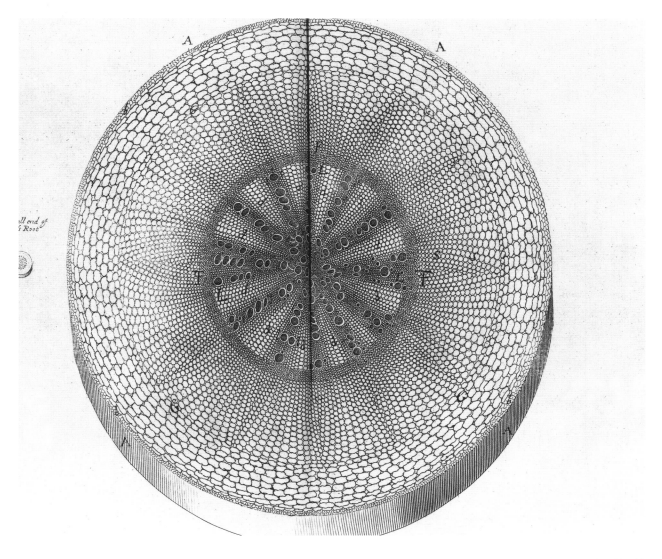

◎蒲公英根部的剖面图，可以看到具有像人体静脉一样的导管，植物依靠这些导管吸取水分和养分。此图由格鲁于1682年绘制。

建立生物分类学

17世纪末，科学家试图通过生物分类学对成千上万种生物进行系统地分类和命名，为各种生物形态建立一种科学的分类秩序。生物分类学就是要找出各种植物和动物的形态和功能的基本特点，然后利用这些基本特点把它们归入同一门类或划分为不同门类。约翰·雷就是早期试图建立生物分类学的学者之一，他主要对植物分类学感兴趣，不过他也提出过关于鸟类、鱼类、陆地动物以及昆虫的分类方案。他几乎终生在研究植物学，谨慎而刻苦地进行研究工作，目的是试图推翻古籍中关于草本植物的各种过时学说，让以实物观察作为依据的真正科学来取代它们。他在一本书中写道：

> 我对上帝充满了感激之情，感激他让我正好降生在这个新时代。那些空虚无物的各种谬论如今仍然充斥于哲学和占据统治地位的各种学说之中，它们已经沦为哲学的耻辱，现在已出现了以可靠的实验为基础的新哲学。
>
> 在这个新时代里，各门科学每天都在取得进展，尤其是植物。

约翰·雷认识到，各种植物的许多部分（如叶和花瓣）虽然表现为多种形态，但是从植物总体的结构和功能来看，这些形态之间具有极其重要的相似性。他在进行了深入思考之后，断定种子的液管具备始终不变的特点，也搞清了单子叶植物与双子叶植物之间的基本区别。他还详细描述了这两类植物的叶子、茎组织和生命循环。

约翰·雷是一位极为虔诚的基督徒，他深信物种永恒不变的学说。这就是说，正如人们在《旧约全书》中所读到的那样，现在所看到的众多的植物和动物类型，全都是由上帝创造世界之初就开始存在的。但是，他对下面这一点不得不感到惊奇：如果生物产生某些有限的演变，以致出现有如此多的物种彼此极为相似的现象，而它们彼此之间的区别仅仅限于一些次要方面。他与他同时代的一些博物学家一样，都不能确定一个物种到底是什么，但是，当他断言生物的各成

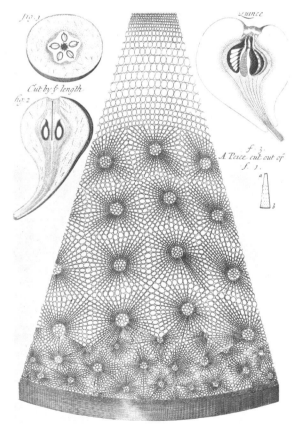

◎上图：由玛丽·比尔所画的约翰·雷的半身像，绘制日期不明。

◎下图：楹楟和梨子的解剖图，也是由格鲁于1682年绘制的。

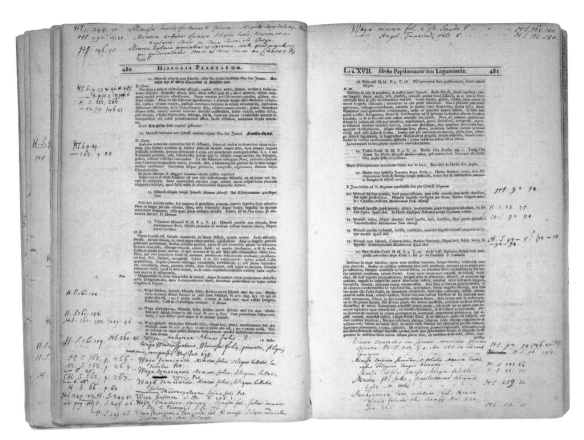

◎约翰·雷的《植物史》一书中有手写注解文字的两页。

员一定是"由种子发育而成"时，他也就非常接近于阐明事物真相的地步了。

他的最伟大的著作，当数三卷本的《植物史》（*Historia Generalis Plantarum*）一书，该书出版于1686—1704年，书中叙述了欧洲存在的5000多种植物。他也曾试图把曾经报道过的亚洲、非洲和美洲的几百种植物纳入他分类排列的植物各种门类之中。他虽然没有亲眼见过这些植物，但是他还是努力去诠释他所读到的各种有关记载。

他的这套巨著，并非仅供装点门面的关于自然奇观的书，它与过去的一些动植物百科全书有着本质上的区别，如格斯纳所编著的那本百科全书，因为他已经把可能会误导读者的那些叙述文字全部删掉了。他严肃地深入观察物种形态的多样性，设法找出它们的内在结构和形态，以及自然界对它们影响的规律。他虽

然的确是一位科学家，可是他却一直在高呼："神学就是我的专业!"

约翰·雷
（John Ray，1627—1705年）

· 博物学家、植物和动物分类学家。

· 生于英格兰埃塞克斯郡的布莱克诺特利。

· 曾就读于剑桥大学。

· 1662年，拒绝宣誓遵守"划一法案"即Act of Uniformity。
（译注：指英国议会力求英国教会划一使用1662年公祷书而提出的法案，因而失去了三一学院院士的职位。）

· 1662—1666年，与一位博物学院士一起访问欧洲大陆，专门研究了多种植物和动物。

· 1670 年，出版了《英国植物录》（*Catologus Plantarum Angliae*），书中介绍了植物的分类。

· 发表了众多的著作，他因而成为具有非凡影响力的博物学家，其著作中包括1686—1704年出版的三卷本《植物史》。

· 开创性地进行了动物分类的研究工作。

比较解剖学：爱德华·泰森

THE SCIENTIFIC REVOLUTION

17世纪的生物学家面临有关自然界多样性的一系列基本难题，需要他们努力去解答。这些生物学家一直接受"创世说"的教导，他们相信上帝在创造宇宙时也创造了地球上的全部生物。但是，作为科学家，他们从直觉上就感到这种说法显然有待考究。譬如，地球上真的在混沌之初就存在那么多的物种吗？又譬如，为什么有那么多生物物种具有共同的特征，因而可以归入同一门类，又为什么这一门类的生物物种与其他门类的物种有着如此显著的差别呢？《新旧约全书》上虽然记载了这些物种，难道它们真的是永恒不变吗？它们自身是否也有可能出现发展和变化，或者因为杂交而产生新物种呢？

在研究这些难题的过程中，他们认识到，首先需要为现有生物世界描绘一幅崭新的和更准确的面貌。要比过去更仔细地观察和描述这些生物，认清和鉴别它们的共性和个性。只有采取这种研究方法，才能发现自然界生物的共性和个性，使各种生物在自然界中的位置从杂乱无章变得井然有序。

◎17世纪的生物实验场景：图中桌面的左边为一些解剖后的动物标本，右边有一具显微镜，生物学家正在用显微镜观察刚刚解剖的一些动物组织标本。

爱德华·泰森
(Edward Tyson，1651—1708年)

· 博物学家和解剖学家。

· 生于英格兰的布里斯托尔。

· 曾就读于牛津的马格德林学院。

· 迁居伦敦行医，后来在布莱德维尔医院和伯利恒医院担任医生。

· 深信解剖学掌握着认识自然界统一性的钥匙。

· 进行过许多解剖实验。

· 1680年，出版《海豚解剖学》一书，书中阐明了他的一种新观点，认为海豚属于陆地动物与海洋动物演变过程中的一种过渡性物种。

· 1699年，出版了一本研究猩猩（实际上是指黑猩猩）的书，书中认为猩猩是由猿演化为人的过程中的一种过渡性物种。

通过解剖获得新发现

首先挺身而出面对动物学难题挑战的是爱德华·泰森，他曾在英国的伦敦行医，他所进行的动物解剖实验具有独创性。他于 1680 年发表《海豚解剖学》（*Anatomy of a Porpess*），书中的"海豚"是属于鼠海豚或者海豚一类的动物，尽管其外形像鱼，但他明确地断言它属于哺乳动物，且是鱼类与陆地哺乳动物之间的过渡性物种。不过，如何正确理解他所说的"过渡性"这个词的真正含义，倒是极为重要的。要知道，那时的泰森对于生物的进化过程还一无所知，所以他虽然使用了"过渡性"这个词，却未必能真正符合生物进化过程年代的先后次序。他还提出过"生物链"一词，其含义是：所有的物种（包括哺乳动物、鸟类、鱼类、爬行动物和昆虫等）之间都存在一些过渡性物种，而这些过渡性物种同时具备与它有关的两类物种的共性。他认为，科学家应当详细描述同类动物的各种特征，利用这些特征作为参考标准，就可以鉴别出其他生物与这类动物有什么区别。

此后，泰森花了20年的时间写出了一些论文，讨论了他对蛇、绦虫、鲨鱼和负鼠等多种动物所进行的解剖实验。在对负鼠的解剖实验中，他正确地辨别出这种有袋动物的各种特征，而这种动物是欧洲的博物学家从不知道的。

泰森最重要的一篇解剖学论文，当数他于1699年发表的《森林中的人》（*Homo Sylvestris*）。令他印象最深的莫过于发现了黑猩猩与人类极其相似，尤其是两者的大脑结构看来非常相似，不过他认为，人类的灵魂与兽类的灵魂存在着巨大差别。他所得出的结论是：黑猩猩在生物界所占据的位置，是紧挨着人类的下一级。他相信，他所进行的比较解剖学工作，已经发现了生物链的一个重要环节。

如果回顾生物的发展史，令人们最感兴趣的事情是，泰森几乎发现了这样一个真相：人类本身也不过是一种

◎泰森曾解剖过的一只黑猩猩。他在解剖过程中惊奇地发现，黑猩猩居然与人类具有极为相似的解剖学特征，于是他猜想，这两类物种之间必然存在某种联系，但是，究竟是什么联系呢？

动物。在 17 世纪里，人们关于人类本质的理解，完全是根据《旧约全书》上的记载，即人类被看成是非常接近于上帝和天使本性的一个特殊物种，而完全不属于动物王国的范畴。如泰森等生物学家所得出的关于人类这个生物物种的认识，实际上是经过了漫长岁月之后，人们才有可能得到真正合乎逻辑的结论，即人类是从动物王国中发展而来的，其发展过程真可谓"路漫漫其修远兮"。

 # 古生物学的建立：尼尔斯·斯滕森
THE SCIENTIFIC REVOLUTION

　　17世纪或更早的一批博物学家，曾经观察过一些古生物的遗迹，即我们现在称之为化石的这类东西，但是他们未能对这些古生物遗迹作出任何解释。他们虽然不否认这些遗迹与所见过的动植物有相似之处，但是认为这些遗迹只不过是大自然偶然发生变化时所留下的痕迹。按照传统的观念，这些古生物遗迹应该是地球上所出现过的物种，或者是天外来客。这些古生物遗迹的真相始终藏而不露，首先，是因为当时没有人能够解释这些古生物组织为什么会变成石头；其次，其中一些古生物的形态是他们从未见过的。显然，这些古生物是属于未知的物种。

　　首先对这些化石作出可信解答的人，是荷兰科学家尼尔斯·斯滕森。他是一位医生，发现了人体内有腺和淋巴系统。斯滕森的思维具有开创性，他认为，心脏不过是肌肉的一种，其组织结构与其他肌肉没有什么两样。他的这种新观点，推翻了由哈维和笛卡儿等权威学者一直所赞同的传统观点，即心脏是一种"生命活力之炉"，它能使身体中的"重要热量"恢复活力。

偶然发现

　　斯滕森的大部分精力都投身于解剖学研究领域，不过，他曾经偶然发现地中海沿岸的乱石中经常有不少的大型牙齿形状的化石，人们称之为"舌石"，并认为这不过是一类奇特的东西。斯滕森曾经解剖过一只鲨鱼的头部，他立刻就意识到，鲨鱼的牙齿与这种"舌石"极为

◎尼尔斯·斯滕森的肖像。他是丹麦的一位牧师，是古生物学的先驱。

尼尔斯·斯滕森
（Niels Stensen，也称Nicolaus Steno，1638—1686年）

·地质学家、医生、牧师。
·生于丹麦的哥本哈根。
·信奉基督教，并移居意大利的佛罗伦萨。
·发现腮腺管，并研究卵巢的功能。
·1666年，担任托斯卡尼大公的私人医生。
·他在地质学和古生物学方面的研究，是对地球结构的组成的最早调研成果之一。
·他在结晶学方面进行了调研之后，得出了斯滕森晶体结构定理，这是以他的姓氏命名的定理。
·1672年，在哥本哈根担任皇家解剖学家。
·1675年，成为一名牧师，从此完全放弃科学研究，并担任德国北部和斯堪的纳维亚地区的名誉主教。

相像。他断定，由于某种未知的原因，生物的遗体可能转变为化石。他发现，这些牙齿形化石和其他化石都是深深藏在岩石内部，所以他认为，这些化石不可能是在岩石内生长的，而应该是地球上首先出现过这些古生物，然后它们的遗体才有可能被埋藏在岩石内部。

斯滕森把他的这些观点写入一本名为《关于自然地藏在其他固体中的固体》（*Concerning Solids Naturally Contained within Other Solids*）的书，并于1669年出版。他并不仅仅止步于化石就是生物遗体的观点，而是进一步阐述了河流的沉积物是如何形成沉积岩的，例如，他建立了关于"地层"（strata）的原理。这个原理认为：如果在地层中发现岩石或其他物体，其埋藏的深度愈深，则其所代表的年代一定更为久远，因为按照沉积原理，年代较近的岩石必然沉积于年代较久的岩石的上部。斯滕森还设想，岩石的组成物之所以会出现差异，主要是由于水和火的作用不同所致。他声称，山峰不会自己生长，而应该是由于地壳的隆起作用所致；正是由于地壳的隆起，海洋动物的化石才会出现在远离海岸的山坡上。

于是，斯滕森开始构思一些关于地质学和古生物学的原理。他的研究工作中最杰出的是，他首先提出了有关地质学之谜的最合乎人性的解答，上帝的干预作用从来没有被提及过，而有关各种自然现象的论述，都被说成是自然界过程长期作用的结果。值得注意的是，他的这段有关地球形成的论述，引入了两个要素：时间和自然力的作用。

但是，斯滕森并没有明确说明地球的出现年代，而是不得不把地球上所有的活动都置于《新旧约全书》所说的时间框架之内。也曾有人想按照《新旧约全书》上记载的年表反推出地球的开始年代，其中最著名的要数詹姆斯·厄谢尔大主教，他推测，地球的出现始于公元前4004年，他的这种说法，在17世纪中曾经被人们所接受，而且广泛引用。厄谢尔的说法，未能超出《新旧约全书》年表的范围，但是斯滕森却能认识到关于化石和地层的真相，因此才能为古生物学奠定基础。

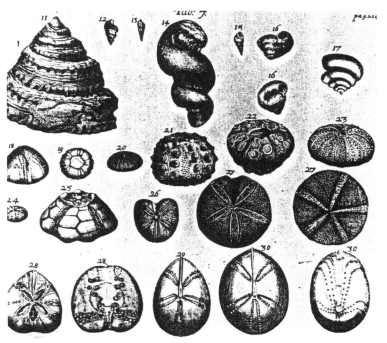

◎马丁·利斯特于1678年绘制的一幅贝壳图，图内绘有多种古代贝壳。他是英国的一位博物学家，他不相信这些贝壳都是出自同一个生物物种，因为它们与人们所见过的贝壳物种完全不相同。他的这种物种消亡说，在当时还未被人们所认同。

机械论者的哲学
THE SCIENTIFIC REVOLUTION

17世纪最伟大的科学发现，在于人们认为自然界的变化是通过一系列机械机制的作用才得以实现。如星体和行星的运动、生物的生长以及各种物理力（如重力、空气压力、光和磁性等）的作用，这一切现象都被看成是各种机械形式在发挥作用，而且是遵循科学家努力进行量化后所得到的自然规律。虽然伟大的机械时代还要等待许多年后才能真正到来，但是在17世纪所出现的那些精密机械的发明，已经为人们留下颇为深刻的印象，以为自然界也是按照设计好的机械机制在发挥其作用。

钟摆在摆动

克里斯蒂安·惠更斯在17世纪50年代向人们证明，可以按照钟摆原理设计出比以前更为准确的时钟装置。在他的设计方案中，将一个等时性钟摆与一套擒纵机构相连接，组成一台时钟装置，这是世界上第一台能够均匀

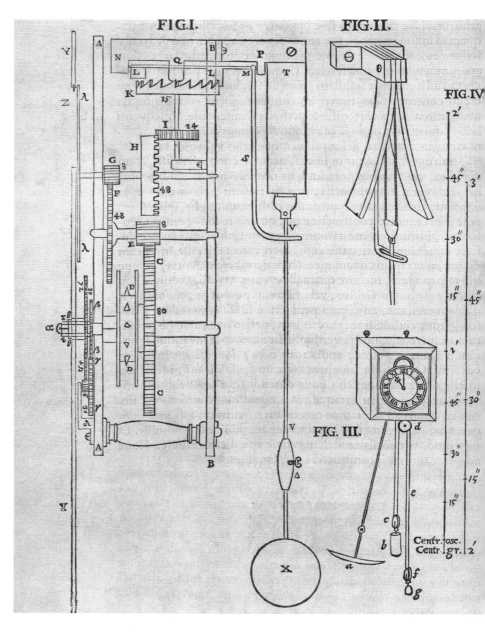

◎克里斯蒂安·惠更斯设计的摆钟。

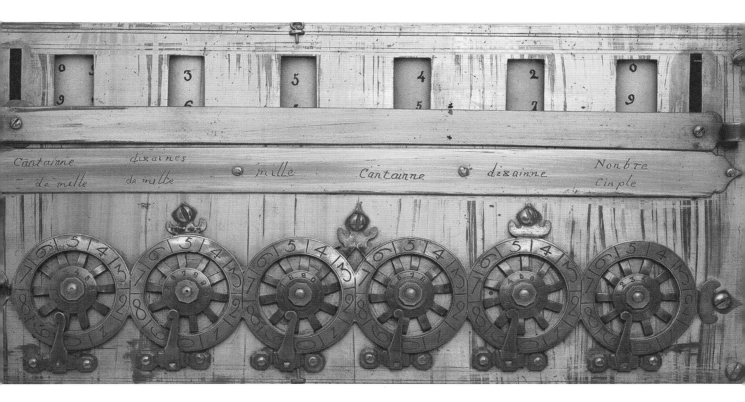

Cantainne de mille　dizaines de mille　mille　Cantainne　dizainne　Nombre Cinple

◎布莱兹·帕斯卡所制作的计算器。

地测量出分和秒的计时机械。这台时钟对许多科学实验具有极为重要的意义，尤其是用于测量物体运动的实验。一台具有许多齿轮和杠杆相互连接的摆钟，似乎能依靠它本身所具有的不可见的力量稳定地维持运转，一小时接着一小时地永无休止。如果把这台时钟放在哲学范畴，则可以说它还具有另一层特殊意义，这就是：上帝在创造世界并使之运作时，也要遵从物理规律。

第一台计算器

在17世纪，第二项令人印象深刻的机械装置是计算器，不过在刚刚发明时有很多人都不知道它。法国数学家布莱兹·帕斯卡发明了这台计算器，其内部有一系列齿轮和拨盘相连接，

◎布莱兹·帕斯卡所制作的计算器，转动齿轮便可进行计算工作。

可以从个位数计算到几十万的数字加减运算。到了17世纪50年代，法国有许多人仿制了这种计算器，从而得到广泛运用。这项发明证明了，抽象数字的运算过程可以简化为各种物理运动。

机械模型

意大利科学家乔瓦尼·阿方索·博雷利试图将物理定律应用于分析生物的动作，这表明人们开始探索万物的运作是否能比拟成机械运动模型。他的《关于生物的动作》（*On the Movement of Animals*）于1680年出版，书中把人的四肢、骨骼和肌肉的动作，比拟成机械的运动，在分析中改用载荷、杠杆、应力和滑轮来代替它们。他又进一步应用机械观点来分析人体的内部器官（如肺脏和心脏）的动作。他的这种机械论观点，实际上只是说对了事实的一部分，这是由于他那时对于人体内部运作的化学过程还一无所知。所以，他以纯机械论观点解释人的消化系统和神经系统所得出的结论，势必是完全错误的。

博雷利对天文学也感兴趣，曾大致描绘了太阳与行星之间的互相吸引的原理，他把这种吸引力比拟为磁性吸力。他的这个理论比牛顿还早，引力的解释也比较物质化。博雷利也曾设想彗星是按照椭圆形轨道绕太阳运行，而哈雷在多年之后才证明了这个事实。

在17世纪中，有些机械论者曾设想，地球就好比是一部硕大无比的机械在运作，以便运用这个观点来探索地质学。他们认为，地球内部有无数的巨大洞穴，其中充满了燃烧的火焰和沸腾的湖泊，在通向地表处，它们就表现为火山和喷泉。他们又认为，海水蒸发后回到地面时，就表现为雨水，这就是他们的水分循环观，这一观点经过了好多年之后才由实验证实。这些人还把他们的机械论观点应用于生物学，这一点可以说是最有争议的，因为他们的错误在于把人的生理学过程也看成是纯粹的机械运动过程，而完全没有考虑化学作用。他们的错误观点一直沿袭到18世纪，由此引发了许多有关生命本质的争论，也曾出现许多类似的错误理论。

◎乔瓦尼·阿方索·博雷利。

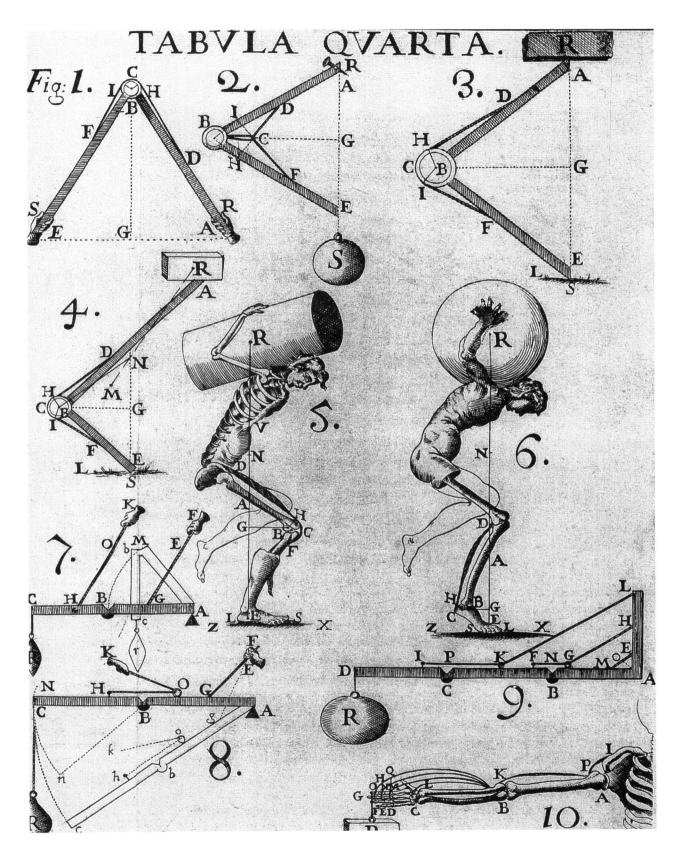

◎乔瓦尼·阿方索·博雷利所作的关于人的机械分析图：把人体当作是一台机械，
他的四肢完全像杠杆和滑轮一样动作。

回顾：科学新世界
THE SCIENTIFIC REVOLUTION

　　牛顿生于1642年，而这一年正巧是伽利略去世，这两位伟人所生活的年代见证了科学革命。这场科学革命实现了当初文艺复兴的初衷，使得人们开始用新的眼光去看待自然界，质疑并拒绝中世纪的多种学说。这就好比是，文艺复兴的领航者开始探索物理王国的未知世界，后继的几代人则沿着他们的足迹继续探索新观点。

　　知识革命是从天文学开始的，首先是哥白尼驳倒了地心说，然后是第谷和开普勒驳倒了古老的"天球"说。一向被视为深奥难解的宇宙力学，也被牛顿的引力说解答了，而伽利略则开创了望远镜天文学的全新知识王国。上述天文学家通过经验途径所取得的历史性成就，揭开了自然界的奥秘，并由此得出一条原则：只有

◎望远镜和显微镜彻底改变了人们关于自然界复杂性的认识。图中所示为两类主要型式的望远镜，比较长的一具为折射式望远镜，两端各有一枚透镜，而比较短的一具为反射式望远镜，目镜位于管身的一侧。

PHILOSOPHIÆ
NATURALIS
PRINCIPIA
MATHEMATICA.

Autore *JS. NEWTON, Trin. Coll. Cantab. Soc. Matheseos Professore Lucasiano, & Societatis Regalis Sodali.*

IMPRIMATUR·
S. PEPYS, *Reg. Soc.* PRÆSES.
Julii 5. 1686.

LONDINI,
Jussu Societatis Regiæ ac Typis Josephi Streater. Prostant Venales apud Sam. Smith ad insignia Principis Walliæ in Coemiterio D. Pauli, aliosq; nonnullos Bibliopolas. Anno MDCLXXXVII.

根据观察和经验，才有可能获得知识。传统的教条一旦与通过感官所取得的证据出现矛盾，它就不应该再被当作权威。

观察和实验被用来度量和量化各种物理现象，包括运动、光、磁性和气压等。所有这些在物理科学领域所进行的基本研究工作，似乎在提示自然界就好比是一系列机械在运作，一些物质质点对另一些质点产生作用，从而造成这些质点的运动或运动的改变。

当哈维发现了血液循环是由于心脏的搏动所造成的，似乎这类机械论模型的观点也能揭示生物科学的规律。笛卡儿坚持机械论观点，他似乎成了这种观点最令人信服的代言人，他说，宇宙的一切过程，大到星体运动，小至人体的各种系统，无一不是由各种微妙的机械运动所造成的。这种机械论的哲学观，影响力极为巨大，不过也不免偏于死板和僵化。当牛顿宣布了他的引力理论时，笛卡儿的信徒们就一直难以接受这种"引力能够对远方物体起作用"

◎上图：牛顿《自然哲学的数学原理》一书的扉页。

◎下图：布莱兹·帕斯卡。他在他父亲（一位数学家）的帮助下，证明了自然界并不排斥真空，由此发明了气压计、注射器和液压机。后来，他在皮埃尔·德·费马的帮助下，建立了概率理论的基础。

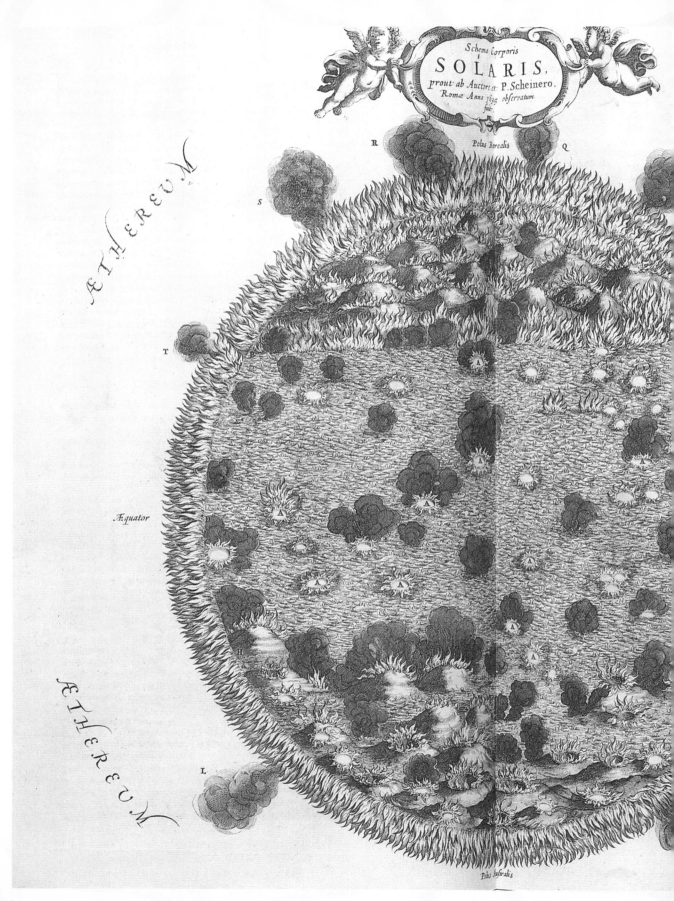

的说法。

　　但是在生物学领域内，机械模型的理论几乎是无所作为的，因为它无法正确了解人的神经、血液、大脑、消化、生殖和发育的本质。显微镜的确为生物学革命提供了新证据，但是，科学并非坦途，对于人的各种生理现象的真正了解，并没有因此就自然而然地接踵而至，反倒是后来出现了种种错误理论，譬如"先成说"，它就是把胚胎的发育仅仅看成是原有的各种器官尺寸由小变大而已。

　　在17世纪的各门类科学中，最顽固抵制任何革命性突破的，当数化学这门科学。玻意耳和其他一些科学家怀疑，传统的四要素说只能被看作是谎言，他们设想，万物都是由一些基本质点所组成的。但是，这些基本质点怎么会结合到一起而成为地球上的一切物体呢？他们始终未能给出解答，因而给人们留下了许多未解之谜。尽管牛顿曾投身于化学研究工作多年，却始终未能系统地解答这些谜，也未能建立一种可以解答物体各种化学反应和化合的理论。

　　牛顿力学尽管有这样或那样的不足，它仍然成功地建立起科学思维的权威性。科学已经用清晰的数学语言解答了地球和各种天体是如何维系平衡的。牛顿的这种解答，在当时并未被看成是违背教义，正相反，牛顿力学认为上帝拥有最高智慧，上帝在许多年前就使宇宙开始运作，现在仍然按照永恒不变的规律运作下去。牛顿认为，就好像是时钟隔一段时间就需要上弦一样，上帝也是隔一段时间干预一下宇宙的运作，以便维系宇宙的平衡。

　　17世纪伴有数学证明的科学，成了西方思维的中心部分，其威力巨大，真实可信，无疑可以与传统领域的学问、神学以及哲学等并驾齐驱。

◎阿萨内修斯·基尔舍于1678年绘制的一幅
　太阳表面图。

6

SCIENCE IN THE AGE OF REASON

理性时代的科学

引言：18世纪的科学
SCIENCE IN THE AGE OF REASON

从第谷到牛顿，17世纪的伟大科学家发起的不仅是一场科学的革命，也是一场思想的革命。这场革命创建了新的知识和真理的标准，因为它通过对控制宇宙的物质力量的观察、测量和分析坚持了观察宇宙的新方法。

在1600年以前，西方的知识一直由古典文学、古典哲学的论证和基督教神学组成。然而，一个世纪以后，即在1700年以后，凡是受过教育的人都了解诸如哥白尼的天文学、地心引力论的思想和化学反应、磁力、真空等理念以及隐秘在显微镜下的生命世界。公共演讲和实验甚至成为一种时尚的娱乐形式。

但在当时，教育体制并未进行改革，因此并没有去传播和发展这些思想。欧洲的大学仍固守几乎是中世纪的古典文学教学大纲，唯一传授的科学就是数学。是在

◎亚历山德罗·伏打向拿破仑展示他的"伏打电堆"——一种早期的电池。

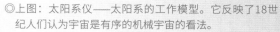
◎上图：太阳系仪——太阳系的工作模型。它反映了18世纪人们认为宇宙是有序的机械宇宙的看法。

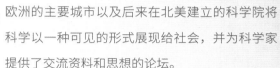
◎下图：直径为3英寸（约7.6厘米）的小型星象仪。它安装在铜机座上，用来演示月球的运动。是18世纪中叶的制品。

欧洲的主要城市以及后来在北美建立的科学院将科学以一种可见的形式展现给社会，并为科学家提供了交流资料和思想的论坛。

由于蒸汽机时代尚未到来，所以科学尚未对社会的运行方式产生重大的冲击。当时，在18世纪的英国以蒸汽动力为形式的一场技术革命正在酝酿形成中。但是，它是以工艺为基础的，研制它的先驱并不是纯粹的科学家。蒸汽机是在矿区被制造出来的，人们并没有认识到它的重要性，在1776年出版的亚当·斯密所著的《国富论》（*An Inquiry into the Nature and Causes of the Wealth of Nations*）这一划时代的经济学研究著作中，根本就没有提到蒸汽动力一事。

新途径

那么，18世纪的科学家是如何扩展科学革命成就的呢？他们的工作围绕四个主要的方向展开。第一，在纯数学和应用数学方面有巨大的发展。这方面的大量工作旨在推敲牛顿的动力学，更详细地分析天体的运动，以便确立地心引力确实是将所有物体集合在一起的宇宙力量。第二，继续对物质力量进行实验，并由此发现了电。第三，积累了大量的资料，特别是在生命科学方面。他们对植物和动物进行了比较和分类，试图了解为什么生命有这么多种的形式，以及它们之

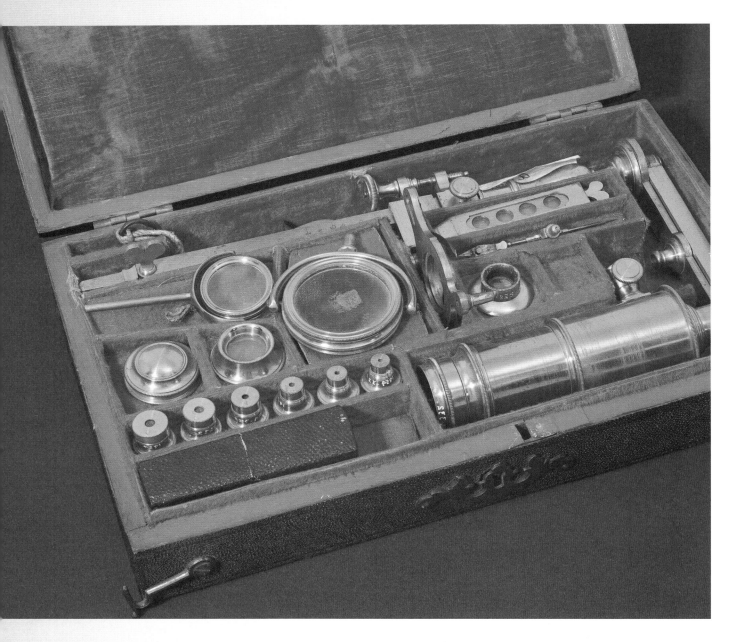

◎显微镜和望远镜把我们对自然的了解带到人们肉眼无法观察到的王国。这是1767年约瑟夫·普里斯特利显微镜。

间是如何相互关联的。第四，对自然和自然规律进行了哲学方面的探讨。这种探讨试图清楚地说明新科学所带来的影响，以及它对有关上帝与人这种传统思想意味着什么。在英国和法国，人们得出了不同的结论。在英国，科学理论被认为是支持人们对自然的宗教看法；而在法国，科学理论产生了更加强烈的批评精神，把新科学以前人们的信仰斥之为迷信。无神论在法国的出现远早于英国。

在18世纪，里程碑式的发现在数量上要少于17世纪，但它却是科学意识在受教育的人群中深入传播的时期，特别是牛顿的物理学成为当时公认的信念体系的重要组成部分。我们认为18世纪是理性时代、启蒙时代，而且科学思想的发展和传播是理性崇拜的主要组成部分。

◎上图：1793年雕版图《观察金星的通过》，
罗伯特·塞耶有限公司出版。

◎下图：第一台格雷戈里反射望远镜，1728年由约翰·哈德利制
造。这种望远镜采用两枚凹面镜，是由苏格兰阿伯丁市的詹姆
斯·格雷戈里在1663年出版的《光学的进展》中提出的。

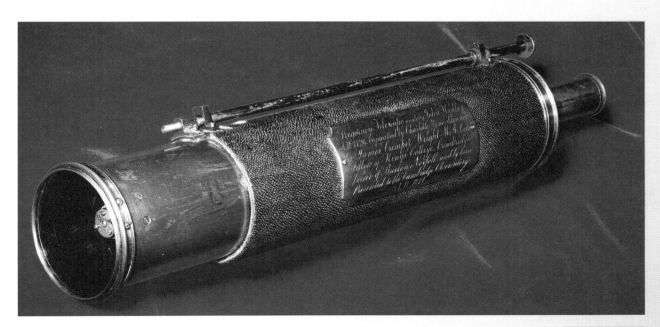

对牛顿学说的验证

 SCIENCE IN THE AGE OF REASON

◎皮埃尔·路易·德·莫佩尔蒂，拉普兰科学探险队的队长。

牛顿1727年去世时，他在科学领域的声望在欧洲大多数国家里都是很高的，即使如此，仍有怀疑者和反对者，特别是在法国。在那里，笛卡儿机械论学说受到青睐。在整个18世纪，大量的理论和实践工作都是在致力于证明或反驳牛顿的地心引力论。

截然相反的观点

留给人们印象最深的实证可能就是有关地球的形状问题。牛顿预言地球不可能是一个完美的球体，而一定是在两极方向呈扁平状，在赤道处略微鼓起。这是因为地球的转动速度在赤道周围是最高的，离心力是最大的。笛卡儿的追随者持有相反的意见，认为地球在向着两极的方向一定是被拉长的，这是因为他们认为地球受推动其围绕轨道旋转的涡流挤压所致。

牛顿的另外一个观点是地心引力在赤道处略小，因为那里距离地心最远。这个观点在17世纪70年代被几个观察家所证实，他们发现摆钟在欧洲走得很准，而在赤道周围由于地心引力的原因导致钟摆的加速度减小，它每天都要慢几分钟。

测量地球

但是能否确定地球的总体形状呢？法国科学院组织了两个探险队测量一个子午线度的两个弧，一个在北极圈的拉普兰，另外一个在秘鲁的赤道上。拉普兰探险队由皮埃尔·路易·德·莫佩尔蒂牵头，秘鲁探险队由夏

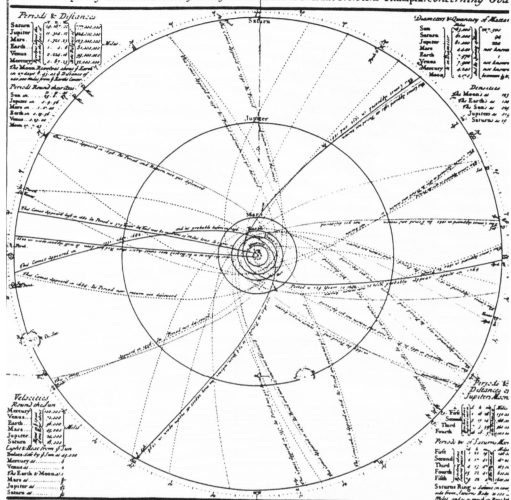

◎包括彗星高度偏心轨道的太阳系的平面图。是哈雷证明了彗星是太阳系不可分割的一部分。

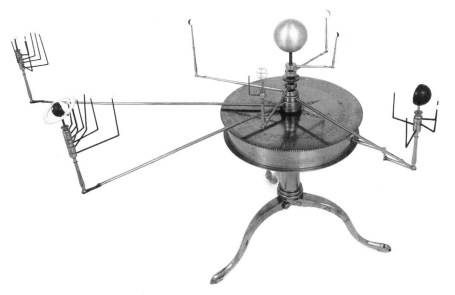

◎包括有木星和土星卫星的太阳系的小型桌面模型。比例当然无法显示，但这些模型的最好的地方就是相互间用齿轮连接，所以行星的相对旋转周期是正确的。

尔·德·拉·孔达米纳牵头。两人均是当时首屈一指的数学家。他们于1735年离开巴黎，但是由于携带着大型的勘测仪表，旅途遇到很多困难，以至于秘鲁探险队的最终报告直到1744年才在巴黎宣布。

通过在山顶上进行的认真细致的勘测，两个小组测量了一条南北走向的子午线的精确弧度，并通过天文观察建立了它的曲率线。当把这个弧扩展成一个圆，并除以360，即得出了1度弧的长度。拉普兰队得出的数据是69.04英里（约111千米），而秘鲁队得出的数据是68.32英里（约110千米）。因此，正如牛顿地心引力论所预言的那样，地球一定是一个在两极处略呈扁平的球体。

主题的变化

牛顿理论引出的另一个更深入的问题是天体动力学。根据牛顿科学理论，太阳系是一个按照不变的规律运行的巨大而又复杂的机构。然而，天文学家观察到了太阳系运行的某些不规则性。在几年的时间里，行星的轨迹和速度与牛顿理论所预言的相比较，有微小的变化。例如，木星的轨道看起来在稳步地缩小，而土星的轨道看起来在扩大。更令人迷惑不解的是，月球的

公转速度看起来正以微量的变化在稳定地减慢，使月份变长。

牛顿本人已经意识到其中的一些不规则性，并指出：尽管总的说来宇宙是稳定的，但仍需要上帝不时地进行干预，以保持其完美的平衡。这种看法得到了宗教思想家的欢迎，因为这表明宇宙并不是一个不需要上帝就能运行的自我调控机构。

接连不断的伟大数学家，绝大多数是法国人，热忱地投身于对这些问题的分析。其中一些人得出的结论，认为是一种神秘的看不见的物质——天空醚充满了宇宙，产生了干扰行星运动的拖曳效应。

互补平衡

然而，真正的解决方案是由皮埃尔·西蒙·拉普拉斯找到的。他证明行星运行中的不规律性是循环的，具有周期性，它们之间互补平衡。例如，月球速度的微小的减慢可以解释为是由于地球轨道离心率的微小的增大而造成的，并且这种效应是可逆的。拉普拉斯设计了一系列的方程来证明行星的所有偏心率的总和是不变的，它被按照比例分配给各个行星。

◎皮埃尔·西蒙·拉普拉斯。他用极其详尽的数学方法分析了行星的运动。

皮埃尔·西蒙·拉普拉斯
(Pierre Simon Laplace，1749—1827年）

·天文学家和天体数学家。

·出生在法国博蒙昂诺日。

·先后在卡昂、巴黎就学。

·在军事学院成为数学教授。

·研究木星拥有卫星的可能性以及木星和土星轨道的不规则性。

·将数学应用到物理天文学，特别是分析了太阳系轨道的稳定性。

·1776年，出版了《宇宙体系论》（Systeme du Monde），汇集了他的有关天文学的思想和理论。他的有关行星起源的星云假说作为增补加到了后来的版本中。

·1799年，进入法国参议院，1803年成为副议长。

·研究概率论和球状体的万有引力。

·1799—1825年，出版了五卷的《天体力学》（Mécanique Céleste），运用应用数学对天体力学作了全面解释。

·1817年，路易十八册封他侯爵爵位。

实际上，在太阳系中有很多偏心率，它们是常量。如果一个物体的偏心率增加，另外一个物体的偏心率就要减小。这些变化都是循环性的。例如，木星-土星效应的周期约为900年。

拉普拉斯将这些复杂的运动全部用准确的数学术语进行了表述。归根结底，太阳系是一个极其稳定的系统，上帝没有必要对其实施干预来达到平衡。牛顿的理论甚至以他没有想象到的更加准确的方式得到了验证。在1740—1790年，数学方面的进步无可置疑地确定了牛顿学说关于宇宙的看法。与其对立的笛卡儿涡流理论就渐渐被人们遗忘了，因为涡流理论永远不可能以这种精确的数学方式进行分析。涡流的存在的的确确是一种纯粹的假设。

科学定律

皮埃尔·西蒙·拉普拉斯是自牛顿以来最重要的数学天文学家。他是诺曼底一位小农场主的儿子。他的计算天才使得他在某军事学院赢得了一个职务。他在20岁前，就开始发表数学论文。他的伟大著作《天体力学》（Mécanique Céleste）共分五卷，在1799—1825年发表，是历来发表过的技术性最强、内容最为翔实和令人赞叹的科学著作之一。

拉普拉斯是法国启蒙时代的一个主要人物，他的工作受到拿破仑皇帝的特别关注。拉普拉斯认为：自然界的全部效应都只是少数永恒定律的数学结果。他的科学形式明确无误地引向无神论。在拿破仑皇帝的一次接见中，拿破仑向拉普拉斯指出，在他对物质宇宙的全部研究中，他没有一次提及它的创立者。拉普拉斯作出了极好的回答："我不需要那种假设。"

拉普拉斯还是太阳系起源星云说的创立者。根据星云说，太阳是由旋转的气体颗粒团冷凝而成，然后它分裂出行星和它们的卫星。这种理论至今仍在以某种形式流行。拉普拉斯临终前说："我们所知道的东西很少，我们所不知道的东西很多。"

威廉·德勒姆和他的宇宙神学
SCIENCE IN THE AGE OF REASON

或许，人们会认为，旨在遵循和推论自然规律的新科学会与宇宙完全由上帝控制的宗教观点相冲突。事实上，在18世纪，一种新形式的"自然神学"得到了发展，它把宇宙的复杂性和协调性用来证明上帝的存在和力量。

被称之为《宇宙神学》（*Astro-Theology*），或《从对天空的测量看生命的实证和上帝的特征》（*A Demonstration of the Being and Attributes of God from a Survey of the Heavens*）的著作是影响最为广泛的自然神学文本之一。作者威廉·德勒姆是一名教区教士，也是一名业余科学家，但他接触了现代思想。他这本书明显得到了响应，因为自1715年首次发表以来，在以后的50年中又重印了10次。

德勒姆解释说，他大量地使用了惠更斯制造的望远镜。本书的主题是对通过望远镜看到的物质宇宙从宗教信仰的角度作出推断，问题的焦点是宇宙的规模。

自哥白尼理论首次被人们接受以来，"宇宙是有限的"的思想很显然不可能继续维持下去了。望远镜时代已经渐渐使天文学家确信太阳就是一颗星星，而群星凭其自身的特性也都是"太阳"。这个观点对有关宇宙规模的思想和地球在宇宙中的地位产生了巨大的影响。

传统的宗教思想认为，地球和人类是上帝专门创立的，是宇宙的中心。但是现在从科学的角度来看，这是不符合实际的。然而，德勒姆并未受此困扰，他换了一种方法辩解道："望远镜将上帝所做的工作以

◎宇宙多元性。认为太阳是一颗星星的看法引发这样一个信念，即可能有数以百计或数以千计的太阳系，都有和我们一样的行星。可能那里也住着和我们一样的生物。这个宇宙多元性被认为是显示上帝具有无所不能的力量。

新的、比世人从前梦想的更加宏伟和壮丽的场面展现了出来。"

第三种理论

关于宇宙结构，德勒姆描述了托勒密和哥白尼这两种主要理论，但他说，它们已被第三体系所代替。在这套体系中，恒星的范围不再被认为是在太阳固定距离上的宇宙边界线。德勒姆写道："新的体系推想有很多其他'太阳'和行星体系，也就是说，每一颗恒星都是一个'太阳'，并被一个行星系所包围，我们的也是一样。"

德勒姆对这一将人类从创世的独特地位中取消的指责是如何作答的呢？他辩解道："这是任何体系中最宏伟的，对于一个智慧和力量无比的无限造物主来说是值得的，所以有可能会在创立很多体系中发挥作用。"

"宇宙多元性"思想比单一性世界赋予了上帝更多的荣誉。尽管德勒姆使用当时已有的望远镜看不到行星，但是他坚信它们的存在，并且上面有人居住。如果这些星星不是为了像我们的太阳一样给其他世界带来生命，那上帝为什么还要创造这么多的星星？

辽阔有序的体系

宇宙有多大呢？德勒姆不能确定，但他作了一些计算，表明它比前人认为的要大得多。他的这种观点是建立在这样一种思想基础上，即所有的星星大小都差不多，而它们的亮度之所以有差异，只是因为它们与地球的距离不同：

> 即使我们使用最好的望远镜，也没有几颗星星不是以点的形式出现。它们和我们之间的距离与太阳相比一定要远得多，才使得它们的外观比太阳小得多。例如，让我们来看一下被认为是距离我们最近，也是最亮和最大的一颗恒星——天狼星。通过（惠更斯）精确观察，发现它的外观为太阳的1/27664，因此根据前述的规则，它与我们之间的距离也要比太阳距我们的距离大这么多倍，这相当于3200多亿千米。如果是这样的话，宇宙该是一个多么辽阔无垠的空间呀！

德勒姆的中心论点是，随着科学的进步，对宇宙的无限性和复杂性的了解也越来越多，从而证明上帝的力量比先前想象的要大得多。在科学和宗教信仰之间无须存在冲突。宇宙中的一切事物都是协调有序的，并反映出其造物主的特征。

这个论点被称作"目的论"，即任何被设计出的并能协调工作的东西必须有一位设计师。18世纪天文学中的宇宙是一个广阔有序的体系，德勒姆认为，人们对宇宙日益增长的了解只能使他们对造物主更加崇敬。他这本书是十分典型的理性或自然神学，在当时的英国非常流行。

◎1741年的托马斯·赖特，由托马斯·弗赖伊作画。

宇宙多元性

这个思想流行于18世纪。托马斯·赖特提出，像我们自身的星系这样庞大的星群存在于整个宇宙，很多星星都和地球一样拥有卫星。他认为上帝创造了这个"宇宙多元性"，人可以在其他世界转生。他辩解道，没有天文学，神学是没有意义的。为了解上帝，我们一定要研究宇宙的结构。他认为，宇宙具有一个巨大规模的结构和一个上帝所在的"神圣中心"。不断的灵魂转世会使我们接近这个中心。赖特完全接受了德勒姆的主张，即后哥白尼天文学所揭示的广阔无垠的宇宙彰显了上帝的伟大和创造性力量。

科学植物学的先驱
SCIENCE IN THE AGE OF REASON

生命的奥秘被分解为形式和功能的双重问题：研究和绘制构成动物或植物的独立物理结构，然后设计出实验手段来发现它们所起的作用。植物在很多方面被看作是一种比动物简单的生命形式，而且容易进行实验，所以植物学对于科学家来说是一个吸引人的领域。

植物生理学的先驱是斯蒂芬·黑尔斯。他是将主要精力放在对植物、鸟类或昆虫世界研究而不是放在神学研究上的英国牧师。黑尔斯超越了描述植物的范畴，进入了实验和测量。他的主要兴趣是植物营养学，以及植物是否也有相当于在动物身上发现的血液循环系统。

用植物做实验

通过实验，众所周知汁液在植物内由下往上流动。但是汁液的作用是什么？它是否以循环的方式先上升而后下降？黑尔斯1718年就他的一些想法与伦敦皇家学会进行了首次交流，然后他又花了8年时间进行实验。他的主要著作《植物静力学》（*Vegetable Staticks*）于1727年发表。在这本书中，黑尔斯描述了他将植物的瓣片切开，并插入简单的压力表这一测试植物生理学的实验方法。他发现汁液以一种可以测量的力量上升，这种力量随着一年的不同季节而变化，并且受温度的影响。他发现枝条不仅仅从根部吸收水分，而且还从瓣片切开部分的上端吸收水分。换句话说，流动方向是与一般情况颠倒的。他正确地认为，这意味着在植物体内可能没有像动物身上的那种循环系统。

叶子的作用

黑尔斯的最伟大发现是叶子在植物营养中所发挥的作用。他在各个季节里测量植物的生长，发现植物在有叶的时候生长速度最快。因此，他坚信"植物通过叶子

阳光

空气中的二氧化碳

糖和氧气

氧气进入空气

水和二氧化碳

来自根部的水分

◎光合作用——几位植物学家都已坚信，植物通过它们的叶子从空气中吸收一部分营养，但是，是英根豪斯首先分析了光合作用的基本过程。植物将水和二氧化碳转化成它们成长所需要的糖，并产生副产品——氧气。

从空气中吸收一部分营养"，并且叶子的功能"就像动物的肺支持动物生命一样，在一定程度上起着支持植物生命的作用"。他还猜测光对植物的成长可能也起一定的作用，但他没能证实。黑尔斯已经证实植物的营养来源要比想象的复杂得多。尽管植物从土地中吸收水分，但是它们不只是通过这种方式获得营养，还涉及叶子的呼吸作用。

生命周期

荷兰科学家简·英根豪斯弄清了我们现在所称的光合作用。18世纪70年代，化学取得了重大进展，人们清楚地认识到动物的呼吸作用是吸进空气中的一种成分，而呼出另外一种成分。英根豪斯从中获益匪浅。他进行了实验，证明"植物在阳光下净化普通空气，在阴暗处及夜间则破坏普通空气"。换句话说，它们吸收二氧化碳，排出氧气，但这只有绿色叶子才能做到，而且只能在阳光下。

英根豪斯通过将植物封装在容器里，然后在不同的时间和不同的条件下采集并分析气体证明了这一点。从这些实验结果中，他得出结论，植物和动物的生命是在一个循环中相互联系的，或者就像18世纪时的叫法一样，称为"有机体"。或许，英根豪斯可以被称为第一个科学生态学家。

植物如何发育

德国博物学家克里斯蒂安·康拉德·施普伦格尔的主要兴趣是研究植物发育，他举了另外一个例子，对植物和动物之间的这种联系作了栩栩如生的说明。一段时间以来，人们确信很多植物都是雌雄同株的，也就是两性体，因此就认为它们自身就能进行授粉。但是，施普伦格尔指出这样一个关键的事实：植物的雄性和雌性部分，即雄蕊和花粉囊成熟的时间是不同的，自身完成授粉是不可能的。因而，他注意到昆虫在植物上的逗留，

发现吸引它们的是颜色和香味，并观察到花冠是如何将昆虫引导到隐蔽的花蜜上的。他得出昆虫是异花授粉的结论，而且指出"自然界看起来不想让任何花朵自花授粉"。

又过了很久，查尔斯·达尔文研究了施普伦格尔的著作，并进一步证明了异花授粉对植物进化是何等重要：如果植物自花授粉，就不可能有新的物种突变，并且不可能有新的物种进化。施普伦格尔如此淋漓尽致地描写昆虫和植物间的关系，可以看作是从与环境有明确关系的角度解释有机形态来源的第一次尝试。因此，施普伦格尔为最早期领悟生态学和进化论作出了一定的贡献。

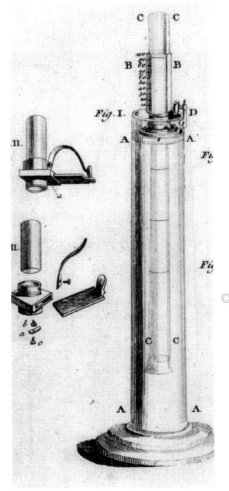

◎英根豪斯使用过的设备——1799年出版的《在植物上实验》（*Experiments upon Vegetables*）的卷首插页。利用这台设备，他发现了植物在阳光下净化普通空气以及在暗处和晚上污染普通空气的巨大力量。英根豪斯做了500多次实验，并将研究结果写入了书中。

有关自然发生说的争论
SCIENCE IN THE AGE OF REASON

看起来有些奇怪,在科学的植物学和动物学已经形成的启蒙时代的中叶,有关生命是否会自发形成这一陈旧的争论竟会复活。但是,这里面有充分的哲学理由。法国的理性主义思想家当时正在为有关生命物种是由上帝的神圣旨意创造的传统看法寻求可供选择的其他观点,他们使用任何可以抓住的证据,来证明在合适的条件下,生命可以自然发生。为此,法国当时主要的博物学家布丰伯爵为这种思想树立了权威,尽管弗朗切斯科·雷迪在17世纪60年代就不同意这种观点。

变化和成长

布丰的观点直接来源于大部分时间都住在法国的英国科学家约翰·尼达姆的一些实验工作。在1748年,尼达姆认为,他已经可以在微观水平上,证明放在液体中的植物或动物材料能够自然生殖。他把羊肉放在水中煮,然后将肉和肉汁封装在一个密闭的容器内。几天以后他看到在肉汁中有小生物体在游动。另外,他坚信它们在成长,并且在改变形状。布丰认可了这些实验的正确性,并发表了自己的结论。整个争论就是在这么一个过程中发生的。布丰提出被分解成有机块的活组织可以自然地将它们自己重新组织成不同形式的生命。

一种自然的解释

开始验证自然发生说到底是事实还是神话的科学家是雷迪的同胞——拉扎罗·斯帕兰扎尼。他多年来一直是意大利帕维亚大学的博物学教授和伟大的实验主义者。他在科学工作方面的座右铭是,不要有先入之见,要坦率地去"询问自然"。他尝试了一个又一个的方法

◎布丰伯爵开发出一种理性的研究自然的方法,但他的很多观点都被证明是错误的。

器进行消毒，他所看到的生物体是空气中的生物体的后代。斯帕兰扎尼的结论是毋庸置疑的，但由于他是用意大利文发表的观点，所以没有得到广泛的传播，因此他所反对的那种思想并未马上消失。

预成说遭到驳斥

生成机制依然没有被完全搞清楚。瑞士博物学家查尔斯·博内发现雌蚜虫没有接触雄蚜虫就能繁殖，再一次提出了预成说——生物的世代连续的实际形体包含在卵中的思想。这种思想受到了宗教思想家的欢迎，他们用它来证明上帝在一次创造性的行动中创造了所有后代的形体和灵魂。把预成说最后驳倒的实验是由德国博物学家卡斯帕·弗里德里希·沃尔夫完成的，他当时正在圣彼得堡工作，是那里的科学院成员。他仔细地研究了小鸡的胚胎，清楚地表明心脏、血管和其他内脏都是从不定形的液体中生长并区分开的。沃尔夫的著作得到了广泛的传播，预成说的陈腐思想很快变成了历史，而科学胚胎学占据了中心主导地位。

将与尼达姆使用过的同类有机液体与外部环境完全隔绝。只有通过这个方法，他才能确定新的生成物是自然发生的还是有某种自然解释。

经过大量的实验和错误，他发现当把液体和烧煮一小时的内含物放进密闭的烧瓶内时，液体中没有任何微生物。如果空气进去了，过了一段时间后，的确会长出生物体。斯帕兰扎尼坚信，尼达姆没有正确地对他的容

有关自然的理性理论：布丰和拉马克
SCIENCE IN THE AGE OF REASON

对生命科学重新认识的最有决定性的过程发生在法国。在那里，布丰和拉马克开始在不提及上帝的情况下讲述自然界的运转。两人都把自然界看成长时间处于变迁、逐渐变化和发展的状态，要比传统的《新旧约全书》上隐含的时间范围长得多。至关重要的是两人都摒弃了物种固定论的观点和认为所有的生命都是由上帝一下子创造的思想。他们断言新的生命可以产生，物种随着时间的推移可以变化和发展。在这个意义上讲，他们是进化论思想史上重要的先驱。

行星的诞生

乔治·勒克莱尔·德·布丰伯爵是一位贵族，他使用他的财富和乡间不动产来研究自然史。他的最原始理论之一是关于太阳系的来源。他提出，是一颗彗星撞击了太阳，撞下了大量的热的液体和气体，然后固化成行星和卫星。地球稳定地冷却，使岩石和大海的形成成为可能。布丰估算，这一现象一定是发生在75000多年以前，而学者根据《新旧约全书》推算出来的传说中的地球年龄是6000年。有一些证据表明，布丰私下计算出的时间范围比75000年还要长得多，是几百万年，但他感到这个数字不可信，所以作了减少。

彗星理论是吸引人的，因为它看起来对为什么所有的行星都在一个平面上作相同方向的运动作出了解释。它的不足之处是它的这种假设，即彗星本身是密集的星星，其规模之大足以对太阳产生这种影响。实际上，一颗彗星在接触太阳表面很久之前，就会毁灭。

地球上的生命

布丰断言，行星诞生后，温暖的地球上就自然地出现了生命，没有神的创造行为参与。这种活动不是唯一的，发生的次数与现有的物种一样多，因为布丰认为纲目繁多的动物——哺乳动物、爬行动物、鱼类、鸟类和昆虫，无论如何都是不相关的。即使是在同一个纲中，

让-巴蒂斯特·拉马克
（Jean-Baptiste Lamarck，1744—1829年）

· 进化论者和博物学家。

· 生于法国的索姆省巴赞廷。

· 曾在法国陆军服役。

· 在巴黎一家银行工作时，开始研究医学和植物学，特别是地中海植物区系。

· 1773年，出版《法国植物区系》（Flore Francaise），受到欢迎，获得成功。

· 1774年，被任命为皇家园林园长。

· 1793年，在新自然历史博物馆任无脊椎动物部主任，其研究包括讲授动物学。

· 开始研究脊椎动物和无脊椎动物的分类。

· 大约1801年，他的工作使他想到物种和其起源之间的关系。

· 1809年，出版《动物哲学》（Philosophie zoologique），共两卷，包括了他对进化论的想法和结论，即物种需要适应并对付环境的变化，其某些特性是代代相传的。

· 1815—1822年，撰写了《无脊椎动物志》（Histoire naturelle des animaux sans vertebres），是他的一部有关无脊椎动物的重要著作。

HISTOIRE NATURELLE.

PREMIER DISCOURS.

De la manière d'étudier & de traiter l'Histoire Naturelle.

L'HISTOIRE Naturelle prise dans toute son étendue, est une Histoire immense ; elle embrasse tous les objets que nous présente l'Univers. Cette multitude prodigieuse de Quadrupèdes, d'Oiseaux, de Poissons, d'Insectes, de Plantes, de Minéraux, &c. offre à la curiosité de l'esprit humain un vaste spectacle, dont l'ensemble est si grand, qu'il paroît & qu'il est en effet inépuisable.

A ij

◎布丰著作的序言。

例如哺乳动物，他也否认马、狮子、狗和大象等等是相互关联的。他承认同一科内的物种，例如马和驴或者狮子和豹子由于有共同的祖先，可能是相关的。但是在布丰看来，这种关系是退化的关系，而不是积极的进化关系。驴可能是退化的马，猿可能是退化的人。

这种观点我们听起来感到离奇，但它却出自布丰对自然发生说的信仰。在地球冷却时形成的生物体在很多不同的方面自然地发展，因而出现了多种不同科的动物和植物。此后，各个物种为适应环境的变化而变化。

布丰对生物科学的研究方法可能是含糊不清和理论性的，因此不能把他说成是对进化论的理解已经有点入门了。但是他的确认为自然具有一种创造力量，且生命参与了变化的长期过程。在这方面，他非常有影响力，特别是在把以理性和非宗教为基础的科学作为理想的法国。

变化着的生命

在批驳物种固定论方面比布丰更进一步的博物学家是让-巴蒂斯特·拉马克。和布丰一样，他也认为，地球和它的生命形式是在几万年的过程中形成的。他写道："时间，总是受到大自然的支配，并代表着一种无约束的力量。大自然利用它来完成最伟大和最渺小的任务。"

拉马克与布丰的不同之处，是他认为自然界只产生了少量原始有机体。我们现在看到的所有物种都是从这些原始有机体发展起来的。他坚信，生命能够并且确实在向着日益复杂的形式发展。在这种发展过程中，环境的影响是极其重要的：变化着的环境和变化着的自然需求引发着直接的反应，所以动物变得能更好地适应环境。拉马克举的一个很有名的例子是长颈鹿的脖子，它要伸长身子去够高高生长的食物，所以它的脖子慢慢变长。拉马克理论的中心是，这些新的获得性自然特性会被继承。我们现在知道这不可能在一两代身上发生，就像一位伟大的艺术家或体育健将的技能未必会被其子女继承一样。拉马克设想了环境挑战后跟着的是生物反应这样一个非常直接的序列。在这一点上，他是错误的。但是毫无疑问，他的理论确立了自然界的形式会进化，而且会变得更加复杂的思想。

并非每个人都同意拉马克有关动物的纲和科是如何相互关联的观点。他的有关人类自身的演变可以被看作是同样过程的结果的看法，即或是在法国也依然是有争议的。总的说来，布丰和拉马克的思想旨在把生物学作为一门不受神学影响的独立科学并建立在一个新的基础上。

分类学：卡尔·林奈
SCIENCE IN THE AGE OF REASON

◎林奈，伟大的博物学家，双名命名法的创立者。

布丰伯爵和拉马克有关自然界的大规模的著书立说代表了18世纪生命科学的一个方面。与此同时，博物学家还在对所有已知的物种进行认真细致的命名，并设法

对其进行分类。在被称作分类法的这门科学领域中，瑞典学者卡尔·林奈是一位出色的人物，他在植物学领域取得了重大的成就。

林奈学的是内科医师专业，但他对植物学却情有独钟，在他很小的时候，就立志要改革植物的分类。他找到了使他能够根据植物的结构和类型对它们进行分类的知识钥匙。由于旅行家从美洲和亚洲搜集到无数的未知植物，并将它们带回欧洲，使得分类工作变得尤为重要。植物学家感到他们的科学研究正在被这些新的物种所困扰，因为他们对这些新物种与已知物种之间的关系一无所知。

发现了关键

1730年，林奈刚刚23岁，正在乌普萨拉大学读书，他发现了他一直在寻求的植物性征的关键。他开始进行观察并记录下来，在随后的五年里，他构建了植物分类的新体系，并在植物学的语言方面开始了一场革命。

林奈发现整个植物王国可以根据花的雄性和雌性部分，即雄蕊和雌蕊进行分类。首先，是创建有一个、两个、三个或更多个雄蕊的大量植物群。他称这个植物群为纲，并把它们命名为单雄蕊、双雄蕊、三雄蕊，等等。

然后，植物学家应该观察雌蕊，在每一个纲中，根据雌蕊的数量再进一步细分，这种细分称作目。最后，在每一目中含有类，或属，再往下，就是物种。

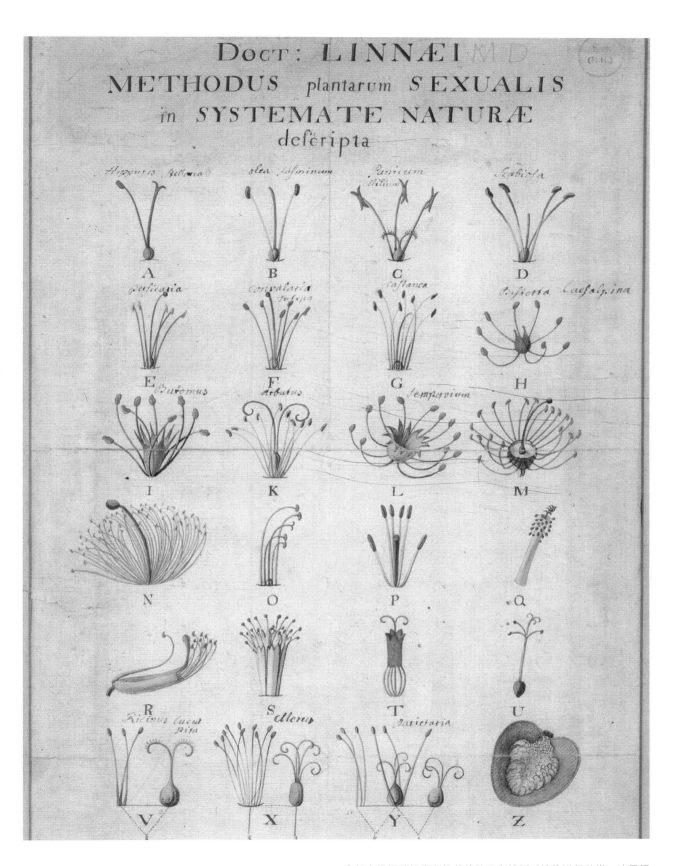

◎林奈根据花粉囊和雄蕊的数目和排列对植物进行分类。这是根据这种分类法区分出的24个主纲。

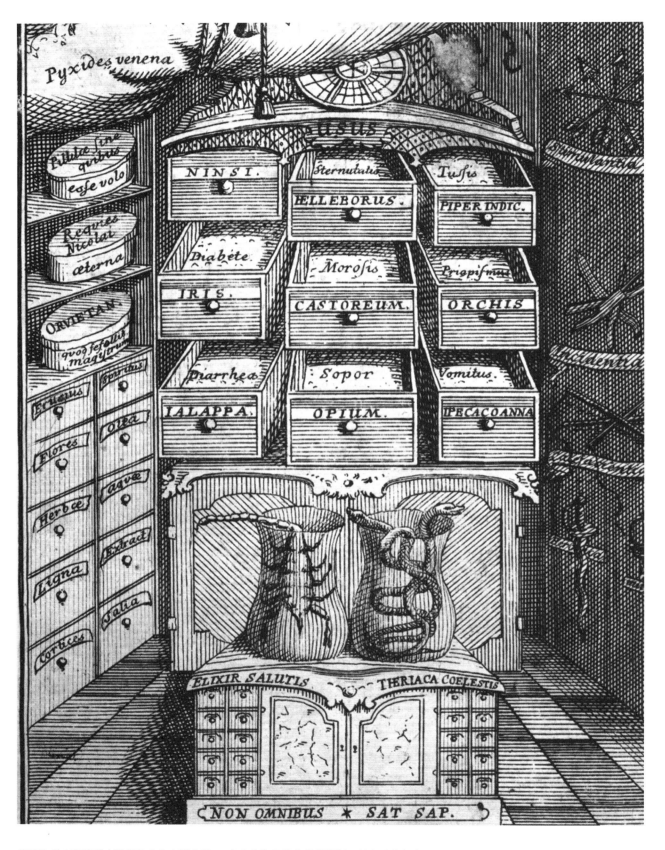

◎植物学在药理学方面最伟大的实际应用——来自植物天然药品的配制。林奈对此有这
样的描述：每一个抽屉中都装有诸如菟葵、罂粟、吐根和兰花等植物的提取物。

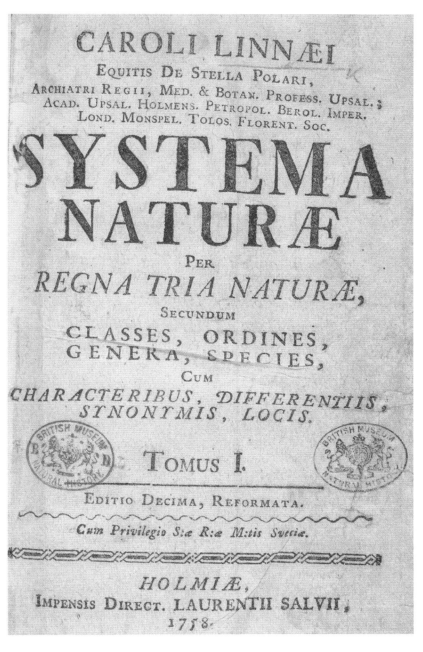

◎林奈所著《自然系统》的扉页。

一名字中，第二个词都是用来对植物进行一些描述，描述植物的颜色、大小或者其他相关的内容，例如可以是食用这种植物的某种动物的名字。

实用的工具

这种分类法是如此全面和灵活，任何新发现的植物都能按照所有其他植物学家认同的方法迅速地进行分类、命名和识别。一些批评家持反对态度，林奈意识到这一点，认为这是人工分类法。它选择了一种植物的一个独有的特征，只基于这一点就对植物进行分类；它忽略了植物结构的其他方面，它让人想到植物间的那种可能是纯粹的外部或偶然的联系。林奈没有对纲、目、属或者物种这些术语给出科学的定义，他的分类法是被作为纯粹的实用工具来使用的。在他的那个时代，林奈被看作是天才，因为他看起来已经以某种方式掌握了自然界的规律与和谐性，他的一些崇拜者认为，这种方式几乎和牛顿的那种方式一样重要。

林奈不是一位伟大的实验主义者，他没有对植物生理学作出贡献。他是一个保守的宗教信仰者，没有时间去思索和推断布丰和其他人的理论。他把他自己看成是在上帝创建的巨大花园中的一个理智的旁观者。他曾经写道："当他走开的时候，我从后面看到了硕大无边、无所不知和力量无穷的上帝，我感到头晕目眩。我踏着他的足迹走向大自然的原野，看见到处都是永恒的智慧和力量与不可思议的完美。"

在识别属和物种的过程中，林奈有一个非常著名的创新——双名命名法，即用两个拉丁词为任何植物提供一个独一无二的标签。这样，黄花柳（goat-willow）就被称作Salix caprea，salix 在拉丁语中意思是柳树（willow），caprea意思是山羊（goat）；槲寄生 (mistletoe) 被称作Viscum album，意思是白色槲寄生。在每

机械论对泛灵论：格奥尔格·施塔尔

SCIENCE IN THE AGE OF REASON

随着对血液循环的理解和力学在自然科学领域的成功，18世纪早期的内科医师感到他们已经接近发现人体是如何活动的秘密。哈维已经证实心脏是一个泵，静脉和动脉是引向心脏和从心脏引出的管路；博雷利使用杠杆和滑轮原理分析了脊柱和四肢的运动。内科医师认为，把人体的全部活动划解为机械起因和效应，只是一个时间问题。

这个学派的主要提倡者是荷兰莱顿大学的医学教师赫尔曼·布尔哈夫，他影响了一代内科医师和哲学家。他向人们讲授人体的全部过程都是通过物理相互作用或压力来完成的。粒子或液体从人体的一部分被运送到另一部分，从而产生诸如呼吸、营养、情感或运动等功能。这些粒子或液体经常通过科学家看不到的渠道进行运动，例如，被认为是充满了神经，并用来传递信息的体液。当这些粒子或液体被拥塞或变得不平衡时，人就会生病。在这些系统中的粒子或液体数量、重量和压力对健康和疾病起着至关重要的作用。

人是机器

很难不把这些系统看成是"四体液"这种古代理论的新版本，而现在给它们加上了诸如消化或神经等具体的系统，使之有了更加科学的外貌。人体组织的这种机械模型当时享有盛名，因为那时人们还不了解人体的化学性质，亦不了解细胞是功能单位。这时，像布尔哈夫这样一些18世纪的内科医生正在寻求心理学的新关键——一种新的组织原理，但是他们主要是依靠臆测开展工作。他们认为，对生理学能作出解释的是物理学法则，而不是任何其他科学。

法国内科医师、哲学家，布尔哈夫过去的学生朱利安·拉·梅特里对人体组织的这种机械论观点作了最清楚的表述。拉·梅特里是一位彻底的无神论者，他的两部主要著作反映了他的思想特点。他1745年出版的《灵魂的自然史》（*The Natural History of Soul*）表明人类头脑的心理或精神状态真正是由大脑和身体的物理变化而引起的。随后在1748年出版的《人是机器》（*L'Homme Machine*）这部著作中，他把布尔哈夫的人体模型发展

赫尔曼·布尔哈夫
（Hermann Boerhaave，1668—1738年）

·内科医生、植物学家。

·生于荷兰的福尔豪特。

·1682年，在莱顿学习神学和东方语言，1689年获得哲学学位。

·1690年，开始学习医学，1701年前一直讲授医学理论。

·1708年，出版了《医学原理》（*Institutiones Medicae*），翌年又出版了《疾病的识别和治疗要点》（*Aphorismi de Cognoscendis et Curandis Morbis*）。两部著作均被翻译成多种文字，得到了国际医学界的承认。

·1709年，被任命为医学和植物学教授。

·他所建立的理论使他相信植物和动物具有相同的生成定律。

·1718年，讲授植物的有性繁殖。

·1724年，被任命为化学教授，并出版了《化学基础》（*Elementa Chemiae*）一书。

·由于他的名气大，欧洲很多病人都找他看病，他因此变得很富有。

成通过物理部件的相互作用可以运转的机械装置。

拉·梅特里传授有关人性的纯唯物主义的观点：只有科学才能够真正了解人类；头脑具有物理基础，灵魂是神话；过去被称之为头脑或灵魂的东西，实际上是科学家总有一天会发现的物理的某种超级形式的反应。他直言不讳地说，人类是"一部自己给自己上弦的机器"。此外，他还讽刺性地描写医学专业的落后，并把宗教看作是迷信的残存物。即或是在启蒙时代，他的思想也是相当激进的，以至于为了躲避他结下的敌人，他在欧洲的活动不得不来去匆匆。

理性地讲，拉·梅特里立场的第一点不足是在他那个时代，实际上还没有一部机器可以如此复杂和精细，足以使他用来作为说明人体复杂性的模型；第二点不足是任何机械论哲学体系所面对着一个久而未决的问题：头脑、意志或意识怎么能同身体互动？是什么在指挥人类这部机器的所有运动？

生命要素

对上述最后一个问题中涉及的动力进行探索的科学家开始开发与机械论相悖的人性论，这种理论以生机论或泛灵论而知名。这种思想学派的原理是：生命本身是人体以外存在的某种神秘的力量，它以头脑或精神的方式表现在每个人身上。瑞士内科医师阿尔布雷克特·冯·哈勒是这个学派的一位有影响的人物。他对腹部相连的一对双胞胎进行了特殊的研究。这对双胞胎通过同一个身体来履行那些必需的功能，但他们却拥有两种意志和两种人格。

拉·梅特里以极端的方式对机械论作了表述，泛灵论的拥护者德国化学家格奥尔格·施塔尔则是以传统的方式说明泛灵论。他的出发点是强调有生命体和无生命体之间的不能复归的差别。他要求机械论者确切地定义活着的人和死了的人之间的差别。仅仅对身体的物理系统作出描写不能说明它们之间的根本差别。施塔尔认为

◎内科医生。18世纪60年代福尔克玛根据卡斯帕·内奇尔1659年的油画制作的一幅雕版画。

格奥尔格·施塔尔
(Georg Stahl，1660—1734年)

·化学家。

·生于德国安斯巴赫。

·1694年，成为德国哈雷市的医学教授。

·1714年，被任命为普鲁士国王的私人医生。

·创立了燃素理论和发酵理论。

·发展了泛灵论。

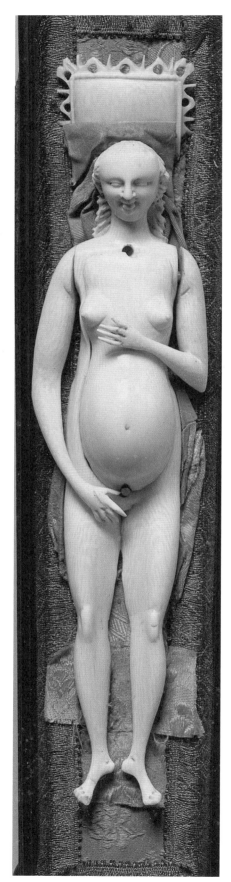
◎18世纪的孕妇解剖模型。该模型的器官是可拆卸的，用作产科培训。

存在着一种生命要素，即控制动因，他把它称作"anima"，这是一个拉丁语词，意思是灵魂。然而，在他看来，这不是一个宗教或神秘的理念，而是一个科学原理。

一种有目的性的生命

施塔尔指出了机械论观点的另外一个不足之处，即它没有解释出为什么人类的行动和生命是受指挥的或者说是有目的性的。人类的活动不仅仅包括物理运动，而且还追求社会或理智的目标，机械论者对此没能作出解释。他举了一个看似简单的跳跃沟渠动作的例子。跳跃这一想法是灵魂构思出来的，然后胳膊和腿部的肌肉和骨头的全部活动都是在没有意识控制的情况下，根据这种想法而进行的。机器模型不能解释这一实现目标的过程。这个例子还表明灵魂不能简单地等同于意识。灵魂涉及两级活动，其中既包括诸如消化和视觉这种自动的物理过程，也包括意志行为。灵魂也和疾病联系在一起，它试图驱除致病物质，重新建立人体秩序。

施塔尔最终未能对什么是灵魂作出解释，但他却明确地揭示了机械论学派的一些不足之处。他还说明了根据当时的科学水平，对人体组织作出物理描述简直是不可能的。另外，还有充分的哲学理由认为，在生物机体中存在着某种永远不能解释为机械力量的生命要素。在生命科学中的机械论和泛灵论之间的这种较量还会拉锯式地反复进行多年。长远地来看，机械论的观点将占上风，但是它是以一种布尔哈夫或者拉·梅特里没有预见到的方式而实现的，因为只靠物理学不能提供答案。

燃素

格奥尔格·施塔尔还提出了18世纪自然科学最有影响的思想之一——燃素论。几个世纪以来，炼金术士和工匠都知道火是改变自然物质的最强大的媒介，它既可使物质相互结合，也可使其分离，或者将它们破坏。但火到底是什么，从来没有从化学的角度来进行解释。在施塔尔之前，很多炼金术士认为所有的物质都包括几种要素，使它们呈固态、液态或具有可燃性。这种思想是从早期的"四要素"学说发展起来的。

基于这种思想，施塔尔提出了自己的理论，称当物质燃烧时，某种成分被释放出来。他把这种成分命名为"phlogiston"（燃素）。它源自希腊语，意思是"燃烧的"。

他认为燃素在某种程度上存在于所有物质，但是诸如木材这种物质含有的这种成分，要比铁多得多。他认识到，燃烧只能在有空气存在的情况下才能发生，但他争辩道，空气的作用只是带走燃素，不是空气本身参与了燃烧，而火焰是被卷走到空气中的燃素。

当金属被高温加热，它就变成金属灰，由此而推断，金属是由金属灰和燃素组成的。如果把金属灰再放在木炭上加温，这个过程就会逆转，因为它从木炭中吸收了燃素，就会又回到其原来的金属状态。燃素论对所有化学变化中最根本而又最普通的变化——燃烧——提供了一个引人注目的解释。由于施塔尔思想源自长期以来都是采矿和冶金业中心的德国东部，所以产生了很大影响。他的化学方面的著作被翻译成多种欧洲文字，这样燃素论很快就成了正统的科学观念。

重量的问题

然而，这个理论还有一些解释不通的问题。一个问题是当某些物质燃烧时，剩下的灰或金属灰实际上可能要比原来的物质重，这就很难与燃素被释放的思想相一致。施塔尔针对这种反对意见反驳道，燃素是一种极易挥发的要素，它具有负的重量，或称扬浮性，所以当它被释放时，物质变重。

另外一个问题是，实验有力地证明燃烧实际上要消耗一部分空气：蜡烛在一个钟形的玻璃容器内很快就会熄灭，但是留在容器内的东西不是真空，而是一种另类的气体或空气。施塔尔了解这一点，但他认为空气只能吸收这么多的燃素，就与燃素饱和了，而正是在这时，燃烧就停止了。施塔尔把这种空气称作"燃素化"的空气，我们现在把它称为二氧化碳。

然而，施塔尔体系中最令人好奇的细节显现出来了，他面对着这样一个问题：燃烧中释放到空气中的全部燃素跑到哪里去了？他知道木材和木炭容易燃烧，因此他辩解说，植物能够吸收"燃素化"的空气。它们是确确实实这样做的。这样，就导致了施塔尔建立起有关碳循环必要性的理论，这比人们开始正确理解碳循环要早100多年。

施塔尔是一位有独创性的思想家。他在实验研究和机械哲学时代仍直觉地感到物质是受微妙的要素控制的，并把这种直觉的知识形成了一种科学形式。他曾经写道："只要有怀疑存在，大多数人所相信的东西就是错的。"

植物吸收"燃素化"空气

木材燃烧，又释放出燃素

燃烧将燃素释放到空气中

◎施塔尔的燃素论认为，所有可燃性物质都含有一种微妙要素，它在燃烧时被释放出来。施塔尔承认木头是最易燃烧的物质之一。他提出植物在成长时吸收燃素，在燃烧时又被释放出来。这可以看成是对碳循环思想的预言。

绘制人体形态
SCIENCE IN THE AGE OF REASON

机械论者和泛灵论者有关生命本性的哲学争论没有对日常行医造成大的影响。即或是在启蒙时代，死亡也随处可见。18世纪早期，欧洲城市面对传染病的流行依然无能为力，世界范围的旅行助长了诸如淋巴腺鼠疫、天花和伤寒这些疾病的传播。无论是医院、监狱，还是陆军和海军的机构，卫生条件之差令人震惊，所以疾病泛滥，并在社会上传播。

然而，采用实验的方法去接近科学，这对医学这门科学产生了重大的影响，它推动了解剖学的研究。人们对人体解剖的禁忌在不断地减弱，内科医师能够越来越详细地研究和绘制人体的每一个部位，从人体各个部位的角度寻找生命功能的线索。由于绘画和印刷技术的提高，制作出了过去从没有过的最精致的解剖学图集。格丁根大学的瑞士生理学家阿尔布雷克特·冯·哈勒在1743—1756年分了几个部分出版了《解剖学图集》（*Icones Anatomicae*），包括人体各个部位解剖的大幅图片，展示了人体器官、肌肉、动脉和神经的情况。这些图片的比例是如此之大，以至于哈勒还为每个图版提供了几百幅原理略图，以便鉴别其众多的特征。

精确的制图

哈勒展示出了人体的各个部位，而与他同时代的德国莱顿大学的伯恩哈德·阿尔比努斯则集中精力描绘了整个人体形态。几年的研究和课题准备以及在荷兰一流的画家杨·万德拉尔的合作下，他在1747年出版了名为《人体骨骼和肌肉图表》（*Tabulae Sceleti et Musculo-rum Corporis Humani*）的图集，其中包括了从未出版过的最精确和最雅致的解剖图版。

准确和客观地记录人体的真实性这一愿望是阿尔比努斯的工作动力。在他看来，这就意味着要活生生地将骨骼和肌肉展现出来，它们要能直立，并能活动。为了把人体的真实性展示给其他人看，他为此不得不去做非常复杂的准备工作。在万德拉尔细心作画的几天甚至几周的日子里，阿尔比努斯不得不将死去的人体用绳索固定，并用醋或其他防腐剂作防腐处理。

他发现绘制工作最好是在寒冷的天气下在室外进

阿尔布雷克特·冯·哈勒
(Albrecht von Haller，1708—1777 年)

· 解剖学家、生理学家和植物学家。

· 生于瑞士伯尔尼。

· 在蒂宾根和莱顿学习解剖学和植物学。

· 1729年，开始从医。

· 1736年，被任命为新立格丁根大学的解剖学、外科学和医药学教授。

· 在格丁根，开始建立解剖学博物馆和解剖手术教室，并协助组建了科学院和植物园。

· 发现了心脏肌肉的机械运动。

· 调研使用注射的技术。

· 1753年，回到伯尔尼任一家盐厂的厂长和某城市的行政长官。

· 将他的大部分时间用于写小说和科学著作。

· 1757 年，出版了八卷的《人体生理学原理》（*Elementa Physiologiae Corporis Humani*），对人体各器官的功能作了阐述。

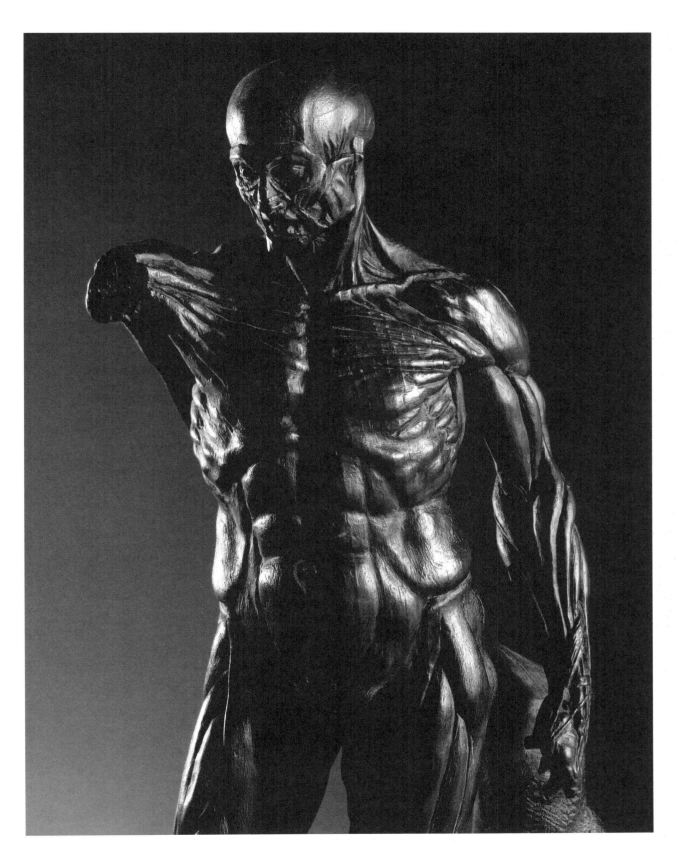

◎18世纪的内科医师制作出了非常详细和
  精确的人类解剖学图表和模型。

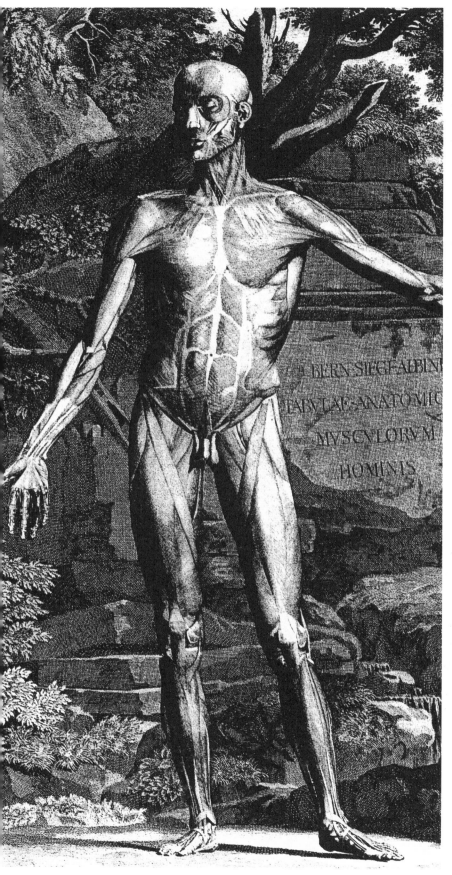

行，这样可以保持绘制对象坚挺并延迟腐烂。在放置这些绘制对象时，他是这样提及的：

> 一个与我骨架同样大小的瘦瘦男人，让他赤身裸体地站在同一个地方，我与他比较骨架。然而，骨架的冻结状态受到了火的干扰。而当裸体男人站立时，这火我们总是要生的，因为没有火，他是不能也是不会站立的。

画家在绘制对象的前面竖立了一个用绳索编织的坐标网，以确保比例的绝对精确。根据坐标网，他仔细地将对象的每个特征反映到他的坐标纸上。阿尔比努斯将绘制对象放在自然背景下，以强调其正确的比例，这使得他的图片达到了一流的质量。

阿尔比努斯这项工作的目的是向科学家提供一个完美、健康人体的绝对可信的记录。根据这些知识，内科医生将会更有能力去发现任何偏离正常的现象。换句话说，可以去研究系统病理。

详细的研究

正是帕多瓦大学的意大利人乔瓦尼·莫尔加尼真正发现了现代病理学科。在1761年，他发表了《用解剖学观点研究疾病的部位和原因》（*De Sedibus et Causis Morborum per Anatomen Indagatis*）一书。该著作描写了莫尔加尼所进行的数以百计的尸检结果和他在检查中详细调查健康和不健康身体间的差别

◎阿尔比努斯解剖学图集中的一页。

◎催眠术：病人围坐在一个装有"磁性流体"的大缸前。梅斯梅尔称这种流体可以恢复人的健康。

情况。他宣布人体器官或部位的每一解剖学上的改变都伴随着功能的改变，并且经常会导致生病和死亡。心脏、肺、大脑、眼睛和关节，他对这一切都进行了检查，它们的状态和死前所表现出的症状相关。他举了一个大脑受损的突出例子，证明了身体发生瘫痪的一侧和大脑受损一侧相反。

动物磁性说

18世纪，科学家们仍没有搞清楚，人体执行复杂功能的生理机制，但是哈勒、阿尔比努斯、莫尔加尼和很多其他人所作的详细研究和观察却标志着一些传统的医学神话的结束。过去认为，疾病是"四体液"的潮起、潮落的结果，受恒星和行星的影响，所以占星术成为内科医师培训的重要组成部分。这种学说最终被摒弃了。

但是，在寻求了解人体活动的生命原理的过程中，仍能冒出一些奇奇怪怪的插曲，例如在18世纪80年代的巴黎，德国内科医师弗朗茨·安东·梅斯梅尔提出"动物磁性说"，从而惊动世人。这个理论认为，人的健康或生病决定于在自然界普遍存在着的一种看不到的流体。当它被阻塞或被干扰时，人就会生病。但是技术熟练的医生通过各种不同的物理手段或催眠术能够控制这种流体。梅斯梅尔是真的相信这种治疗法，还是在吹牛，谁也说不清楚。但是有关这段插曲或许是最有趣的一幕是，包括本杰明·富兰克林和伟大的化学家拉瓦锡在内的巴黎科学院的一个委员会把它斥之为骗人的把戏，这是科学思想的权威在日益上升的一个标志。梅斯梅尔的名字以"mesmerism"的形式成为一个英语单词，意思是"催眠术"。

爱德华·詹纳与接种疫苗

SCIENCE IN THE AGE OF REASON

◎刻有"G C Jenner 1825"字样的牛角。詹纳使用了这头牛提供的受牛痘感染的体液为人们注射预防天花的疫苗。

尽管受到很多限制，18世纪的科学还是在医学领域取得了明显且辉煌的成就：天花被英国内科医生爱德华·詹纳征服了。当时，天花替代了黑死病成为欧洲最大的健康灾祸，每年有数以千计的人因此而死亡。即或没有死，身上也留下了有损外貌的疤痕。詹纳是一位乡村内科医师，谈不上具有科学的哲学体系。他的发现是细致观察和试验的结果。

詹纳本人并没有发明接种技术，微小剂量的感染能对致命剂量的感染产生保护作用的思想在18世纪的早期就形成了——为了产生轻微的感染，在健康人的皮下植入从天花脓疱中取出的物质。然而，这种技术是危险的，因为剂量的毒性不能控制，有时会致人死亡。

密切观察

詹纳注意到农村人口中的某些群体，特别是挤奶女工，看起来对天花有免疫力。通过调查，他发现这些人过去曾感染过牛痘。据此，他做实验，将从牛痘脓疱中取出小剂量的物质植入健康人的皮下。这的确引发了牛痘病症，但对天花也产生了免疫力。被用作试验的是一位名叫詹姆斯·菲普斯的8岁男孩，在接种了牛痘后给他注射了天花病毒，他没有被感染。但奇怪的是，詹纳注意到，牛痘疫苗并未对牛痘疾病本身产生一点防护作用。

1798年6月，詹纳自费出版了一本小册子，公布了他的这种方法。在书中，他首创了病毒一词来说明引发

爱德华·詹纳
(Edward Jenner，1749—1823年)

· 内科医师和接种疫苗的先驱。

· 生于英格兰的伯克利。

· 在英国索德伯里一边师从于一位外科医生，一边学内科学。

· 1770年，去伦敦深造。1773年，返回伯克利，开始从医。

· 1775年，开始研究牛痘，得出它对天花有免疫作用。

· 1796年，给一个名叫詹姆斯·菲普斯的8岁的男孩接种牛痘疫苗，两个月后接种天花病毒，他没有得天花。

· 1798年，个人出版了《接种牛痘的原因和效果的调查》（*Inquiry into the Causes and Effects of the Variolae Vaccinae*）一书，对他进行的实验进行简短的解释，一些科学类出版社拒绝出版该书。

· 最初，医学专业对接种疫苗的思想怀有很大敌意，但在五年的时间里，它在世界上得到广泛的应用。

◎爱德华·詹纳，在古纳塞克拉博士英国伦敦家中的彩色玻璃窗上的画像。

天花的媒介。小册子震动了医学界，这一发现的消息很快传给了整个欧洲的内科医师。索取疫苗的请求和有关疫苗使用的问题潮水般向詹纳涌来。他发现可以将从天花内容物中提取的血清干燥、储存，依然能在几个月内有效，使他有可能将疫苗送到远方。驻土耳其和印度的欧洲外交官在那里对疫苗进行宣传，而在新英格兰的内科医师则把疫苗成功地介绍到美洲。直接由詹纳接种疫苗的人当中包括美国总统托马斯·杰斐逊。

世界闻名

詹纳成了国际英雄。1804年拿破仑制作了一枚勋章向他表示敬意，尽管当时英法两国正在交战。在詹纳的请求下，拿破仑下令释放了拘禁在法国的一些英国人，这就是这位温和的乡村医生的威望。为了表彰他的成就，他获得了大量的政府津贴。

詹纳可以被看作是免疫学的创始人，他开创了用类似方法战胜其他病毒性疾病的可能性。他把他的成功归功于认真实验和他明确无误的推断力。

詹纳还是一位热心的博物学者。他是第一个描述布谷鸟生活习性的人，解释了为什么人们从来没有发现过它们的鸟巢，以及它是如何消灭和它一起孵化的未离巢的麻雀雏鸟。他成名后，需要处理大量的来信，很少有时间休息，但只要有可能，他就会对鸟类进行研究，苦苦思考它们迁徙的奥秘。

18世纪的新科学：电学
SCIENCE IN THE AGE OF REASON

17世纪的物理实验家威廉·吉尔伯特和奥托·冯·居里克发现，当一个金属球体被旋转或被摩擦时，会产生吸引小物体的力量，并且会发出火花。几年后，人们对这种效应产生了浓厚的兴趣，这时有两位英国实验家——弗朗西斯·霍克斯比和斯蒂芬·格雷用玻璃制作了更好的球体，并能在心轴上转动，当摩擦时，它们也能发出火花，并能使物体相互吸引。由此，他们发明了静电发电机。

格雷有了重大的发现：它们所产生的神秘力量沿着某些材料可以传送几百英尺，例如丝绸；但是其他材料，例如粗铜线，却不能传送。就这样，他发现了传导率和电阻。他们设计了一个有趣的实验，将发电机发出的电沿着一个房间传送，并使它点燃由酒精散发出的蒸气。

霍克斯比和格雷解释不了在这些实验中发生的现象。他们只能推测在所有的物质中可能存在着一种"微妙的流体"，在适当的条件下会被释放出来。这种奇怪的流体令科学家感到极大的振奋。

格雷在临死前发现，钟摆能围绕一个通电的物体旋转。他立刻将这种效应与行星围绕太阳运动联系起来，并且希望能够通过制作一个太阳系的电动模型，来证明这种联系。"如果上帝能把我的生命再延长一点儿，"他写道，"我希望能以一种新型的行星仪和能够说明宇宙中这个巨大行星仪运动的某种理论而震惊世界"。

◎来自莱顿的彼得鲁斯·范·米森布鲁克。

神秘的力量

如果这种神秘的力量是一种流体，那么就出现了这样一个问题：它能否和其他物质一样被收集和储存起来？在1746年，荷兰莱顿的彼得鲁斯·范·米森布鲁克试着将金属漆涂在一个瓶子的外边，然后灌入水，并将其与静电发电机相连。他的目的是对这种液体进行分析，看它与普通的水有无差别。当他触摸接点，试图把它从瓶子里移开时，他受到了强烈的电击，以至于他发

誓不会再为"整个法兰西王国"重复这个体验。

这个被称为"莱顿瓶"的东西，我们把它称为电容器。有关它的报道迅速传播开来，使得这项实验能够进一步做下去，人们组织了室内游戏，让男人和女人手拉手坐成一圈，并使他们带电。人们普遍注意到通电的物体互相排斥，换句话说，它们看起来与磁铁的特性相反。

大自然的力量

在18世纪40年代的美国，本杰明·富兰克林进行了多次电的实验，他开始猜想闪电实际上是一种放电。他通过在暴风雨天气使用风筝将闪电引至莱顿瓶的方法，来证明这个想法。

闪电的巨大自然力量是众所周知的，所以当它被证明这种力量与那些室内游戏所使用的力相同时，电就成了更具有重大意义的题目。富兰克林断定："电火是一种元素，它在其他物质间传播，并被其他物质所吸引，特别是水和金属。"在他看来，把一个带有大量电的物体拿到带电较少的物体附近，就会产生放电，使二者平衡。

但是这种力量如何控制和测量？在俄国圣彼得堡工作的一位德国科学家格奥尔格·里奇曼尝试着在暴风雨中测量闪电的电力，但他忽略了将他本人与地面绝缘，遭电击身亡。这一事件给他的科研同事留下了深深的印象。

◎本杰明·富兰克林（下图）和他早期发明的避雷装置之一（上图）。富兰克林证明，闪电是一种放电，并且他阐述了高大的建筑物如何通过把电荷导向地面而免受雷击。

测量隐形物质

对电进行测量的第一次成功尝试是由法国工程师夏尔·库仑实现的。他设计了一台被称作"扭秤"的仪器，它能显示出将两个小的带电物体拉到一起所需要的力。库仑的测量结果中最惊人的发现是这种力随着二者之间距离的平方而变化。这与牛顿的万有引力定律相同，从而提出了电可能是主宰宇宙的力量。对此，牛顿分析过，但从没有真正的确定下来或者被分离出来。库仑的名字后来被用作电荷的标准单位，即1安的电流通过导体时，在1秒内流过导体任一截面的电荷量。

◎本杰明·威尔逊制作的筒形静电发电机，于17世纪晚期在巴黎先贤祠进行实验。

"动物电"

18世纪对电的最终实验发生在意大利。在某种程度上，这些实验是所有实验中最神秘的。18世纪80年代，在博洛尼亚大学，路易吉·加尔瓦尼在死亡的动物身上测试电效应。他发现低电荷刺激能使青蛙腿抽动。他还发现当一枚铜探针触及脊髓，然后再与铁，特别是潮湿的铁接触时，会发生同样的抽动。

加尔瓦尼认为他发现了"动物电"，并且证实了自笛卡儿时代以来生理学家一直怀疑的观点，即神经充满着来自大脑的微妙流体，它导致肌肉运动，这种流体恰恰是电。"流电学"（译注：Galvanism，源自加尔瓦尼的姓氏Galvani）一词被立即应用在这种力上。

这个原理看起来得到了博物学家的支持，他们现在认识到来自美洲鳗鱼和射线的冲击也和电效应一样。

然而，在附近的帕维亚大学，加尔瓦尼的朋友亚历山德罗·伏打重复了这些实验，却得出了截然不同的结论。伏打认为，肌肉的抽动实际上是由探针和装有青蛙的盘这两种不同金属通过潮湿介质的接触而造成的；电根本不是来自动物。他验证了电效应是由两种金属在潮湿环境下接触而形成的，例如，如果舌头与双金属片接触，会有麻刺感。

◎伏打（左图）和加尔瓦尼（右图）。他们在将电作为神秘的生命要素的作用方面存有争议。

亚历山德罗·伏打
(Alessandro Volta，1745—1827年)

·物理学家、多产发明家。

·出生于意大利的科莫。

·1775年，被任命为科莫大学物理学教授，而后在1778年被任命为帕维亚大学物理学教授。

·1775年，发明了起电盘——一种早期的感应式电机；1777年，发明了使用"可燃气体"（氢气）的电手枪；1778年，发明了电容器；1787年，发明了大气电的烛光焰收集器；1800年，发明了"伏打电堆"（电化学电池），首次实现连续供电。

·1795年，成为帕维亚大学的校长，但四年后由于政治原因被免职，后来法国人又恢复了他的职务。

·伏特，电位的SI单位，是根据他的名字命名的。

第一块电池

当伏打制造出"伏打电堆"时，他的实验达到了顶峰。他将一连串的锌和铜的金属圆板交替地用浸透盐水或弱酸的纸板相互隔开，然后用金属片连接起来。这个电堆能产生小的稳定电流。通过串联更多的金属板，电流可以得到加强。这是第一块电池，它显然是在没有与静电发电机连接的情况下提供电源的。

这种电与静电相比更容易产生和控制，但却又出现了另外一种惊人的情况：当把伏打电堆浸在水中时，可以看到气泡从金属板中升起。把这些气体收集起来进行分析，发现它们是氧气和氢气，而水却逐渐消失了。唯一可能的结论是水发生了也能发电的某种化学反应。所有这些问题深深地困扰着人们。电看起来是包含在物质中的一种强大的自然力量，可以通过物理和化学的不同方式释放出来。需要新一代科学家进一步作一系列的实验，才能将这些效应串联在一起，从而对电能有一个更清楚的了解。但是毫无疑问，18世纪人们已经分辨出一种新的重要的物理力量，它可能比磁力、空气压力，甚至比地心引力本身更为重要。

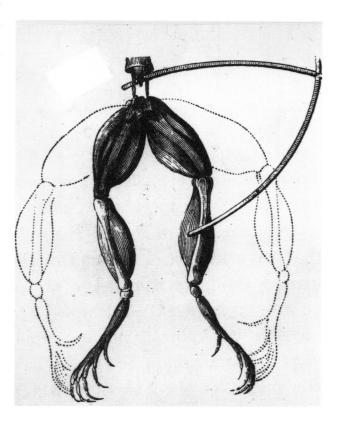

◎上图和下图描述了导致死青蛙肌肉运动的加尔瓦尼实验。

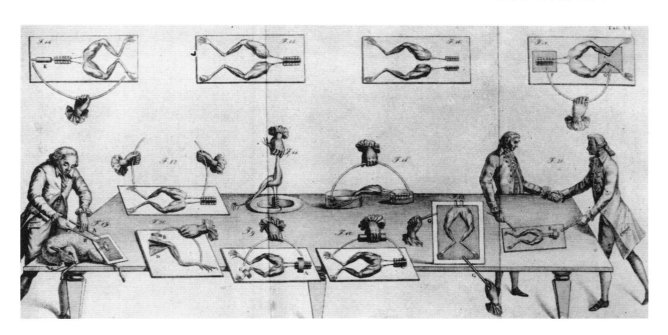

蒸汽机：第一部机器

SCIENCE IN THE AGE OF REASON

18世纪是理论和实验的时代，是所有受过教育的人认识新科学思想的时代。但是，科学几乎没有对社会产生什么实际影响：技术的变革还没有彻底改变人们的生活和他们的环境。究其原因是没有发现新的动力源。事实上，"动力源"这个理念一直使人困惑不解。任何需要运动的物体都是通过人类或动物肌肉的运动来完成，只有在水上的运动是例外情况，在那里，物体可以利用风力和水流。利用超乎寻常的巨大力量的唯一的技术装置是大炮，但它的动力是爆炸性和破坏性的，所以没有应用到日常生活中。

然而，在科学家还在为燃素、动物电或者自然发生这些题目立论的时候，一场工程技术领域的革命正在悄然地进行着，它将彻底重新定义科学在社会中的作用。蒸汽机在实际采矿的过程中被发明出来了，而它的发明者与科学研究院的那些学者没有任何接触。

工程技术的突破

在采矿的过程中，经常遇到的问题之一是要把水从矿井中排出。小水泵需要人工操作才能连续工作。英国商人兼工程师托马斯·萨弗里产生了机械泵的想法，他把它描绘成"利用火力来提水的发动机"。所涉及的原理是对蒸汽被压缩时会产生一个局部真空的认识。根据这条原理制成的机器是蒸汽机的前身。

萨弗里的发明与其说是一部机器，还不如说它是一台仪器，因为它除了手动阀门之外没有任何活动部件。锅炉出来的蒸汽进入一根导管，然后用冷水进行外部冷却，所形成的真空将水从矿井中抽出。但是由于大气压力的原因，水的最大提升高度只有9米左右。工作周期是每分钟4或5次。萨弗里的设计早在1698年就获得了专利。但就我们所知，这种装置只在英格兰生产了4台，而且没有关于它的工作效率的报道。

詹姆斯·瓦特
(James Watt，1736—1819年)

· 工程师和发明家。

· 生于苏格兰的格里诺克。

· 在格里诺克中学读书。

· 1754年，到格拉斯哥学习制作数学仪器。

· 1759年，前后，开始学习蒸汽这种推动力。

· 1757—1763年，在格拉斯哥大学制作数学仪表。

· 1767年，协助勘测福思-克莱德运河所需要的土地，后来从事加深福思-克莱德河的工作和改善当地港口的工程。

· 1763—1764年，他在车间修理纽科门蒸汽机的模型，同时设计出新的冷凝器，使效率提高3倍。

· 1774年，与马修·博尔顿在伯明翰的索豪工程技术厂合伙生产新型蒸汽机。

· 1769年，为他的冷凝器申请专利，并且继续申请其他专利：1781年的太阳与行星运动专利，膨胀原理、双动式蒸汽机、平行运动和无烟熔炉专利以及1785年的调速器专利。

· 1783年，规定并命名了功率的原始单位——马力。

· 1784年，申请蒸汽机车的专利，但没有继续研究下去。

· 瓦特，功率的SI单位，是根据他的名字命名的。

实际应用

正是在这台仪器的基础上，另外一位商人、应用工程师托马斯·纽科门研制出了更加复杂的机器。第一台"纽科门蒸汽机"或称"横梁蒸汽机"是1712年在英国沃里克郡一口矿井制造的。它与萨弗里设计的不同之处是，真空是用来控制一个与一根大型横梁相连接的活塞，横梁的另一端与升降拉杆连接。取消了手动阀门，现在的工作周期可达到每分钟12次。蒸汽向上推动活塞，当冷却使活塞向下运动时，就形成了局部真空。这种蒸汽机在英格兰和欧洲大陆的矿井生产了几百台，使用了半个多世纪。过去从来没有见过类似的东西，它们的工作效率要比手动泵大得多。

用现代工程术语来讲，纽科门蒸汽机的效率极低，因为它的加温和冷却是交替进行的，因而浪费了大量燃料。批评家抱怨说，需要用一个铁矿的产品来制造一台这样的机器，再用一个煤矿的产品来驱动它。也没有报道说这种动力源除了升降活塞，还可以用于其他用途。

更高的效率

苏格兰工程师詹姆斯·瓦特在18世纪60年代改变了这种状况。瓦特在他的新设计中取得了四项伟大发明。第一，他引进了第二腔室用来压缩活塞室分离出来的空气，以使后者始终处于热的状态，这样，就能比纽科门蒸汽机节约3/4的燃油；第二，他使用蒸汽本身的压力推动活塞上下运动，产生一个更加强大的双向运动；第三，在稍晚些时候，他将横梁通过曲轴与飞轮相连，将横梁的上下运动转换成旋转运动；第四，发明了具有独创性的"调速器"，当机器达到一定速度时，该阀门能自动关闭。在某些方面，调速器

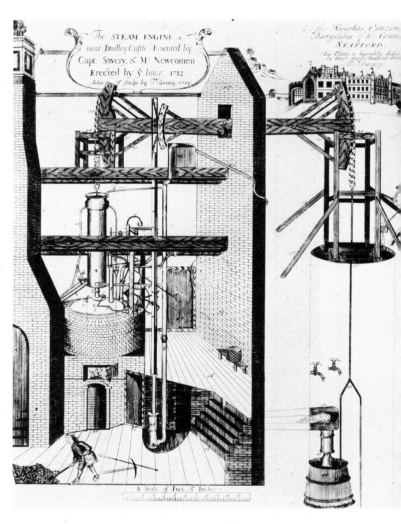

◎在萨弗里设计基础上改进的纽科门横梁蒸汽机，它通过大杠杆升降活塞。

◎1730年的纽科门蒸汽机，是根据一系列法国蒸汽机技术图纸生产的蒸汽机之一，它矗立在泰晤士河供水系统中。该蒸汽机利用蒸汽和火形成的真空获得压力。

WATT.

◎詹姆斯·瓦特，他将纽科门横梁蒸汽机转变成了一种具有多用途
　的动力源。

在上述发明中是具有最突出特点的，它通过机器本身的反馈工作，使整个系统自我调节。

更广泛的应用

瓦特出色的设计成果是一种大大改进的动力源，它除了用作提水，还有很多其他用途。旋转运动蒸汽机可以用来带动车床、锯、粉碎机、织布机、车轮和轮船推进器以及十多种其他应用。到18世纪末，蒸汽机在所有工程技术领域的应用变得如此普遍，以至于需要对它们的功率输出进行分级。所选择的单位是被称为"马力"的量度标准。它被定义为在1分钟内将33000磅（约15000千克）的重量克服地心引力提高1英尺（约0.3米）的能力。现在，1马力等于745.7瓦特。

新的领悟

蒸汽机的发明带来了三个突出的成果。第一，数以百万计人民的生活和工作环境得到改变，因为他们的生活和蒸汽机的作用联系在一起；第二，由于人们不断地寻求用途越来越多的机器，因此给技术带来了新的发展势头，肌肉力量的有限性已成为过去的事情：正是机器这种创意诱发出更多的机器，这个过程被不断发展的科学和工程技术所推动，并且最终会被对商业利益的渴望而推动；第三，对物质力量的理解产生了理性的冲击。

科学家开始分析蒸汽机的实际工作方式，借用萨弗里离奇有趣的话来说，"利用火力来提水"是如何实现的。他们得出的答案使他们对物理有了一个新的理解，从而导致在18世纪形成了一种全新的科学语言。现在我们把它称为古典物理。机器时代的到来看起来几乎是偶然的，但是它将导致对纯科学王国重要的新领悟。

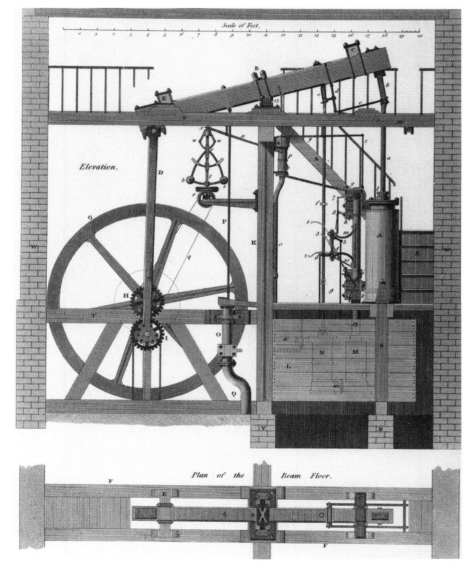

◎18世纪60年代的詹姆斯·瓦特蒸汽机，它真正地推动了工业革命。横梁现在变成了一个巨大的飞轮。

有关地球形成的理论
SCIENCE IN THE AGE OF REASON

和18世纪的科学家提出了人体功能、不同物种的动物和植物之间的关系的新理论一样，一部分科学家也将注意力转向了地球本身。有关这个题目的看法一直被《旧约全书》上的叙述所支配，它非常简单地教导说，地球及地球上的万物都是在久远的过去一下子被创造出来的。通过追述《旧约全书》上的按着年代顺序排列的名字和事件，学者认为他们能够推断出它们的形成时间是公元前4004年。18世纪，有关地球科学的故事是瞬时形成说被质疑、被修正或被抵制的过程。它渐渐地被地球是在变化着的观点所取代，它的特征和生命形式的形成时间要比《旧约全书》上所隐含的时间要久远得多。

岩石上的生物

其中一个关键的物证是在岩石内部发现的化石。那些类似已知动物的化石，特别是海洋生物，长期以来一直被认可，但都被认为只是自然界的偶然现象。是17世纪60年代的尼尔斯·斯滕森提出不同意见，认为它们不仅仅像活的生物，而且实际上就是它们石化的遗体。那么它们中的一些为什么不再生活在地球上了呢？是不是有些物种已经完全灭绝？奇怪的是，《旧约全书》在这里用洪水的故事帮了博物学家的忙。那些没有得到认识的生命形式一定是在那次大洪水中被摧毁的生命的遗体。这种解释是瑞士博物学家约翰·素伊希尔提出的。

他在去阿尔卑斯山旅行时，收集了大量的化石。他确信，石化的海洋生物出现在高高的山上表明它们沉积在那里是由于《旧约全书》上说的大洪水而造成的。提出科学与《旧约全书》是相互协调思想的人之中，有威廉·惠斯顿。他继牛顿在英格兰的剑桥大学任数学教授。他提出洪水是由于彗星撞击地球造成的，《旧约全书》上讲到的其他奇迹般的事件可以给出科学的解释。这一将《旧约全书》故事的"神话色彩去除"的行为激怒了正统的思想家，惠斯顿被驱除出大学。

新理论

布丰迈出了决定性的一步，他断然驳斥了《旧约全书》的年代学。布丰的中心理论之一是，地球是由太阳被彗星撞击后掉下的物质而形成的。从那以后，地球经历了一个冷却过程。这样就与化石问题关联起来，因为很明显，布丰称，一些生物过去曾经生活在它们所适应的高温时期，但在地球冷却时它们灭绝了。

在布丰18世纪50年代和60年代著书立说时，一些大的石化陆地动物被发现了，例如西伯利亚的猛犸象。布丰认为，地球的北部区域曾经一度和热带一样温暖，而当地球冷却时，这些动物迁徙到南部，发展成大象。冷却和由此产生的复杂结果一定用了几万年的时间，布丰明确地指出，地球的年龄与《旧约全书》所隐含的时间截然不在一个序列上。

◎瑞士博物学家
  约翰·素伊希尔
  在阿尔卑斯山
  收集化石。

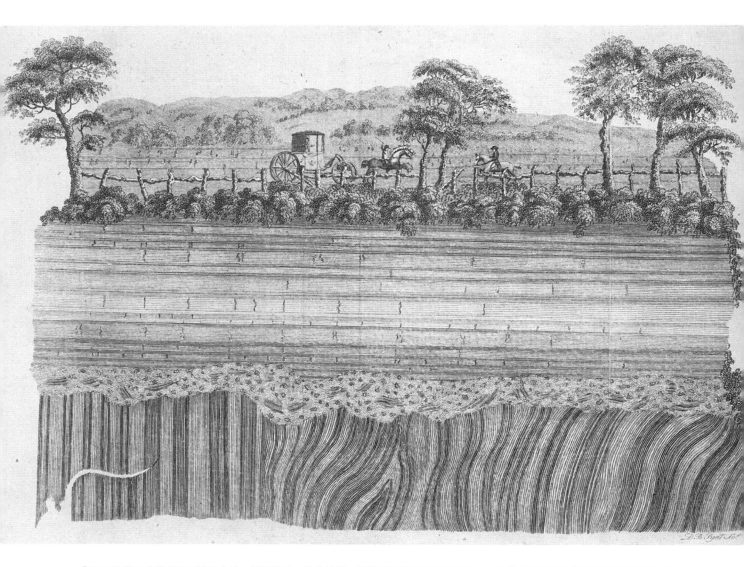

◎不同时代形成的岩石层的汇合处，赫顿作画。他推论说，下层不可能是垂直排列的，一定是由于地球的剧烈运动而堆积起来的。

火与水

各种不同的岩石、矿物和诸如山脉、海洋和沙漠这些地貌是如何形成的呢？到18世纪下半叶，出现了两个主要的地质思想学派，一派认为水是形成的主要原因，而另一派则认为是火。第一个学派以水成说而知名，其最具影响的人物是德国地质学家亚伯拉罕·维尔纳。维尔纳认为大海曾经一度把整个地球覆盖，现有所有的岩石和矿物是在海洋蒸发和退去时形成的；像花岗岩这样较老的岩石是由海洋中化学物质结晶而成，并且首先出现；初期的水成岩是冲刷而成，附着在较老的岩石上；火山石是所有岩石中形成最晚的。水成说的先进之处在于，它承认层理原则；其不足之处是，它不能确定所涉及的时间范围。水成说的一些主张者仍把海洋覆盖地球看作是和《旧约全书》上讲的大洪水期间是一样的，并且把这一理论说成是对《旧约全书》的肯定。

反对派的理论以岩石火成说而知名，因为它把火山的扰动看成是地壳形成的主要力量。这一理论最有名的主张者是苏格兰哲学家詹姆斯·赫顿。他于1795年出版的《地球理论》（*Theory of Earth*）一书是早期地质学最有影响的书籍之一。

根据赫顿理论，地下热能猛地掀起了因侵蚀而逐渐变薄的陆块，这一剧烈的活动就像一间大规模的化学实验室，产生了在地球上能看到的所有岩石和矿物。火、隆起和侵蚀构成了一个永不休止的循环。赫顿理论中最惊人的一个方面是他坚持认为形成地球的过程现仍在进行：陆地在漫长的时间里正在形成和侵蚀，这证明了地球的年龄一定是不可思议的长。正如后来的地质学家所证实的那样，火成说比水成说更接近真理。

水的循环

一个相关的问题是水的循环，即河流是从哪里来的？为什么河流和雨水不会导致海平面上涨和淹没土地？一定存在着一个循环，在这个循环中，水量保持不变，但是形式不同。较古老的理论设想在地下世界存在

一个由洞穴和池塘组成的庞大网络，海水通过它流入隐蔽的水道，然后回到世界所有河流之源，在这个过程当中，它以某种形式失去了盐分。

牛顿的同事、彗星分析家埃德蒙·哈雷对此问题采取了更加科学的方法。他计算了欧洲主要河流排入地中海的水量，并将其与每天蒸发掉的水分相比较。他得出结论，认为蒸发掉的水冷凝后，以雨的形式落下来，使河水上涨，并返回到大海中去。其他科学家在小范围内重复了这种做法，例如选择一个江河流域进行计算，发现哈雷的结论是正确的。

◎水循环，选自1729年的一篇论文。18世纪的科学家正确地理解了水处在蒸发和再凝结这样一个无休止的循环中。在此之前，人们认为河流是由浩瀚的地下海洋形成，或者认为大海通过洞穴向河流供水。

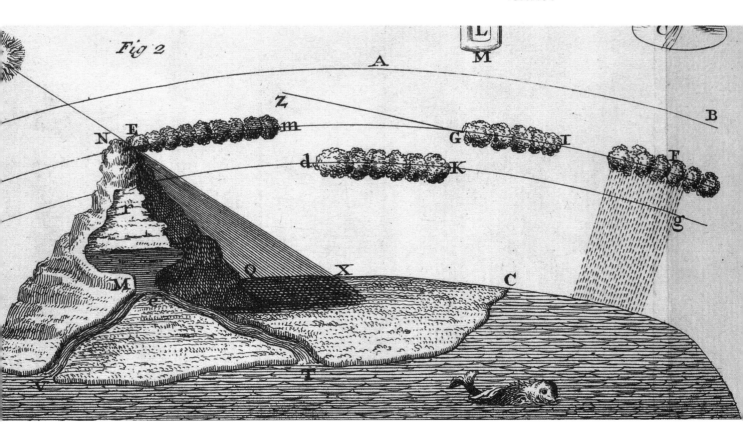

科学探险

SCIENCE IN THE AGE OF REASON

18世纪，以实验为根据寻求知识的观念导致了一种新的科学调查形式：有组织的探险。几个世纪以来，欧洲人一直为了贸易或征服而探索世界，但是现在有了新的动机。探险的目的是增长地理知识，收集未知植物和动物的标本，观察地球表面的新的自然地貌，或者研究异国风土人情。

走出去

当时的科学家意识到在没有对所有资料调查前，任何一种理论，无论是化学、物理、生物还是地球科学，都不可能牢固地站住脚。他们还意识到，地球上的大部

◎1779年，意大利维苏威火山爆发形成的火山岩。本图和右页图是选自威廉·汉密尔顿对意大利火山研究的文献。这是当时对火山最珍贵的研究成果，汉密尔顿确定火山是由自然力量形成的。

◎1779年8月9日 (星期一) 上午维苏威火山爆发。

◎奋斗号船停靠在澳大利亚海岸线上进行船体修理。

分地区还没有被彻底考察过，这是一个十分令人不满意的情况。面对巨大的障碍——极端的气候、不那么友善的土著和缺少地图的指引，他们为了丰富科学知识而出发了。

南美洲是个典型的例子。西班牙人和葡萄牙人在这块大陆上已定居近200年了，但是他们对它的兴趣纯粹是经济性的——索取贵金属或硬木，或者经营糖业。当法国探险队1736年到达秘鲁测量子午线弧时，很多科学家被他们所处的奇异环境深深地迷住了。当他们的任务完成后，探险队长夏尔·德·拉·孔达米纳沿着亚马孙河开始了开拓性的旅行。

他发现了丰富的植物群和动物群，测量了亚马孙河流域的巨大水量，研究了当地的部族，并试验了他们的毒箭。他告诉欧洲的博物学家南美是一间潜在的自然实验室，并且第一个向欧洲介绍他看到的从不同植物中提炼出的橡胶的奇特性质。

拉·孔达米纳的一位同事皮埃尔·布热发现钟摆和磁针的摆动均受安第斯山脉物质的影响，后来给这种现象定名为"布热异常"。

布热效应具有局域性，不会与磁变，即北极和北磁极间的角差相混淆。英国科学家埃德蒙·哈雷已经对磁变进行了认真的测量，他为此在1698—1700年作了一次长时间的大西洋航行。后来他出版了一张海图，成了每个航海家必备的用品。

测绘星星

这不是哈雷的第一次科学航海，在1676年，当他还只有20岁的时候，为了扩展星图他驾船到了位于南大西洋的圣赫勒拿岛。当他回来时，他标出了几百个在北欧看不到的星星的位置。

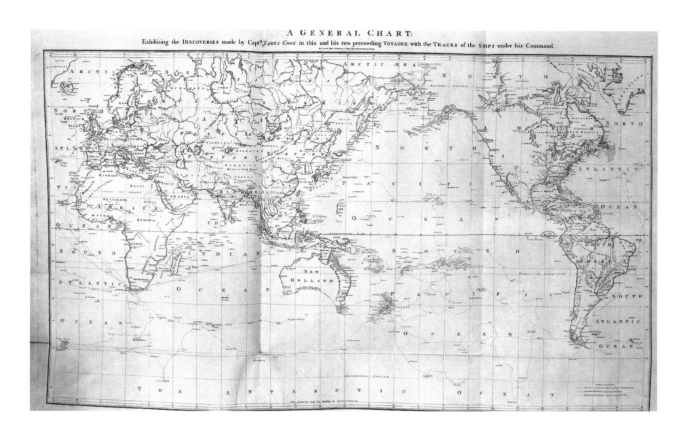

◎上图：标有库克船长航行路线的地图，1784年左右出版。他第一次航海的目的是观察金星的运行轨道和寻找第五大陆——澳大利亚；第二次穿越了南极圈；第三次则是为了发现北通道。

◎下图：1769年左右的塔希提岛海图，标有库克船长第一次到南太平洋航行的路线。

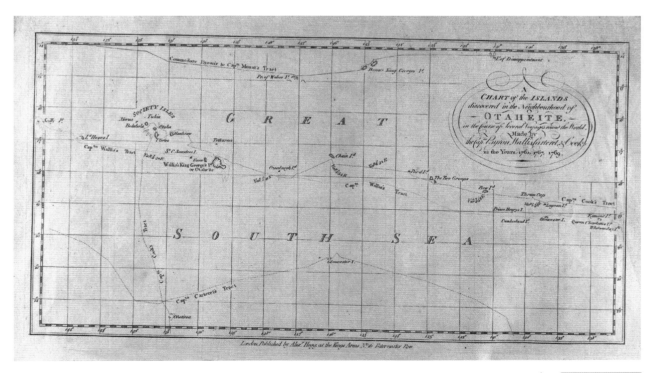

然而，这项工作直到1750年才有了新的进展。当时，法国天文学家尼古拉·德·拉卡耶花了一年的时间在好望角考察南部天空。他不仅标出了新星的位置，而且还把它们组成了13个新星座。自那以后，这13个星座就一直出现在天体图和星象仪上。拉卡耶本着18世纪的科学精神，抛弃了传统的以动物形象来命名的方式，而以技术对象命名他的星座，如时钟座、罗盘座、望远镜座和唧筒座等。

太平洋探险

世界上对科学探险最具有吸引力的地区是太平洋。它是世界上最大的未被考察过的地方。在这里考察有两个目的：一是完成其本身的海图，二是研究那里的气候、野生动植物和民族。对于太平洋，存在着一个独特的问题，就是欧洲地理学家几个世纪以来一直认为巨大的南部大陆存在的必要性在于平衡地球北部地区

詹姆斯·库克
（James Cook，1728—1779年）

·航海家和探险家。

·出生于英格兰马顿。

·在英国惠特比师从一位船老板。

·一边在北海海岸和波罗的海当海员，一边学习造船工艺。

·1755年，加入皇家海军。1759年，获得熟练技工执照。

·受命考察纽芬兰周围的海岸和海域以及圣劳伦斯河。

·1768—1771年，受皇家学会之托带领考察队乘奋斗号船前往太平洋，观察和记录金星围绕太阳运行的情况。

·经新西兰、澳大利亚（他宣布由英国占有）、新几内亚、爪哇和好望角回国。

·1772—1775年，提升为中校，受命指挥决心号和冒险号去考察南极海域的范围。在这次考察中，他还访问了塔希提岛和新赫布里底群岛（瓦努阿图旧称），发现了位于西南太平洋的新喀里多尼亚和其他岛屿。

·1776—1779年，受命寻找从太平洋到美洲周围的西北通道。驾船经过好望角、塔斯马尼亚、新西兰、太平洋和桑威治岛到达北美西海岸。考察去的最远地方是白令海峡。

·1779年，在夏威夷岛上停留，后遇害身亡。

的大陆块。

英国人詹姆斯·库克在1768—1779年从事了三次伟大的航海活动，考察了从南极水域到白令海峡地区，发现了包括夏威夷在内的很多岛屿群。但是由于人们对"巨大的南部大陆"的存在具有如此强烈的信念，他却没有发现，从而遭到了纸上谈兵的地理学家的严厉批评。

库克的第一次航海由富有的博物学家约瑟夫·班克斯陪同，他收集了数以百计的鱼类、昆虫、植物和动物标本。班克斯后来成为英格兰皇家学会的会长，发起了很多次海外科学探险活动。

广布的民族

库克发现，在大量的广布的岛屿上居住着具有共同文化的民族。这些民族是如何分布在相距如此遥远的岛屿上的？

一些科学家对这种波利尼西亚民族现象解释为：太平洋岛屿一定是几个世纪以前沉到海底的大陆残迹。

波利尼西亚人自己向欧洲人提出了一个智力问题：他们显然生活在没有法律、没有财产、没有国王或者政府的环境中，并且没有在欧洲国家流行的重大社会罪恶、战争和穷困。他们看起来是"高尚的原始人"。但这怎么能与那种认为文明是建立在理性、法律、科学和技术基础上的启蒙信念一致起来呢？

太平洋地区有时被说成是新的伊甸园，有着丰富的未知生命形式，其中包括没有失去单纯和率直的人种。看起来在太平洋观察到的所有物种当中，在那里居住的人最值得研究。当欧洲人面对着这些神秘的民族时，人类学研究才真正开始。

横跨大陆

陆路探险在很多方面要比海路困难得多，非洲内陆在20世纪依旧抵制考察。然而，亚洲则是能够进入的一

◎库克第三次，也是最后一次航海的主要目的是寻找太平洋和大西洋之间的北部通道。1779年他的决心号船遭暴风雨破坏后，库克回
到夏威夷岛，在岛上与当地土著居民发生矛盾，并死在夏威夷。

个广袤的地区。自16世纪以来，沙皇俄国一直在渐渐地
向东扩张。1728年在俄罗斯海军服役的丹麦人维图斯·
白令带领一支探险队考察了解亚洲的最东北部是不是与
美洲相连，并且他第一次驾船穿越现在以他的名字命名
的狭窄海峡（译注：白令海峡）。

40年后，德国科学家彼得·西蒙·帕拉斯受命从克
里米亚半岛到西伯利亚东部考察俄罗斯的亚洲部分。
帕拉斯在西伯利亚的冰中发现了已灭绝的猛犸象冻结
的遗体。他对动物和它们所处环境之间的关系特别感
兴趣，指出气候和食物如何影响它们的分布，并且提
出了有关山脉形成的火成论。

在所有这些探险中，科学家开始有意扩展他们的知
识面。如果有新理论从他们那里出现，那就更好。但
是，在本质上，是资料搜集变成了一种科学的理想。地
球被看作是一间必须考察和了解的巨大自然实验室。考
察工作的一个重要方面是他们的报告应该出版，供其他
人研究。这些探险给人们上了一课：地球上有多种不同
的环境，在这些环境中，气候、动物、植物、土壤、河
流和人类以不同的方式相互作用。只有当这条原理被普
遍理解，地理学本身才能在19世纪发展成环境科学。

天文学：设想太阳系以外的空间

SCIENCE IN THE AGE OF REASON

古典天文学一直把主要精力放在太阳系上，分析太阳、月亮和行星的运行路线。对于其他恒星，虽在天文图上进行了编目分类，并且作了标志，但一直把它们仅仅看成是发光点，且无法了解。传统的思想认知是，人们认为它们是处在一个单一的"布满星星的球体"上，与地球的距离相同。这个宇宙王国是如此遥远和不可知，所以在宗教上把它看作是上帝及其天使居住的地方。

到17世纪末，哥白尼革命和高倍数望远镜的出现改变了这些观点。人们现在已经接受"太阳是一颗星，其他星星都是'太阳'"的观点。这一领悟提出了一个有关宇宙范围和结构的深刻的问题。18世纪开始出现恒星天文学，尽管刚开始完全是纯理论性的。

不可测量的宇宙

18世纪，人们首要的目的是要对宇宙范围有一个更加精确的看法。从牛顿和惠更斯时代以来，很多天文学家都提出了可能测定从地球到太阳和从地球到其他恒星间的精确距离的方法。这些方法一般都是基于视差和相对亮度进行计算。所获得的数据没有一个接近精确，但它们却都打破了自托勒密以来所流行的对宇宙规模的陈旧观点，并且科学家敏锐地意识到宇宙的辽阔无际是不可测量的。

是埃德蒙·哈雷，这位在很多科学领域里作出了重大贡献的科学家，首先对恒星是固定不变的学说提出疑问。1718年，他发表了观察报告，提出恒星随着时间的推移在运动，使得从托勒密到海威留斯在传统星表中给出的位置变得有点不那么精确。没有检测到这些运动的一般模式，但哈雷断定恒星是在空间自由地、并且可能是随意地运动。

这一观察和发现的隐含的意思是，恒星分布在整个空间，距地球的距离不等，这样关于天球是作为支撑星星的外壳的陈旧思想就变成了神话。接下来的问题是，宇宙是否具有大型结构，如果有的话，地球上的天文学家如何观察才能发现它，从而去开始理解宇宙，并最终从科学角度证明它的存在。

正在变化中的立场

太阳在任何意义上都不是宇宙中心的观点现在已被所有的科学家所接受，并且，太阳本身也在空间进行运动，同时带动着地球和整个太阳系这一看法看起来也是符合逻辑的。这个时期的所有天文学家作了一个重要的假设，即所有恒星的大小和亮度基本相同，一颗恒星的明暗非常直接地反映了它距离地球的远近。

在随后的50年里，天文学家努力奋斗，去完成一项测量恒星位置变化这一几乎是不可能的任务。在威廉·赫歇耳取得成果前，出现了两次重大突破。

在1729年，接替哈雷担任格林尼治天文台台长的英国人詹姆斯·布拉德雷宣布，全部恒星的位置在一年的周期内与预测值相差极小。一些数值会在前面，一些数

◎放在地平经纬仪上的牛顿式反射望远镜。该望远镜是著名天文学家威廉·赫歇耳
　为他的朋友威廉·沃森制作的。

值在后面，但是它们会自行修正。布拉德雷争论道，对此唯一符合逻辑的解释是地球在围绕太阳的轨道上运动时的速度正在被加入来自星体的光的有限速度或者被从这有限的速度中减掉。

这是"光行差"。它之所以重要有两个原因：第一，它第一次为哥白尼的地球是运动的理论提供了物理证明；第二，光速如此之大，表明到恒星的距离一定是相当遥远。

穿越空间的运动

另一位英国科学家约翰·米歇尔发现了双星。根据双星现象，他辩论道，地心引力在太阳系以外很远的地方发生作用。1760年，德国科学家托比亚斯·迈耶宣布了他发现的一条非常重要的原理：如果太阳以及和它一起的地球在太空中运行，我们应该有能力探测到，因为恒星看来在为我们开门和关门。这种效应完全同我们穿越树丛时发生的情况一样：在我们面前的树木看起来密集在一起，可是当我们走过去的时候，似乎开出了一条路；但是如果我们回头去看，树木已经又恢复了其原有的密集外貌。

迈耶认为在运动的方向应该存在着一个"太阳向点"，在其后应有一个"太阳背点"。这一点很快得到了证实，确立了太阳和太阳系是向着武仙座方向运动。布拉德雷和迈耶的发现是天文学思想的重大胜利，推翻了几十年来人们一直普遍认为的恒星是固定不变的学说。

神灵的影响

人们对恒星天文学所产生的兴趣推动了很多有关宇宙规模和结构的理论的产生。英国航海家和测绘师托马斯·赖特将科学的想象力与宗教信仰相结合，编制出的极富想象力的方案。赖特将牛顿学说的引力原理与新发现的恒星运动编织在一起，形成了一个新的宇宙结构。

他提出宇宙中有一个"神的中心"，它起着引力中心的作用，包括我们自己的太阳在内的所有星星都围绕着它在轨道上运动。这就解释了后牛顿学说思想家一直在担心的问题——为什么宇宙没有在引力的作用下坍缩成一体。

他认为，恒星坐落在一系列的同心纹壳上，全都围绕着神的中心旋转，这样就解释了哈雷观察到的恒星运动现象和光行差。人们可以把赖特想象力看作是与大比例放大的太阳系等同的一颗巨大的恒星，但依然在引力的影响下运转，并且具有一个明确的中心和球形结构。

赖特没有像布拉德雷或迈耶那样对精确天文学作出贡献，但是他1750年出版的《宇宙起源说或新假设》（*Original Theory or New Hypothesis of the Universe*）这一著作却影响了很多其他思想家。它标志着宇宙哲学的思想在向着新的方向发展。赖特试图遵从宇宙是巨大

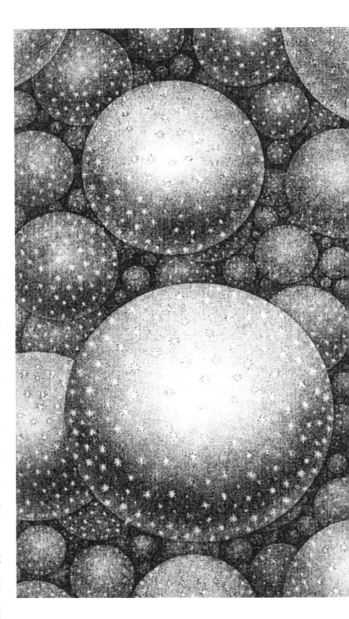

◎托马斯·赖特想象的多重星系。赖特是英国仪表制造商和天文学家。他认为像我们自己这样的星群可能构成多个离散体系，并且很多这样的星体世界在整个宇宙都存在。

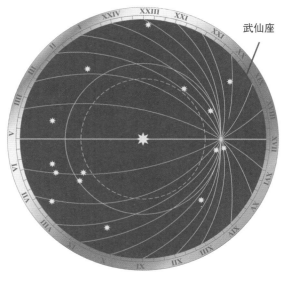

武仙座

◎上图：赫歇耳根据托比亚斯·迈耶的观点绘制的太阳和
　太阳系向武仙座运动图。

◎右图：赖特的名片，宣传他制作的四分仪和其他仪器，
　并强调他是威尔士王子乔治殿下的数学仪表制造者。

◎天文学成为时
　尚：研究天空
　的美丽和有序
　已在受教育人
　群中变成一种
　普遍的追求，
　他们对如此美
　丽有序的天空
　感到惊讶。

的，而且可能是无限的思想，但他依然认为它一定具有
一个明确、合理的结构，并且是在神的控制之下。与威
廉·德勒姆一样，赖特认为上帝的力量现已扩展到这个
太阳系以外的更辽阔的宇宙，并且很多世界分散地存在
于整个宇宙。

新行星和新星：威廉·赫歇耳

SCIENCE IN THE AGE OF REASON

18世纪天文学家眼中的宇宙不仅包括恒星和行星，对彗星的探索也成了一项热门的活动。这些漂移不定的物体已被理解为太阳系的一个组成部分，并与牛顿的轨道定律相一致。

法国一位专注的彗星搜索者夏尔·梅西耶将注意力转向了夜空中的另一物群。它们是一些被古代天文学家描述为"云雾状"或"乳状"的不同寻常的星星——星云。

梅西耶想把它们标识出来，以避免它们与彗星发生任何可能的混淆。到1784年，他已经编录了101种星云。它们以M编号：在猎户星座上的是M42，在仙女座上的是M31，等等。梅西耶不知道星云是什么，他对它们的兴趣是有限的（尽管他首次绘制出一些有关它们形状的令人好奇的图片）。但是他的研究为天文学的一个

◎1783年8月18日，人们在英格兰温莎城堡的平台上观察流星。

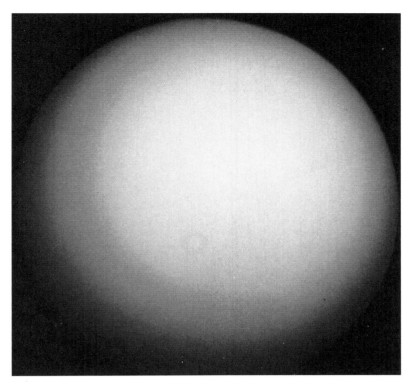

◎赫歇耳1781年发现的天王星。该图像是"旅行者"2号于1986年拍摄的。

崭新的领域提供了出发点。这一崭新领域，在后来更晚些时候，即20世纪，成为我们理解宇宙的核心。

赫歇耳的贡献

梅西耶在星云方面所做的工作，被18世纪最伟大的观测天文学家威廉·赫歇耳大大地扩展了。赫歇耳出生于德国，原本是位音乐家。在他19岁的时候，移居英国，开始学习天文学，并自己制作望远镜。到1780年，他制作的仪器在欧洲是一流的。

1781年3月，赫歇耳使用7英尺（约2.1米）的反射望远镜在空中发现了一个物体，他知道这不是一颗恒星，但有可能是一颗暗淡的彗星。然而，通过随后几个月的观察，赫歇耳确信，它是一颗行星。这是自5000年前天文学起源以来加到太阳系里的第一颗新行星。从爱国的角度出发，赫歇耳想以英格兰国王的名字命名，把它称作"乔治星"，但是其他天文学家发现这与其他行星的传统名字不一致。有的称它为"赫歇耳星"，但是

最后，人们将它命名为天王星。

赫歇耳成了名人，并获得了一笔皇家津贴，从而有能力建造更大型的望远镜，他将注意力转向了天文学的长远目标。

雄心勃勃的事业

赫歇耳的目标就是试图绘制宇宙的三维地图。当时的所有常规星图都把天空处理为二维平面，物体之间的区分只靠它们之间的角距离。赫歇耳想从地球上测量星星的径向距离和它们的分布，并提供一份带有深度感觉的宇宙图，从而确定是否存在托马斯·赖特设想的大型结构。

赫歇耳那时没有关于恒星距离的可靠数据，但是他作了基本假设：所有恒星在亮度上都或多或少相同，因此我们感知的发光度是它们距离地球远近的结果。这时赫歇耳开始数星星，成千上万颗星星把夜空分成一块一块的被他称为"gages"的小区。在整个18世

Fig.1.

◎赫歇耳亲自为这台40英尺（约12米）长的反射望远镜铸造直径
为48英寸（约122厘米）的镜面。

威廉·赫歇耳
(William Herschel，1738—1822年)

·天文学家。

·生于德国汉诺威。

·学习音乐，而后加入汉诺威警卫队乐团，成为双簧管吹奏者。

·1755年，移居英格兰，从事音乐工作。

·1766年，在巴斯定居，开始对天文学感兴趣。

·自学浇铸镜子并为自己制作反射望远镜。

·1781年，发现天王星，他为纪念国王乔治三世，将其命名为乔治星（Georgi-um Sidus）。

·1782年，被任命为格林尼治天文台台长。

·1787年，在他的妹妹卡洛琳配合下，制作大型反射望远镜，1789年发现了天王星的两颗卫星和土星的两颗卫星。

·在研究恒星宇宙的过程中，他于1782年编制了第一个双星表；1802年证明了它们相互围绕对方运动。

·1783年，记录了太阳穿越空间的运动。

·1785年，发表了《论天空的构造》（On the Construction of Heavens），揭示了银河是星星的不规则集合。

·开始系统地在天空中搜索星云和星团，发现了2500个，在1786年、1789年和1802年发表了三部星云表。

·区别不同类型的星云。

◎威廉·赫歇耳，对太阳系以外的恒星展开观测，被后人誉为"恒星天文学之父"。

纪80年代，他一直从事这项工作，并且得出结论，认为星星是以巨大且相当不规则的圆盘的形式组合在一起的。被我们看作是银河的那些集中在一起的星星是我们看到的圆盘边缘的情况，而当我们转离圆盘中心时，星星明显地变得稀疏。在这一点上，他是正确的，尽管他认为他在天空中看到的所有物体是构成一个单一系统的一部分。

深入了解空间

在1789年，赫歇耳开始使用他自己制作的最大望远镜——一个40英尺（约12米）的反射望远镜。它的威力如此之大，以至于他开始怀疑他的宇宙模型，因为不管他将望远镜转向何方，都能看到更多的星星。他开始意识到他早期的考察没有像他所希望的那样深入宇宙极限。他没有想到的是，他看到的一些物体可能是深一层、距离更远的系统的一部分。

在这些物体中，有他特别关注的星云。他能区分出一些星云是由一颗一颗星星组成的，而其他则是真正的云雾状。因为它们看起来是处于星和云之间不同的中间阶段，因此赫歇耳提出，在这里所揭示的是星星的生命周期问题。正如拉普拉斯提出的星云学说中的观点，气体烟云被认为是浓缩成星星的过程。

◎赫歇耳1799年前后使用的棱镜和反射镜。他使用它们对能见区以外的光谱进行了他第一次也是世界上第一次的实验。棱镜用来在不同的光线下观察显微镜下的物体。赫歇耳发现最大的热和光效应处于光谱的不同端，而且最大的热效应在红色以外，但超出紫色就没有效应了。

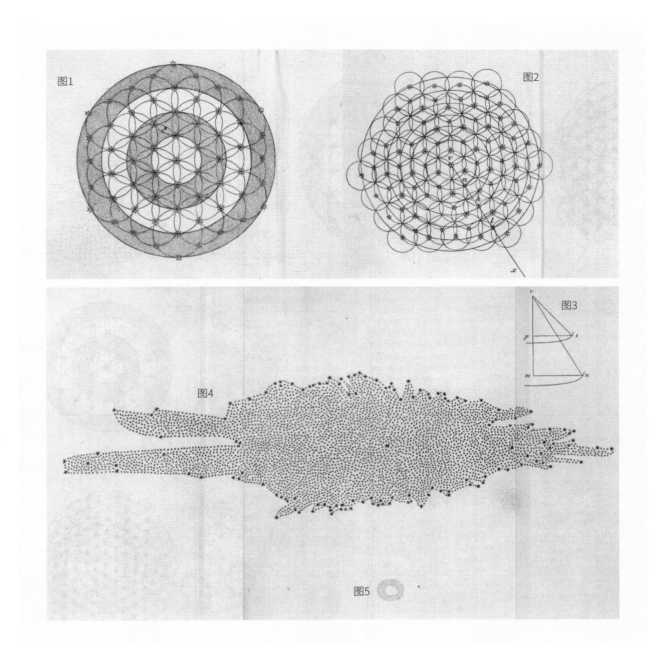

◎赫歇耳在《论天空的构造》中描绘的恒星模型。图1～图3为恒星分布模型，图4为由"恒星计数"推出的银河系图，接近中部的亮星标记太阳的位置，图5为赫歇耳所观测到的环状星云。选自1785年《英国皇家学会哲学汇刊》（*Philosophical Transactions of the Royal Society of London*）。

　　在这一点上，赫歇耳是错误的，因为他看到的云雾状物质实际上是距离我们太远，以至于无法分解的星群。它们是我们自己星系以外的，并且与我们星系相互分离的星系。然而，赫歇耳提出了有关宇宙的范围正在宇宙的最远角落发生变化的思想。与18世纪初流行的宇宙是静止的机械论观点相比，这是一次重大的转折。在某些方面，赫歇耳的思想可以被看成是对新布丰流派关于地球的自然状态正处于逐渐变化的观点的补充。尽管他受到了所处时代的限制，但威廉·赫歇耳的工作仍是现代观测宇宙学的开端。

《百科全书》：科学与哲学
SCIENCE IN THE AGE OF REASON

1751年，在法国巴黎出版了最终达到28卷的新百科全书的第一部分，这部书丰富了18世纪的理性主义精神。这一巨大工程涵盖了历史、文学、科学、艺术和哲学领域。它没有以中立者的态度对主题进行乏味的描述，而是生动形象地评估过去的思想。它的指导原则是，理性和知识将人类带入一个新时代的大门，在这个时代里，人类将摒弃过去的无知，为他们自己塑造更好的生活。在这个过程中，科学革命将发挥重要作用。科学家已经开始洞察大自然的秘密，并且将不可避免地继续进行下去，直到人类完全征服环境。对未来的乐观主义和对进步的无限性的信心来自对理性和科学的信任。这部《百科全书》（*Encyclopedie*）在它的一篇论及政治权威的文章的开头这样写道：

> 没有人从大自然那里获得统治别人的权力。自由是上天赐予的礼物，每一个种族的个体一旦获得理性，就有权利享受自由。

大自然被确认为万物的最高权威，自然通过科学来理解。是科学家——博物学家、地理学家和解剖学家才能够说出当人类脱去他们的社会特征时，他们到底是什么，因此，科学真

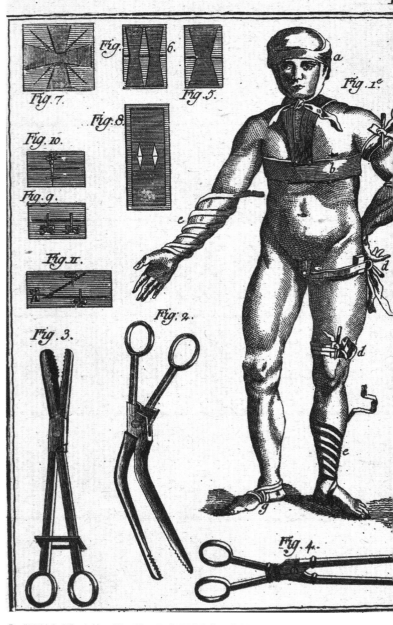

◎《百科全书》中的一页，展示医疗器械和伤口包扎。

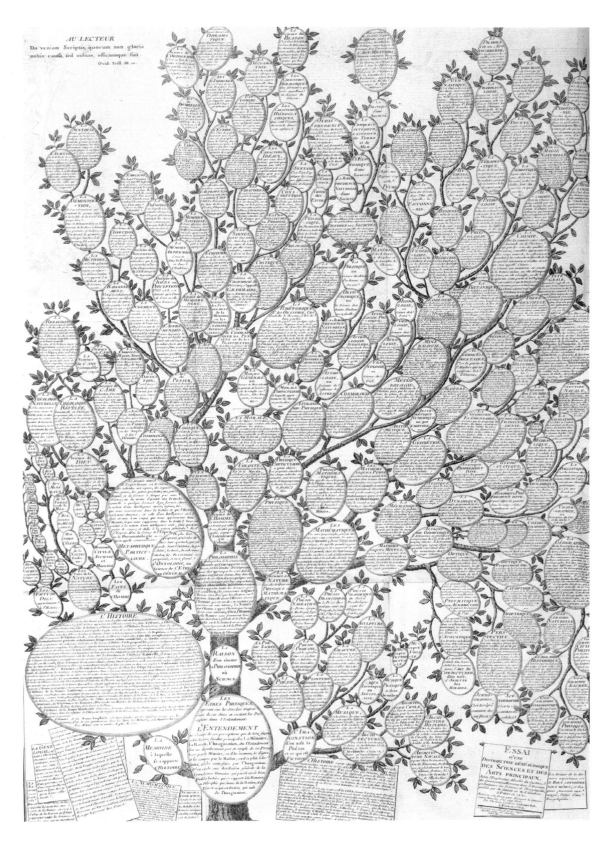

◎选自《百科全书》的知识之树。这是一幅巨大且复杂的图表的一部分。在图表中，人类知识的所有分支都是相互关联的。例如，数学引申出几何学、力学、光学和统计学等；物理学引申出天文学、地球科学和生命科学等。作者认为他们运用纯科学已接近解决所有的科学问题。

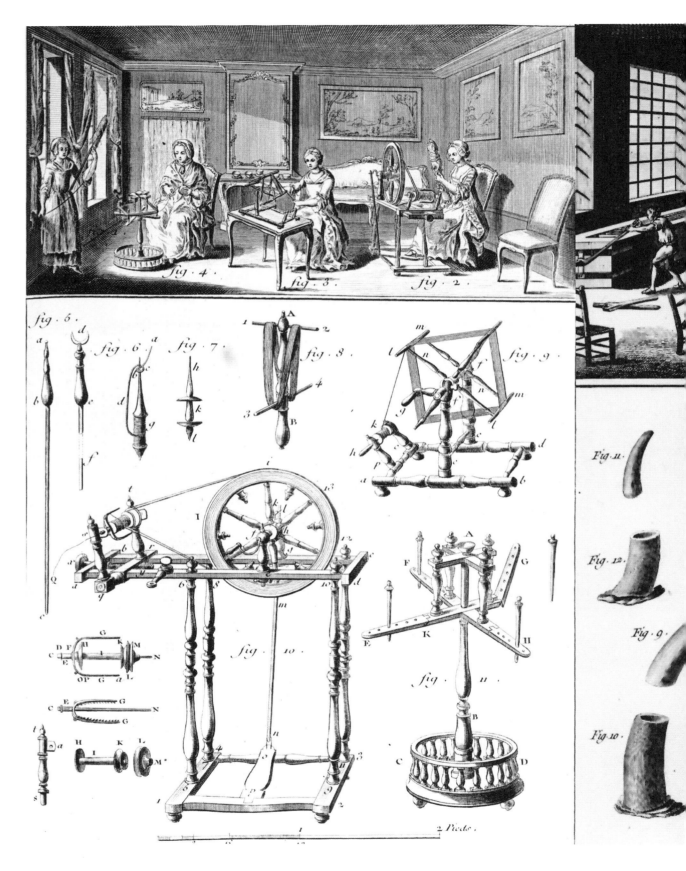

◎选自《百科全书》第三卷的手纺车图（左）和第九卷的号角加工图（右）。

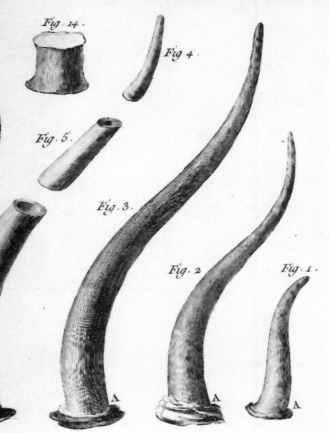

理应该支持所有的社会原则。《百科全书》是哲学作家德尼·狄德罗和数学家让－勒·龙德·达朗贝尔两位编辑构思出来的。很多文章都是狄德罗和达朗贝尔写的，其他的文章则是由当时的伟大思想家提供的，他们是：孟德斯鸠、让·雅克·卢梭、伏尔泰、霍尔巴赫和马奎斯·德·孔多塞。所有这些作者都以《百科全书》编纂者而知名。

他们有关政治、宗教、历史和哲学的批评文章在革命前的法国引发了一场抗议风暴，编辑们不得不与审查制度和逮捕威胁作斗争。一篇论述必然性的哲学文章将其论据完全建立在知识只能来源于经验和证据这一科学原理的基础上，没有提及《新旧约全书》的启示。这一类的教导被视作破坏宗教。

科学的记录

《百科全书》正在大规模地使知识民主化。它描述了物理、化学、医药、天文、地球科学和自然史方面的现代思想。除此而外，它还通过文字和一系列的图片介绍了那个时期的所有工艺和技术：玻璃制造、造船、化学药品的配制、时钟设计、武器铸造、望远镜原理、外科手术方法和领航科学。对所有这些东西和很多其他内容都作了详细的解释，使《百科全书》成为那个时代的完整的科学记录。

历史学家把《百科全书》的作者看作是在社会和理性方面为法国大革命铺平道路。他们中的一些人，例如孔多塞，活着看到大革命的到来，他预言科学将很快消除贫穷、无知和疾病。简而言之，他相信在理性和科学的指导下，人类生活将越发完美。19世纪的思想家很快意识到，科学的天赋要远比他们想象的复杂得多，且难以控制。

度量单位的合理化

SCIENCE IN THE AGE OF REASON

从古代埃及和巴比伦开始，所有文明社会都发明了测量距离、重量和体积的方法。任何测量方法都需要有一套单位，并且还需要具体体现那些单位的标准体，而且砝码或标尺可以根据这些标准体进行复

◎只要有商业贸易，就要有准确称量物品的手段。这些是公元前8世纪巴比伦时代的度量衡。有巴比伦时代砝码——羊和鸭，还有一个埃及的牛头状砝码出自第十八王朝时期的阿玛纳。

◎拉姆斯登天平。杰西·拉姆斯登是英国仪表制造人,他改进了光学
　勘测仪器和仪表。

制。在众多社会中发明的许多不同的单位有着明显的相似,这并不令人感到意外:任何人群都会需要小单位、中等单位和大单位;而且人体能提供一个基本的长度概念,如一手宽,一臂长和一人高,等等。

在中世纪的欧洲国家里,通常的度量衡的种类之多令人感到困惑。即或是在同一个国家里,都存在着长度和重量的地区差别。许多基本的商品,诸如小麦或羊毛,不是精确地称重,而是用诸如蒲式耳这种传统的容器测量,它在不同的地方,会有几个百分点的变化。要对国内体系进行合理化的改革,就需要政治意志指导,法国终于在18世纪晚期迎来了这一机遇。

◎精确的绘制需要精确的仪器。这根100节、100英尺
（约30米）长的铜和钢制成的链条（杰西·拉姆斯登制
作）在1784年夏天被用来对英国进行一级三角测量。
在它的下面是对伦敦豪恩斯洛·希思的基线测量计
划。根据这个基线，皇家工兵的威廉·罗伊将军才有可
能第一次对整个国家进行精确的测量。他所做的工作
带来了英国第一幅陆地测量地图的出现。

客观标准

革命政府急切地想使法国摆脱过去的一切腐败痕迹，包括
混乱的测量制度。对旧的测量制度持有的其他异议是，它们是
随意的，并且不合理，它们与自然界的任何客观标准都不相

关，18世纪的理性主义者对此非常不满意。倘若有政治意志的话，度量单位的合理化会成为科学在改革社会方面的一个小的但却是重要的标志。

事实上，在法国大革命前的整整一个世纪的科学时代，已经出现了一些关于测量方面的新思想。在1670年，里昂的加布里埃尔·穆顿牧师提出长度的基本单位应当与地球的圆周长直接相关：它应当是一个大圆弧的1弧分。地球的圆周长是25000英里（约40000千米）左右，这样就生成一个1.15英里（约1.85千米）的单位。穆顿又提议，这个单位应分成七个子单位，每一子单位是前一单位的1/10、1/100和1/1000，等等。这是一个非常符合逻辑的十进制制度，只因没有政治机遇，所以没有付诸实施。

在1790年晚期，法国国民大会决定根据理性的科学思想开始改革通用度量衡的工作。为此，组成了一个高级委员会，其中包括数学家拉普拉斯、化学家拉瓦锡和哲学家孔多塞。法国向英格兰发出了邀请函，请其参加该项目的合作，但是由于两国间政治上的日益敌对未能实现。翌年，委员会建议新的标准度量单位应该是子午线四分线，即从北极到赤道的地球四分线的千万分之一。这样生成的单位被称为米，它再根据十进制细分和相乘。

新规则

地球的圆周长就这样被看作是40000米，但是1米究竟有多长呢？为了确定这个数字，需要精确地测量子午线的一个弧，它覆盖从法国西部的敦刻尔克到西班牙的巴塞罗那的10度。被废黜的路易十六国王在监狱中授权了这项工作。皮埃尔·梅尚和让－巴蒂斯特·德朗布尔两位数学家在战争和革命的风云中开始了这项为期7年的工作。对他们测量的结果进行了计算，并制成了铂质米原器。法国政府终于在1799年"永久性地为所有人"颁布了新的测量制度。

与此同时，还发明了新的理性的重量和体积的量度标准。重量的基本单位——克，等于4摄氏度时1立方厘米纯净水在其密度最大时的重量。权威性的千克标准体是由铂金制成。1升被定义为各边均为10厘米的一个立方体的容积。新的量度单位在人类历史上首次被认为是合理的，并且具有自然基础。

法国政权将新的十进制量度单位传遍了整个欧洲，但是老百姓接受起来却很缓慢。的确如此，就是在法国本土，拿破仑在1812年还允许部分使用老的单位。直到1837年，十进制的测量制度才成为法国唯一的官方制度。

与其相邻的英国出于政治原因，拒绝考虑法国的方案，但是美国的许多人，包括总统托马斯·杰斐逊，赞同这一制度。最大的问题是英国仍是美国最大的贸易伙伴，如果美国采用了十进制，从商业利益考虑会导致混乱。就这样，机会错过了。又过了很长时间，在19世纪90年代，英国才采用公制度量单位，同时继续使用其传统的测量制度。国际科学界现在全部都在使用理性时代流传下来的最明显的遗产之一——公制度量单位，但是很多人依旧喜欢使用那种虽然不合理但他们已习惯的古老度量单位。

回顾：理性时代的科学

SCIENCE IN THE AGE OF REASON

18世纪是欧洲科学走向成熟的阶段，是了解主要的科学理念成为惯用语言的阶段，是真理的科学思想——来自经验并通过实验可以验证的思想，被认为从哲学的角度看是有根据的阶段。当时的两门重要的科学是天文学和自然史，它们在技术和理论方面取得了重大进展。

由于科学思想地位的提高，有关它对旧的信仰，特别是对宗教信仰的影响的问题不可避免地被提了出来。在英格兰，一般认为牛顿学说是支持宗教有关宇宙的观点的：地球和天空被看作是一个巨大的、由神创建的机构，它不停地在完全有序地运动。

当时最出色的科学形象是"太阳系仪"，它是一个能够演示行星围绕太阳运动的时钟机构式的太阳系模型。这些精致的玩具为绅士的图书馆制造，它们也成了社交娱乐的一种形式，给观众带来乐趣，使他们感到已经洞察到大自然运转中最深层的一幕。在天文学得到发展的地方，其他科学也紧随其后，揭示了生物学、医学、地球科学、化学和物理学定律。但是在对自然界中的万物是由谁"设计"的理解上，这些科学家却毫无疑问地认为宇宙是由上帝支撑着的。

在法国，如果有任何区别的话，那就是在那里对科学的未来所持的乐观主义态度依然比其他地方更强烈，但是它趋向于激发一种唯物主义，这种唯物主义发展成了彻底的无神论。

◎由伦敦约翰·马歇尔用黄铜、橡木和牛皮纸制成的早期复式显微镜（1710年前后）。

形成对照的两种观点

在《百科全书》的作者中，霍尔巴赫是最坦率直言的。在他看来，大自然是一个不需要神的智慧控制的自立机构。"神学，"霍尔巴赫写道，"只是对自然原因的无知而形成的一套体系。"神，无论是古代的，还是现代的，只是人们对自然法则无知的标签。随着科学的进步，它最终将去除宇宙的神话色彩。科学的观点为批判和推翻传统形式的思想和信仰提供了力量。英国人和法国人这两种形成对照的科学观点均显示了科学对传统信仰体制的影响。

在生命科学方面，最大的未决问题是物种固定论。

◎1740年前后，由托马斯·赖特为"女士和先生们，而不是为贵族或王子"制作的太阳系仪。它属于斯蒂芬·德曼布雷，他是一位自然科学讲师。该太阳系仪包括有太阳、地球、月球、水星和金星。地球能够沿着其自身的轴直接转动，而把手是用来演示年自转。外环上有历法、黄道带标志和罗盘点。

又是布丰学派的法国博物学家
更进一步地驳斥了有关"所有
物种都是一下子被创立出来"
的片面学说，用大自然经历了
长期的变化过程这一强有力的
观点取代了它。

　　研究地球本身构造的科学
家得出了同样的结论：地球
上的山、河流和湖泊肯定是
经过无数个千年形成的。至
于这些变化具体是如何发生
的，布丰等人只能推测，但是
他们感到地球存在的时间范围
远比《旧约全书》提出的几千
年时间要长得多。这样，科学
就为人们提出了一个对世界的
全新看法。

　　最难处理的问题依然存在
于物质科学：物理学和化学。
是什么东西将物质结合在一
起，它是如何分解和改变性质
的？它是否含有诸如燃素或电
这种神秘的成分？如果含有的
话，它们又是如何被分离出来
的？尽管生命或宇宙空间的神
秘多于魅力，物质科学已经在
很大程度上抵御了对理性时代
的所有攻击。但是到了18世
纪末，出现了显著的新开端标
志。古典物理学和化学的确立
在其成为当时的重要科学前期
待着一个新生代的到来。

◎它可能看起来像炼金术士的家，但实际上是实验室的一个模型。在这间实验室里，弗雷德里克·克龙斯泰特在1751年发现了镍。这是当时的冶金化学家通常使用的实验室类型。

◎1790年时的詹姆斯·瓦特工作室。

◎美国印刷工、哲学家和科学家本杰明·富兰克林。这是1886年在苏格兰爱丁堡展出的道尔顿公司制作的一系列贴砖中的一块。

◎1800年伏打写给伦敦皇家学会约瑟夫·班克斯爵士的信件，详细叙述了第一块实用电池的情况。它的每一套圆板能发出刚刚超过1伏特的电。

◎格林尼治天文台的八角形房间。

PHYSICAL SCIENCE IN THE NINETEENTH CENTURY

19世纪的自然科学

引言：机器时代
PHYSICAL SCIENCE IN THE NINETEENTH CENTURY

几个世纪以来，关于物质的科学——关于物质呈现于世人面前的形式和决定物质表现形式的力一直困扰着所有的自然科学家。正是在19世纪，科学才进步到开始系统地回答这些问题，并且形成了物理和化学的某些基础定律。这些科学的发展不仅是纯理论的层面，而是以实验为基础，尤其是在对机器研究的基础上发展起来

的。通过这种方式取得的理论知识又被用来指导改进机器，科学和技术开始携手并进。科学和技术的结合使社会发生革命性的进步，并重塑了人们的生活方式。机器成了人们赖以理解自然力和联想出科学定律的模型。人们又进而利用这些定律设计更为精良的机器。从这种意义上说，19世纪是"机器时代"，不仅仅是因为在这个世纪里发明了许多新的机器，而且还因为机器影响了人们认识世界的方式。

知识和力量

在莎士比亚时代的英格兰，弗朗西斯·培根宣称知识就是力量。他还预见到一个由科学知识——由人类控制自然力改造成的社会。在那个时代，作出这种预言的基础微乎其微，要经过许多代人之后才会实现。伽利略、牛顿、笛卡儿、布丰、拉普拉斯和其他许多人开辟了很多新的知识领域，这是培根做梦都想象不到的，而所有这些都发生在与过去一样的社会物质条件下。

1780—1830年，工业革命通过技术的帮助，将科学转化成了社会进步的动力。机器改变了亿万人的生活，它使科学成为能看得见的东西，证明了科学原理的真实性，证明了这个世界是按照人类能够发现并驾驭的定律和机理运行的。1860年，英国历史学家洛德·麦考利就

◎19世纪末期柏林的一台发电机。电力为20世纪的工业和社会生活奠定了坚实的基础。

◎人们探索科学的方式在机器时代发生了巨大的变化。机器的发明，诸如这台发动机的发明，改变了制造业，提供了似乎无穷无尽的动力，这种方式在以前是难以想象的。

为科学写下了著名的赞美词，但实际上它描述的是技术。他这样写道：

> 是机器给武士装备了新的武器……跨过了巨川和港湾……将夜空照耀得如同白昼……使人类的臂力数倍地陡增……使运动如乘风御空般地加速向前，使天涯海角转瞬即至……使人们能潜入海底深渊，呼啸而升天。

工业革命是从蒸汽机开始的，但是后来，电动力和化学工业又带来第二次工业革命。技术发明的进程呈现永无休止的态势，而且实际上，确实是不可能休止的。它创造了一种不断变化、发展和完善的文化，塑造了我们的全部生活。这种文化绝对是以机械和电气技术为基础，即以物理学定律和物质科学为基础的。

◎1850年前后的一座煤气工厂。用煤气照明早在18世纪90年代就使用了。它在工业革命中发挥了中坚作用，使工厂能够通宵达旦地工作。

热和能

PHYSICAL SCIENCE IN THE NINETEENTH CENTURY

◎萨迪·卡诺，法国
工程师。他奠定了
热力学的基础。

经典物理学的基础始于这样一道问题：蒸汽机工作时真正发生着什么？用托马斯·萨弗里文雅的话来说，就是："通过火为介质，水是如何被提升起来的？"19世纪初期的几位思想家由这一问题激发起兴趣。他们意识到蒸汽机的这道问题在于热的作用。18世纪80年代，苏格兰科学家约瑟夫·布莱克就已经指出了热和温度之间的实质区别。

布莱克的实验表明，使温度产生一定的变化所需要的热对不同的物体来说是不一样的，因此，不同的物质有不同的"比热"，热必然能够和物质相互作用而产生不同效果。也许，像布莱克和他的许多同代人认为的那样，热是以一种潜在流体的形式包含在物质中，他们将之命名为"卡路里"（Caloric）。

法国工程师萨迪·卡诺将热作为物理学的一项原理，进行了最具深远意义的研究。他在1821年公开出版了一本薄薄的小书，书名叫《火在动力上的反映》（*Reflections on the Motive Power of Fire*）。

卡诺伟大的洞察力在于他发现在蒸汽机中真正发生的现象是热从热源移动到蒸汽机的部件上去。热产生蒸汽，蒸汽在压力下进入汽缸，并推动活塞运动，从而做功。蒸汽机由热转移做机械功，因而可以将热视为动力的当量。

但是，动力的运行也会对发动机和动物体产生热量。因此，卡诺争辩说，热和功之间的互相转变在一个封闭的系统中理论上是可逆的。热，既不会增加，也不会消亡，而是保持为常数，以不同的形式在这个系统中运动。这一理论对卡诺说来是容易得出的，因为他错误地相信了一种陈旧的观念，即热是"卡路里"，是一种真实的物理存在的物质。

热

卡诺推论道，哪里存在温差，哪里就存在产生动力的可能性。他用比较陈旧的水力技术进行了一项模拟。水下落的力推动水轮。水头和其原高度之间的落差越大，势能就越大。对热来说，温差越大，产生的动力就越大。高压蒸汽机比低压蒸汽机的动力要大。

卡诺观察到，热是自然界中的重要动力之一。众所周知，强大风力和洋流是由空气或者水从较高温度向较低温度的地方流动造成的。卡诺的工作为原来的热力学基础。遗憾的是他英年早逝，未能看到他的学说的成果。

◎詹姆斯·焦耳。他用公式阐明了热的机械当量的原理。此图像是由约翰·科利尔（John Collier）在1882年绘制的。

詹姆斯·焦耳
(James Joule，1818—1889年)

· 自然哲学家。

· 生于英格兰索尔福德。

· 先受教于家庭教师，后专攻化学。

· 1840年，发现焦耳效应——电流在导线中产生的热与电阻成正比，与电流的平方成正比。

· 1843—1878年，通过实验表明，热是能量的一种形式，是由应用的能的数量决定的。

· 1853—1862年，与开尔文勋爵（威廉·汤姆森）一起测量了气体温度的变化，即"多孔塞"实验——表明当气体膨胀而对外部并不做功时，其温度会降低。这就是所谓的焦耳－汤姆森效应。

· 制定了温度的绝对刻度。

· 最先描述了磁致伸缩——铁磁性物质放入磁场中其尺寸发生变化的现象。

· 以其名字命名的功和能量的标准国际单位——焦耳。

广泛的应用

后来，詹姆斯·焦耳在英格兰采用了与卡诺类似的方法。焦耳设计了一系列实验，试图精确地测量执行简单的机械任务，比如转动一个小轮子，需要多少功。反过来，他还测量了在此过程中有多少热产生出来。焦耳发现，热和功之间总是相当的。焦耳还研究了热的单位——将1磅水（1磅≈0.45千克）的温度提高1华氏度（1华氏度≈0.56摄氏度）所需要的热，功的单位——将1磅的重物提高1英尺（1英尺≈0.30米）所需要的功。在长期的实验之后，他发现，"热的机械当量是838英尺·磅（115.86千克·米）"。这意味着，如果用手转动一台小型绞车，将1磅重的水提高838英尺，或者是将838磅水提高1英尺，那么，产生的热将把1磅水的温度提高1华氏度（译注：后测定为772英尺·磅，即106.75千克·米）。

但是，焦耳的研究并没有就此停止。焦耳还在化学和电气反应中发现了同样的当量。如果将锌投入浓酸中，它会很快地溶解并释放出热。但是，如果把锌制成电池中的元件，它将以一种可以控制的方式来加热一条导线。如果用电流来驱动一个小型电动马达，那么，导线中产生出来的热就会少些。在所有情况下，热量的变化均与所做的功成正比。焦耳将这种功称为"原动力"。原动力表明："在原动力明显消失的地方会有与之确切相当的热被恢复起来。反之亦然。也就是说，如果没有原动力产生出来，就不会有任何的热量丧失或者被吸收……在这些转换中，没有任何东西会永久消失。" 焦耳精心的实验是以卡诺的工作为基础的，奠定了准确描述热力学定律的基础。被科学界广泛使用的能量基本单位——焦耳，就是用他的名字命名的。

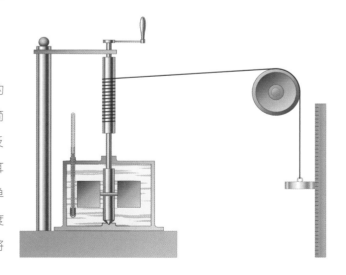

◎焦耳测量热的机械当量的仪器。绞车连接一个重物。转动绞车时，桨轮搅动容器中的水，这一过程中所产生的热用一支温度计测量。

热力学

PHYSICAL SCIENCE IN THE NINETEENTH CENTURY

　　对热动力——热力学的所有重要研究主要是由一群德国科学家率先进行的，但是，英国人威廉·汤姆森，即后来的开尔文勋爵发挥了领导作用。1850 年，开尔文和德国物理学家鲁道夫·克劳修斯单独研究并明确地表达了热力学的一些定律。卡诺和焦耳表示了后来成为所谓的第一定律的内容——封闭系统中的热是永恒的。在其著作《论热动力》（*On the Motive Force of Heat*，1850年出版）中，克劳修斯表达了第二定律——热不会自发地从一个较冷的物体流向较热的物体，而总是从较热的物体流向较冷的物体。但是，只有通过外部做功的干预，热才会从较冷的物体流向较热的物体。这就是冰箱赖以工作的原理。

　　开尔文还由于下面的发现而闻名于世，即达到某一点时，就不可能再从一个物体移走更多的热量，因为要这样做就必须通过创造更低的温度即提供一个温差，而这是不可能的。在开尔文刻度表上的绝对零度是–273摄氏度（相当于–459华氏度）。这是开尔文从理论上推论出来的，而不是实验得出的。从一个物体上无限地抽取热量是不可能的，这就是热力学第三定律。

鲁道夫·克劳修斯
(Rudolf Clausius，1822—1888年)

· 物理学家。

· 生于德国科斯林。

· 先入柏林大学学历史，后改学科学。

· 1850 年开始，在柏林皇家艺术和工程学院教授物理学；1855 年到苏黎世，1867 年在乌兹别克，1869 年在波恩继续教学工作。1850 年，与开尔文勋爵同时发现热力学第二定律——热不能从一个较冷的物体传到较热的物体。

· 1858年，引出平均自由通道和有效半径的概念。

· 研究光学和电。

· 1865年，采用熵这个词来描述损耗等于熵的增加。

· 1869年，在波恩担任自然科学教授。

· 在其他领域，他研究了电解，并计算了气体分子的平均速度。

· 在将热力学定为一门科学方面，他是一位有重大影响的人物。

◎鲁道夫·克劳修斯。

普遍规律

克劳修斯做了进一步的研究，并通过引用"熵"这一重要概念而扩大了第二定律。熵的意思是减少了热做功的可用性。任何机械或系统都将慢慢地用完可用的热。尽管热是不会消失的，但是，它会慢慢地损耗或损失，只有用更多的功才能恢复，这就要求输入更多的热。热力学第二定律是宇宙的基本规律之一。它以科学的方式表达了我们都知道的现象：事物将自然地减慢、减弱、熄灭，并且消亡，除非它被更新，而且即使更新，也会如此。

这似乎与第一定律互相矛盾，人们会争辩说，卡诺已经指出：在任何理想系统中，热循环都是可逆的。可逆性原理是对的，但只是在理论上是正确的。实际上，部分热总是在以一种不可逆的方式损耗。举一个简单的例子，燃气燃烧推动汽车。燃烧做功，但是在这一过程中，发动机、减速器和轮胎会变热，这种热就是损耗。行程结束时，这种热仍然存在于自然界中，但是，人们不可能再直接地获得它，再让它去做功。因此，这两条定律实际上并不矛盾。

力学和热力学的基本区别在于，按照力学原理，系统中的所有能量都可以用来做功，而按照热力学原理，只有一部分热是可以这样应用的。工程师的目标一向是使所有系统尽可能有效，即利用尽可能多的能量而不浪费它。然而，熵的规律解释了永动机的想法是不可能的：任何系统都不能永远维持下去，必须从外界汲取能量，或者停止发挥功能。

能量守恒

开尔文、克劳修斯和另一位德国科学家赫尔曼·冯·赫尔姆霍茨在开发"能量"这个术语的过程中综合了能量守恒的思想，它不仅替代了"卡路里"这一陈旧观念，而且统一了关于物理过程、机械、化学和电气过程，就像焦耳所表示的那样。具体地说，赫尔姆霍茨采用"能量守恒"这个短语作为所有各种物理过程之间的联系。但是，当熵应用于宇宙这个整体时，克劳修斯和赫尔姆霍茨看到了能量守恒定律的深奥含义：当宇宙这个系统中任何地方都没有更多的能量可资利用时，由于"热寂"，世界终将结束。"宇宙中的能量是一个常数，"克劳修斯写道，"但是，宇宙的熵总是趋于最大。"换言之，整个宇宙可以被视之为一台热力机，在这台热力机中，所有能量的总和在反反复复的转换中保持为常数。任何形式的物理活动都可以转换成别的形式的活动——热、功、化学反应、辐射、电。

赫尔姆霍茨还是一位生物学家，他将同样的模型应用于动物物理学，表明肌肉的活动包含了糖的氧化，产生能量。按照对光合作用当时的理解，显然，植物的生长也是太阳能再循环的一种方式。

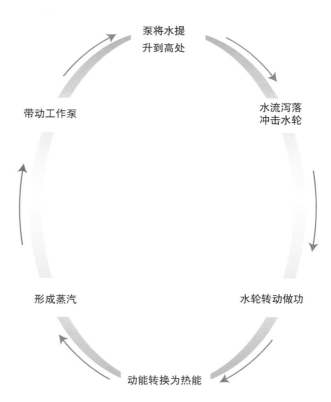

泵将水提升到高处

水流泻落冲击水轮

带动工作泵

水轮转动做功

形成蒸汽

动能转换为热能

◎热力循环过程：热转换成功，功可以储存起来，也可以重新转变成热。理论上讲，这种循环可以永远继续下去。实际上，部分热将会在装置和环境中损失，所以这种循环一定会终止。

◎ 赫尔曼·冯·赫尔姆霍茨。

宇宙科学

赫尔姆霍茨和他的同时代人尚缺少一些重要的"拼图"，因为他们尚不知道力在原子层面上是如何工作的，他们也尚不知晓太阳和星球中的能量的真实性质，尽管他们猜想这在宇宙体系中发挥着中心的作用。然而，赫尔姆霍茨构建了将热力学纳入引人入胜的科学解释模型。他说，让我们想象一下，所有物质都分裂成它们的基本粒子（不管它们是什么），那么，所有可能的变化，所有的自然形式，都可以还原成那些粒子在空间的重新排列。因而，科学研究的整个范围必须集中在引起这些变化的力上，集中在识别和度量它们的能量上面，并且将它们纳入一个统一的体系中。在这一争论中，经典物理学，也是整个宇宙的基本科学。

对原子的想象

在赫尔姆霍茨和克劳修斯后面的一代人当中，有两位伟大的科学家。他们是奥地利人路德维希·波尔兹曼和美国的乔赛亚·吉布斯。他们将原子理论引入热力学的讨论中。他们认为，热和熵可能是从大量原子的活动中产生的。这样，热是由原子的运动而产生，这些运动的结果可以用数学进行分析。他们建立了气体被加热或者被冷却时这些气体中的原子运动形式的公式：它们是如何吸收即储存能量的。这一工作在以后的原子理论中显得越发重要。但是这个时代的科学家们尚不知道真正的原子是什么：它是一种工作假设，不是一种物理实体。所以，这一领域开辟了称为统计热力学的新领域，因为它用数学概率法而不是物理模型来研究问题。

能量守恒定律开辟了无限广阔的新视野，宇宙中的物理和生命领域可以被视为结合在一起的一套体系，这套庞大的体系非常复杂且又互相依存。牛顿的引力理论似乎解释了宇宙宏观结构的某些基本规律，现在热力学似乎揭示了关于宇宙的深层运动方式的同样深奥的规律。热已经成为动态的力，而"卡路里"则是一种静态的物质。关于机器的重要性，在19世纪的观点中，下面的表述可算是最重要的了，即整个宇宙可以被视为一台按照物理定律发挥功能的机器。

威廉·汤姆森（开尔文勋爵）
(William Thomson，Lord Kelvin，1824—1907年)

· 数学家和物理学家。

· 生于北爱尔兰贝尔法斯特。

· 1832 年，全家迁到格拉斯哥。

· 16岁时到彼得豪斯，就读剑桥大学；毕业后去巴黎深造。

· 1842年，发表一篇论文，介绍如何解决静电问题。

· 1846—1899 年，在格拉斯哥担任数学和自然哲学教授；又对物理学发生兴趣，将纯科学和应用科学结合在一起。

· 1848年，帮助开发出绝对温度表——现在以开氏度表示的温度表。

· 1850年，与鲁道夫·克劳修斯同一时间发现热力学第二定律。

· 专攻水力学领域，尤其是波浪和旋涡的运动，1857—1858年被指定为在海床上铺设穿越大西洋电缆的首席顾问。

· 研究地磁学；发明了许多电气仪器；改进了舰船的罗盘。

· 发明了加速电报传输的镜像电流表，这使他成了富翁。

· 他的许多发明是由他自己的公司开尔文·惠特公司发明的。

· 1892年，被封为开尔文勋爵。

◎开尔文勋爵和赫尔姆霍茨一起发展了关于能量、熵和热力学的术语。这是他和他的罗盘——一个在原有罗盘基础上改进的罗盘，罗盘装在和磁性球体相配合的罗经柜中。

◎蒸汽机的发展推动了物理学家对热力学的理解。

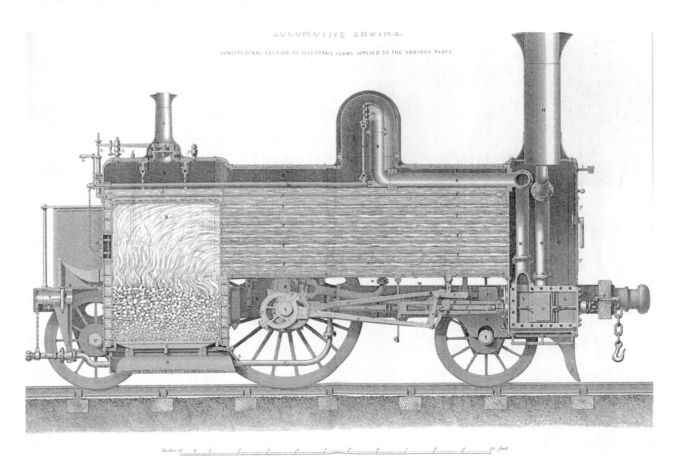

电和磁

PHYSICAL SCIENCE IN THE NINETEENTH CENTURY

◎欧姆。

经典物理学初具规模的另一领域是对电的研究。这一研究的重要性在于证明了物质世界不是只由物质构成，而是由物质和力构成的。的确，物质并非不活泼的，而显然是与力联系在一起，人们已经能够开始释放并掌握其威力。

19世纪20年代，德国科学家格奥尔格·欧姆开始研究电流通过一条金属线在物理上会发生什么现象。他用不同材料、不同粗细和不同长度的导线进行实验，用库仑的扭矩天平来度量电流的强度。他的实验表明，电线越粗，从任何给定电池流出来的电流就越弱。并且，他发现了"电阻"。他假定电是在导线内部的粒子流，这种流动是由电的回路两端的"位势差"造成的。后来这个词叫作"电动势"，因为它能做功——事实上它和热力学研究的新发现一样，确实是能量的一种形式。欧姆的名字变成了电阻的单位。电阻是导体对电流通过的阻碍作用。

同样看不见的力

与欧姆同时，丹麦科学家汉斯·克里斯蒂安·奥斯特在讲课时意外地发现了电和磁之间的密切关系。他发现带有电流的电线会使附近罗盘的指针偏转。奥斯特立即得出结论说，电和磁是两种同样看不见的自然力。他的发现引起科学界极大的兴奋和激动。他的实验也被一遍又一遍地重复着。

在这一领域最系统的工作是由安德烈-玛利·安培在19世纪20年代在巴黎通过一系列实验进行的。安培证明，如果电线与磁针平行，电流可使磁针偏转；如果它们成直角，则磁针不发生偏转。而且，磁针偏转的方向取决于电流的方向。而后，他又证明，电线本身也会像磁体一样：两根平行的电线的电流方向相同时，两根电线则互相吸引；电流方向相反时，两根电线则互相排

斥。最后，他演示了一个螺线管电线带电时就像一个磁体，磁力随着电流的增强而变大，这就是电磁。在几年之内，美国物理学家约瑟夫·亨利建造了一个电磁体，能够提升1吨的重物。电对磁针的偏转导致第一台电流表的问世。这种表是由安培发明的，但冠以加尔瓦尼的名字，它通过电流使磁针偏转的量来测量电流的强度。

安培从他的实验中得出结论，磁是一种物体，电流永远在其中流动，而其他物体则只能暂时带电。"磁仅仅是电流的一种永久的集中"，他计算后得出结论，电磁效应遵从反平方定律，就像牛顿的引力定律一样：引力和磁均与它们吸引的对象之间的距离成反比。安培的名字保留在电流强度的基本度量单位安培中。

◎奥斯特。

◎1828年的奥斯特针。

Overſigt

over

det Kongelige Danſke Videnſkabernes Selſkabs

Forhandlinger

fra Mai 1820 til Mai 1821.

———————

Af

Profeſſor *H. C. Örſted,*

Ridder af Dannebrogen, Selſkabets Secretair.

————————————

I ſidſte Forſamlingsaar har Selſkabet optaget:

Til indenlandſke Medlemmer:

Herr Profeſſor og Ridder *Rahbek,* for den hiſtoriſke Claſſe.
Herr Juſtitsraad og Profeſſor *Werlauff,* for ſamme Claſſe.
Herr Profeſſor *Reinhardt,* for den phyſiſke Claſſe.

Til udenlandſke Medlemmer:

Herr Profeſſor *Henrik Steffens,* for den philoſophiſke Claſſe.
Sir *Humphry Davy,* Præſident for det Kongelige Viden-
ſkabernes Selſkab i London, for den phyſiſke Claſſe.
Herr Kammerherre v. *Buch* i Berlin, for den ſamme Claſſe.
Herr Hofraad, Profeſſor og Ridder *Gauss* i Göttingen, for
den mathematiſke Claſſe.

◎奥斯特用一种仪器发现了电和磁之间的联系：当电流在罗盘针周围流过时，罗盘的指针偏转。这是公布他的发现的那篇论文。

戴维的贡献

在他们当中，欧姆、奥斯特和安培将电的研究提升到一个崭新的水平，远远高于18世纪典型的空谈理论。同先前的学者们曾经使用的静电相比较，从电池得到的电流更加容易进行实验。对电的功能更深入的研究是由汉弗莱·戴维爵士开辟的，他用实验证明电流能够产生化学效应。戴维使用一块电池率先分离出钠和钾，这两种元素非常活跃，在自然界中不能以单纯的形式存在。显然，电是一种力，它与化学、热力学和引力定律有一定的联系，但是它的性质还远远未被人类理解。其他的力，像引力和空气压力是一直存在的。自然界显然能够在不同的物质、不同的条件下将它接通或者关闭，但是科学家如何解释这种神奇的力呢？

◎安培。

 # 电：法拉第、麦克斯韦与赫兹

PHYSICAL SCIENCE IN THE NINETEENTH CENTURY

19世纪20年代和30年代，人们不断的实验揭示了电力更深层的含义。在这一领域居于领先地位的人物是迈克尔·法拉第。他的一生孜孜不倦地揭示科学知识是如何超越社会障碍的。法拉第出身低微，实际上没有接受过任何正规教育，年轻时在伦敦的皇家学会成为汉弗莱·戴维爵士的助手。皇家学会是从事研究和公开教授科学课程的中心。在那里他继而成为主要的实验员和讲师。当时物理学仍然处于发轫阶段，没有教科书可学，没有任何定律可供掌握，而法拉第本人在短短几年之内就跻身于科学前沿。他是一位天生的科学家，他对自然力如何工作和实验应当如何设计具有与生俱来的直觉。他的一个弱点是他缺乏数学素养，这使他无法分析和定量他的实验结果，于是只好留给他人来完成。

◎法拉第在他的化学－物理实验室中工作。

迈克尔·法拉第
(Michael Faraday，1791—1867 年)

·化学家、物理学家和经典场理论创始人。

·生于英格兰纽因顿。

·先给一位书籍装订工人当学徒，读了他所装订的书籍，产生了对科学的兴趣。

·1813 年，成为汉弗莱·戴维去欧洲旅行的助手。

·1827 年，在皇家研究院当选为化学教授。

·1827 年，出版了《化学运算》（*Chemical Manipulation*）一书。

·1839—1855 年，在《哲学学报》（*Philosophical Transactions*）上发表了一系列称为《论电的实验研究》（*Experimental Researches on Electricity*）的文章。

·1845 年，描述了法拉第效应。

·1862 年，成为领港协会（负责英国海岸安全的机构）的顾问，并提出在灯塔中使用电灯的建议。

◎法拉第在19世纪20年代制造的一个早期的电磁体。

◎1852年12月27日，法拉第在皇家研究院讲授电学，大英帝国的阿尔伯特王子和维多利亚女王的丈夫出席听讲。

电作为一种动力源

法拉第第一个至关重要的实验是电解。在汉弗莱·戴维工作的基础上，他揭示出：当电流流过含有化学盐的溶液时，盐就分解成组成它们的元素。一个例子是硫酸铜溶液，其中的铜和硫被分解出来，或者水能够被还原成它的组分氢和氧。分解的量与通电的时间和强度成正比，通电5分钟分解的量正好是10分钟电流分解量的一半。

这个实验的意义是，电荷是物质的组成部分，与物质组成的方式有关，新电荷的到来解除了原来的结合。现在我们知道，这发生在原子层，但是，在法拉第时代还没有出现相应的化学术语，这些电解实验对物质科学具有深远的意义。但是，从他的演示中可以看出，电的更为明显的含义是：电是一种潜在的动力源。

机械能

1821年，法拉第设计了一台仪器。在这台仪器中，靠近一个磁体悬挂着一根铜棒，当电流从铜棒中通过时，铜棒围绕磁

体旋转。法拉第的这台仪器在其对称的镜像位置上还有同样的铜棒和磁体。但是，这根铜棒是固定的，而磁体是自由的，在这一边就是磁体旋转了。这个历史性的实验表明，电能可以转换成机械能。这就是电动机的基本原理。法拉第随后又建造了另一台仪器。在这台仪器中，磁体穿过一个线圈运动。当磁体移动时，就在线圈中引起电流。反过来，这种现象也能成立：铜盘在一块马蹄形磁体的两极中旋转就产生出电流，这就是发电机的基础。

法拉第自问，这些效应是如何产生的？电磁力是如何穿越真空发挥作用的？法拉第想象出了电场的想法：电场建立了磁力线。这些线能够用简单的方法跟踪显示出来，即将铁屑放在纸片上，纸片放在电荷附近，就可以看到磁力线的形式。法拉第推断，不管物质元素的粒子是什么，电靠改变物质元素粒子间的相互关系而发挥作用。这很接近于现代的理解，电是电子流的突变。

数学结构

法拉第未能对其工作给出最终的理论成果或者数学表达式，这项成就落在了詹姆斯·克莱克·麦克斯韦身上。他向世人表示，法拉第实验中的力存在一个严格的数学结构。麦克斯韦建立了一个机械模型来表示电力和磁力在空间是如何再生的。他接受了法拉第关于电场的概念，并表明了它们的强度和图形。他的中心结论是这些场是由高速波组成。当他计算这些波的特性时，他惊讶地发现它们基本上是和光波一样的，并以光波同样的速度传播。麦克斯韦发现了"电磁辐射"，而光正是电磁辐射的一种形式。他预测，具有不同波长的其他的力将会构成一个谱。

正确的波长

早在1800年，德国出生的英国天文学家威廉·赫歇耳就发现，在研究阳光光谱时，在光谱的红端以外，

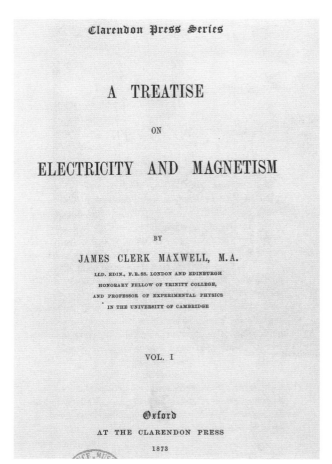

◎上图：1873年麦克斯韦讨论电与磁的论文的标题页。
◎下图：在电磁场中的麦克斯韦的磁力线图。

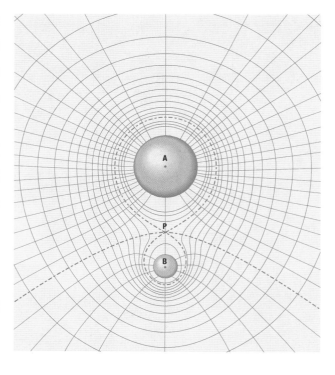

海因里希·赫兹

(Heinrich Hertz，1857—1894年)

· 物理学家。

· 生于德国汉堡。

· 就读于约翰尼姆大学预科，后去柏林学习。

· 成为赫尔曼·冯·赫尔姆霍茨的助手。

· 1885年，被任命为卡尔斯鲁厄大学物理学教授。

· 1889年，转往波恩大学。

· 1887年，发现"赫兹波"（无线电波）。

· 主要研究是在理论热力学领域，尤其是电波方面。

· 无线电频率的标准国际单位以其名字命名，并规定为每秒钟完整的周期数。

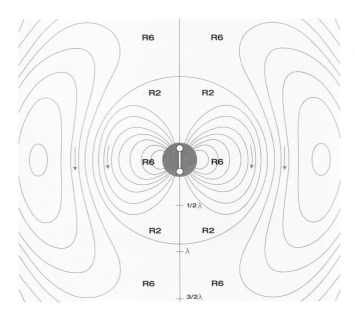

◎赫兹的无线电波图，1892年发表在《电力的传播》（*Ausbreitung der Elektrischen Kraft*）一文中。

◎麦克斯韦首先认识到电场的表现是和光完全一样的高速波。科学家后来确认了电磁辐射谱的存在，在这个谱中，可见光只不过是一小部分。

即在可见光的极限范围以外的热是可以准确度量出来的。赫歇耳猜想，这是由于某些形式的阳光辐射造成的，是人类眼睛所看不见的。的确，后来人类发现这是红外辐射。1868年瑞典科学家安德斯·昂斯特伦绘制了第一张太阳光谱，提出了估算不同形式波长的方法，单位是千万分之一毫米，后来称之为昂斯特伦，这是科学上使用的最小的度量单位。

为了寻求对于麦克斯韦模型的实验证明，海因里希·赫兹于19世纪80年代在德国的卡尔斯鲁厄市的一所实验室里成功地生成了电磁波。赫兹从一个开式电路发出电流，这种电流能够用一个开式线路为手段跨过空间探测到。他用一些镜子将穿过一个棱柱的波折射出去，就像这些光被弯曲了一样。他估算了这些波的长度。从他的试验结果，我们现在知道，这些是无线电波，像光一样运动，但它们在可见光谱以外。电磁谱的发现是自然力统一体中的另一个新发现，但是它的含义比热力学更令人费解。

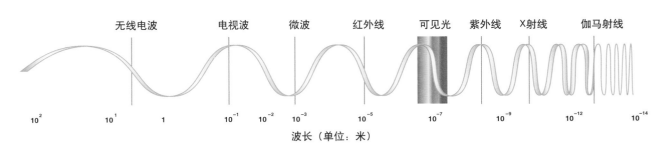

波长（单位：米）

以太的问题

PHYSICAL SCIENCE IN THE NINETEENTH CENTURY

由电磁辐射的发现提出了一系列问题，其中最难以解释的问题就是这些力穿过空间运动的方式是什么。牛顿支持的经典理论认为，光是粒子流，但是克里斯蒂安·惠更斯不同意这种看法。他提议光应当被理解为一系列波。在19世纪初叶，诸如英格兰的托马斯·扬和法国的奥古斯丁·弗雷内尔等科学家持后面这种观点，并发展了光的波动理论，使之广泛地为人们所接受。麦克斯韦将光波的思想扩展到电磁谱的其他部分，并想象这些力就像波一样穿过空间波动。

但问题是：波在什么里面运动？水中的波是人们熟悉的。现在，一般人都知道声音在空气中以波的形式运动。如果光和电也是波，它们必定是某种介质中的波。这种介质不会是空气，因为太阳发出的光穿过没有空气的空间运动。很容易证明，光和磁都不受真空的影响。那么，是什么介质参与其中呢？

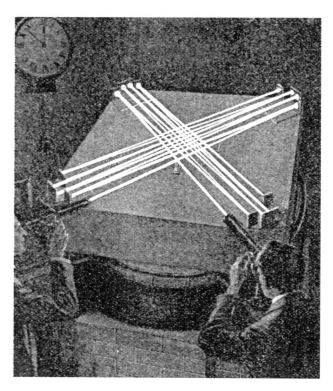

◎迈克耳孙–莫利仪器，它试图通过以太探测地球的运动，结果失败了。

探测以太

也许答案就在有关以太的古老学说中。人们认为以太是充满宇宙的一种神秘的看不见的物质，牛顿就接受这种看法，这一概念也是笛卡儿的涡旋概念的基础。如果以太确实存在，那么，它必定具有非同寻常的性质：它必定是非常柔韧而具有弹性，光和辐射能够以难以想象的高速度穿过它；它必定又是非常微弱，以至于像星球那样的物理实体能够穿过它打旋而不受影响。而且，以太完全是用任何物理实验都不可探测的，即使在实验室创造的真空环境中它显然也继续存在。在当时，居于领先地位的科学家——开尔文、麦克斯韦、赫尔姆霍茨和其他人都认为所有的力都是运动着的基本物质。他们继续持有这样的概念，即以太是一种看不见的海，地球就漂浮其中。以太的品质是如此难以捉摸而矛盾，令一些科学家怀疑它是否确实存在。

美国的两位物理学家阿尔伯特·亚伯拉罕·迈克耳孙

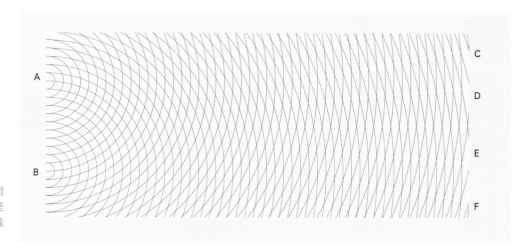

◎双光源发出的光波互相掺和。科学家问道，是什么介质作为它们的载体——是以太吗？

◎迈克耳孙于1882年在俄亥俄州克利夫兰担任物理学教授之后开始试验以太的真实性。在那里他和化学教授爱德华·莫利一起证明以太并不存在。迈克耳孙的工作使他于1907年成为获得诺贝尔奖的第一位美国人。这是他1928年的一张照片。

和爱德华·威廉斯·莫利试图解决这个问题。他们于19世纪80年代在克利夫兰精心准备了一项实验。迈克耳孙和莫利猜想，如果光的确是在穿过一种介质运动着，那么，当光的运动和地球在其轨道中运动的方向一致时和当它运动的方向与地球运动的方向成直角时相比较，应当能够探测到光在其速度上的某些不同。穿过以太的地球轨道速度——60000英里/小时（约96560千米/小时）以上，与光速比较是低的，但是，他们相信，已经高得足以显现出差别。

这两位教授设计了一台非常敏感的仪器。在这台仪器中，一束光被分成两束，第一束光与第二束光成直角，光束的一部分与地球在空间的轨迹一致，而另一部分光束与地球在空间的轨迹成直角。迈克耳孙和莫利就开始搜索这两束光在速度上的任何可度量的差别，但是没有发现任何差别。人们想象不出什么介质能够让一个物体以60000英里/小时（约96560千米/小时）的速度穿过它而不产生任何可度量的影响。到了19世纪90年代，这种实验通过科学界报道出来的时候，许多人开始相信以太是一种幻想。在科学理论上，过去一直认为以太是一种逻辑必然。但是实际上，自然界的表现是，它实际上并不存在。前一代物理学家的新物理学最终表明，就像卡路里或者燃素一样，以太属于过去科学上的虚构。

阿曼德·斐索测量光速

PHYSICAL SCIENCE IN THE NINETEENTH CENTURY

在整个19世纪，关于光、辐射和能量的讨论中，实验起了关键性的作用。科学家们不再纠缠于概念和理论的纷争，而是想办法测量力和效应，试图构建一门新型的物理学。

光的传播是自然的奥秘之一。科学家们认为，它那几乎难以想象的速度必定是物理学中的固定边界之一。

17世纪末以来，天文学家们就进行过对光速的估算，他们在天文事件的计时中观察微小的差别。但是试图更为精确地测量光速却是典型的19世纪中叶的科学。金工技术的进步意味着在这一时期能够制造出比过去任何时候都更精准的仪器，这反过来又鼓励科学家们设计更为精确的实验。1849年，巴黎的物理学家阿曼德·斐索想象并制造了一个机械装置（见右页上图），他认为用它可以比以前更为精确地测量光的速度。

一切都是用镜子来做的

斐索仪器的中心部件是一个带齿的轮子（C），它会遮挡光束（见右页下图）。这个仪器设置在巴黎市郊的山头上，离观察者5英里（约8千米）。观察者将望远镜瞄准它。光束用一面镜子反射回来，使光束运动的距离增加一倍，从而有更多的时间发生效应。光源和观察者——斐索本人各就各位之后，齿轮开始转动。开始时转动很慢，后来越来越快。斐索追求的是这样的一瞬：即齿轮完全挡住光束，旋转的齿似乎变成了一个没有孔隙的实体。在那一瞬间，从一个轮齿旋转到另一个轮齿花费的时间小于光束运动10英里（约16千米）所花费的时间。

因为斐索知道齿轮的周长和它旋转的速度，他能够计算出这个短暂的瞬间是多长，并且能够说，在这个时间里光束运动了10英里。用这种方法，斐索计算出光的速度是195000英里/秒（约314000千米/秒），这比很久以

◎阿曼德·斐索。

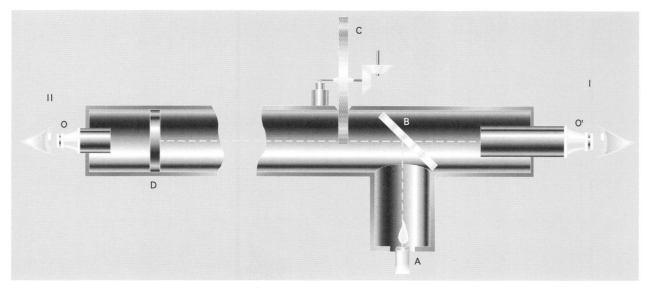

◎斐索的机器。左边的望远镜放在距离齿轮和光源5英里（约8千米）以外的地方。

后用更为完善的实验得到的真实数据高出大约5%。

力的科学

斐索还进行了光的性质的其他一些实验，其中有些实验有助于增加理解星光的变化着的波长；另外一些实验试图探测以太的存在，但是没有成功。在他同一时代的科学家当中，他的工作是健全而富有创新精神的实验方法。他敏锐地意识到他们正在重塑人们对于自然的理解。

借助于法拉第、麦克斯韦、开尔文和克劳修斯的工作，物质的科学已经变成力的科学：热、能、电和辐射已经遍布了物理世界。对这些力的解释构成了经典物理学的基础。这些力在什么层面上作用于自然物质仍然是一个未知之谜，人们将在下一代的原子物理学中开始理解它。

◎随着齿轮转动得越来越快，光明显地消失了。

现代化学的开端

PHYSICAL SCIENCE IN THE NINETEENTH CENTURY

在经典物理学初具规模、科学家积极探索活跃在自然界中的力之前，物质科学在另一个方向也已经取得了相当大的进展。这种进展集中在物质本身的组成方面。这一科学——化学试图回答两道古老的问题：无数不同形式的物质真的是由少数几种基本物质组成的吗？如果是，它们是怎样结合和分离的？在此之前，几个世纪，化学家和炼金术士已经积累了许多孤立的事实，但是他们未能发现涉及这些事实的理论，除非他们是魔术师。对总是和其他物质混合在一起的物质进行测量和实验，试图决定什么是主要的和什么是次要的，并且创用我们现在依然使用的基本术语——元素、化合物、反应、气体、氧化等，显然是困难重重。

加热

很久以来，燃烧一直被人们视为化学变化的主要媒介。18世纪末的先驱试图一步一步地合理解释它的结果。早在18世纪50年代，约瑟夫·布莱克就分离出科学上首先承认的气体——二氧化碳（他还在早期热理论方面进行过重要的研究工作）。二氧化碳是通过加热白垩和白色的镁，并收集由此产生的气体得到的，他称它为"固定空气"，因为看起来这种气体是被固定在那些物质里面的。他的兴趣大发，发现这个过程是可逆的：如果将白垩或者镁粉暴露在通常的空气中，它们就会重新将这种气体吸收。这使他认为通常的空气含有若干不同的气体，其中之一就是这种固定的空气。布莱克使用了

◎亨利·卡文迪什，氢气的发现者。

非常精密的天平，来表示在燃烧期间损失了什么和得到了什么。他发现，固定空气也是由呼吸和发酵一样的自然过程产生的。分解出二氧化碳和对于它在若干过程中作用的认识可以说是现代化学开端的标志。布莱克承认化学尚处于婴幼儿时期，但是，他强调，"实验是引导人们走出这座迷宫的途径"。

后来又陆续发现了其他气体。氢气是英国人亨利·

卡文迪什分离出来的。像布莱克一样，他也在物理学方面进行了重要的研究工作。卡文迪什发现，许多金属受到盐酸侵蚀时放出极易燃烧的气体。这种气体也许是燃素，看起来又不是，因为它的母体物质本身是不可燃的。卡文迪什称这种气体为"可燃空气"。最重要的是，他发现，当这种可燃空气和氧一起燃烧或者爆炸时，就形成了水。因为这两种气体都是纯净的并且没有混合，这一点卡文迪什可以确信。于是他得出结论说，水是由氢和氧化合而成的，并且当它们以2∶1的比例混合时，就形成了与它们同等重量的水。

构成空气中最大成分的气体氮是由英国爱丁堡的科学家丹尼尔·拉瑟福德分解出来的。他把老鼠放在一个密闭的容器中直到它们把其中的氧气吸干净，然后再让剩余的空气与氢氧化钾接触，从而得到了二氧化碳。最后剩下的东西体积很大，但是几乎没有什么积极的价值，因为它不能支持呼吸或者燃烧。拉瑟福德称它为"碳酸气"。"碳酸气"是从一个意思为"有毒的"拉丁文词汇演化而来的。

认识氧气

对气体的识别，最后也许是最重要的突破性进展是英国的一位名叫约瑟夫·普里斯特利的牧师分离出氧气。普里斯特利的研究从理解燃烧开始。即使一根蜡烛显然也会用去一大部分空气，就像人类呼吸一样。自然界必定有某种方法补充空气。1771年，他通过实验发现，容器中发生燃烧时，在这个容器中放上一株绿色植物就能使该容器中的空气复原。这一发现对植物学家简·英根豪斯在18世纪70年代末期进行光合作用的研究来说绝顶重要。普里斯特利采用加热各种物质并收集它们析出的气体的方法进行实验，一直到1774年对氧化汞进行实验。他发现了一种燃烧并伴有明亮火焰的气体，这种气体使燃烧和呼吸之后的空气得以恢复原状。的确，老鼠和其他小动物在置于这种气体之中比正常情况下更具有活力。因此，他把这种气体叫作"没有燃素的空气"。

有些迹象表明，其他化学家也在沿着和普里斯特利同样的路线工作着。例如，瑞典科学家卡尔·威廉·谢勒于1777年报告他独立发现了"着火的空气"——氧。

◎约瑟夫·普里斯特利，英裔美籍神学研究者和化学家，1782年2月1日肖像。

约瑟夫·普里斯特利
(Joseph Priestley，1733—1804年)

· 牧师和化学家。

· 生于英格兰利兹。

· 在伦敦遇见了本杰明·富兰克林。在富兰克林的鼓励和帮助下，1767年，出版了《电学史》（History of Electricity）一书。同年成为利兹市一座小教堂的牧师，并开始研究化学。

· 1772年，当选为法国科学院院士。1780年，成为圣彼得堡科学院院士。

· 气体化学的创始人。

· 与卡尔·谢勒同时发现氧。

· 1774年，陪伴谢尔本勋爵到欧洲游历。

· 移居伯明翰，后到伦敦，1794年移居美国。

◎普里斯特利在伯明翰的房子和实验室，他在那里进行了分解出氧气的历史性实验。这幅版画是由威廉·埃利斯于1792年5月1日雕版制成的。由于普里斯特利同情法国革命，这所房子遭到一群暴徒的攻击而焚毁。

◎18世纪的化学柜，此柜属迈克尔·法拉第所有。

普里斯特利继续他的工作，并发现了其他几种气体，包括氨气和二氧化硫。他比较了这些气体的性质，例如，用这些气体充填气球并称量它们的重量，以决定它们的相对密度。他还通过将二氧化碳通入水的方法发明了苏打水，并注意到苏打水有令人愉悦兴奋的效果。他假想，这可以用在远程航海上，使疲惫乏味的航程变得兴趣盎然。

这些第一代化学家成功地将空气分解成它的一些基本组分气体并证明这些气体具有非常独立的性质，以截然不同的方式参加物理和生物过程。他们尚未达到真正的概念性的突破：

没有发展出新的术语来系统地表示在他们的实验中发生了什么，也没有把一大批自然物质与几种基本成分相互关联起来。但是，他们已经接近了这一成就，而化学历史中最有独创性的两位思想家拉瓦锡和道尔顿达到了这一成就。

◎左图：卡尔·威廉·谢勒，瑞典化学家，他和普里斯特利工作在同样的领域。

◎下图：巴黎科学院建造的巨大透镜，它曾用来聚焦太阳的射线，从而产生强大而集中的热量用于化学实验。

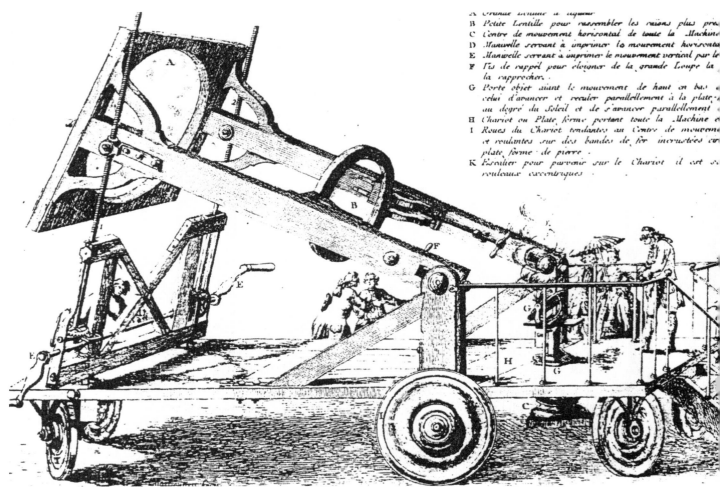

A Grande Lentille à liqueur
B Petite Lentille pour rassembler les raisons plus près
C Centre de mouvement horisontal de toute la Machine
D Manivelle servant à imprimer le mouvement horisontal
E Manivelle servant à imprimer le mouvement vertical par le
F Vis de rappel pour eloigner de la grande Loupe la
    la rapprocher.
G Porte objet aiant le mouvement de haut en bas
    celui d'avancer et reculer parallellement à la plate
    au degré du Soleil et de s'avancer parallellement
H Chariot ou Plate forme portant toute la Machine e
I Roues du Chariot tendantes au Centre de mouveme
    et roulantes sur des bandes de fer incrustées en
    plate forme de pierre.
K Escalier pour parvenir sur le Chariot il est s
    rouleaux excentriques

 # 元素理论：安托万·拉瓦锡

PHYSICAL SCIENCE IN THE NINETEENTH CENTURY

安托万·拉瓦锡将诸如布莱克、卡文迪什和普里斯特利等科学家的实验工作集中到一起，将他们的结果放到一个概念的框架中，使化学向前发展到一个全新的水平。拉瓦锡是一位富翁，一生致力于科学研究。他曾为

法国政府的许多项目工作，但是在法国革命期间，因为他和皇家政权的某些关系而被处死。

拉瓦锡非常了解普里斯特利的工作，普里斯特利于1774年到1775年来到巴黎，与这位伟大的法国科学家

◎拉瓦锡巴黎实验室的模型。

交流了思想。拉瓦锡重复普里斯特利的实验，获得氧气，并且在氧气和普通的空气中燃烧各种物质。在燃烧前后进行的精确测量，使得拉瓦锡获得了具有革命性的发现。他看到在燃烧中发生的是氧气和正在燃烧的物质结合，说明燃素理论是一种荒诞的说法。他注意到，硫和磷在空气中燃烧时重量增加了，并且在此过程中使用了一部分空气。剩下的是布莱克的"固定空气"（即二氧化碳）和大量的惰性气体——拉瑟福德称之为"有毒空气"（即氮气）。拉瓦锡将他认为在燃烧中必须用到的气体命名为"氧气"。"氧"在希腊文中的意思是"生成酸的"，这是由于他错误地认为所有的酸都含有氧。他命名空气中的最大成分为"氮"，"氮"也是来自希腊文，意思为"无生命"。他同意卡文迪什的观点，认为水必定是由氢和氧化合成的。氢，意即"水的创造者"。这又是遵从拉瓦锡的信念，即化学名字应当体现它们原来的或者它们主要的功能。

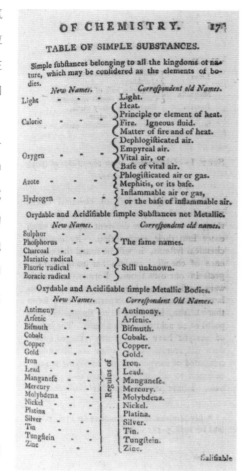

◎右图：拉瓦锡的元素表。注意，他仍然认为光和卡路里（热）与氧和氢一样是元素。

◎下图：拉瓦锡的一些设备，他用这些设备将化学物质分析到不能再分解的程度——元素。

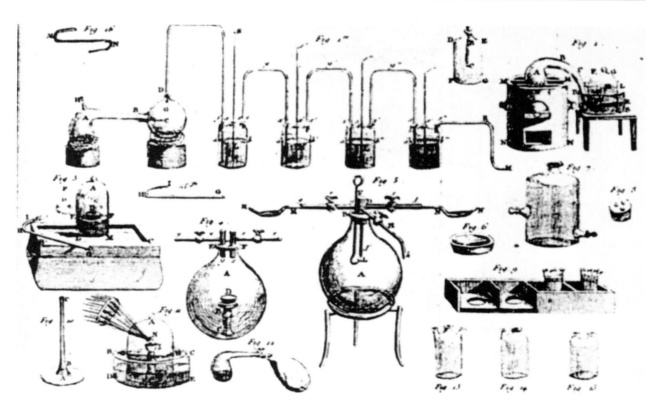

安托万·拉瓦锡
(Antoine Lavoisier，1743—1794年)

· 现代化学创始人。

· 生于法国巴黎。

· 1768年，被任命为农业税总管，将其收入用于研究。

· 1776年，成为法国火药工厂总管。他通过改进质量、供应和制造过程，使火药的生产更加安全。

· 研究化学物的应用来改进农业。

· 帮助改革法国的税收制度，改进法国监狱和医院的质量。

· 1788年，用约瑟夫·普里斯特利的实验发现了氧，表明空气是氧和氮的化合物，意识到氧在呼吸中的重要性、燃烧潜力，以及与金属组成化合物的用途。

· 1789年，发表《论化学元素》（*Traite Elementaire de Chimie*），对化学知识的探讨与解释得到公认和普遍拥护，将化学缔造为现代科学。

· 创建了命名化合物的现代方式。

· 是设计米制测量体系委员会的成员之一。

· 1794年，由于被捏造的反革命活动罪名被送上断头台，实际上是因为他被推举为税务征集总管。

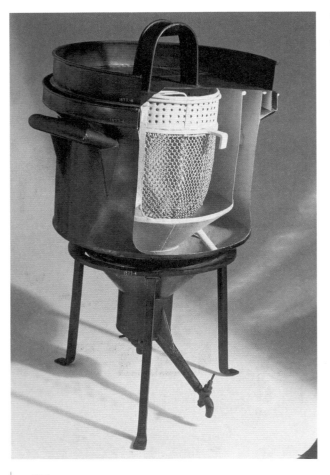

基本原则

拉瓦锡的成功之处，在于他不仅仅解释了个别实验，他得出结论说，所有的物质都是由少数纯净而不能再分的元素物质化合而成的，而这些元素又结合成几乎无穷种类的化合物。当拉瓦锡在1789年公布他的《论化学元素》（*Traite Elementaire de Chimie*）时，四种元素——地球、空气、火和水的传统思想便终于"寿终正寝"了。在这篇论文中，他列举了已经认识的23种元素。有趣的是，拉瓦锡仍然把"卡路里"这个想象的热流体列为一种元素，并且他还把光视为一种元素。

他创立了现代化学的两条基本原则：第一，元素相互反应生成化合物；第二，在这些反应中，物质是守恒的。"在所有艺术和自然的运动中，"他写道，"没有任何东西会被创造出来：元素的质量和数量原封不动，除了元素结合发生的变化，什么都不会发生。"拉瓦锡的方法如此令人信服，以至于数年之内燃素理论便衰败消亡了。这门新兴的化学的任务是分解这些元素并系统地分析它们相互的反应。

尽管拉瓦锡的生命与职业生涯悲惨而短暂，但是他留下了许多论文，表明他的工作将化学应用到了广泛的自然领域。他认为呼吸也是氧化的一种形式，而且氧深深地参与到生命的过程之中。他还认为氧、氮和碳元素参与自然循环，并在动植物的生命过程中得到复原。换言之，他觉得，许多明显的物理过程是自然界中基本的化学过程。他是真正的现代化学之父。

◎拉瓦锡的卡路里计量器。一只豚鼠被放在中央室中，从它身体发出的热量使它周围的冰融化。拉瓦锡断定生物体中的热来自氧化，即燃烧。

◎1788年，拉瓦锡和他的妻子玛丽—安妮·波尔兹·拉瓦锡。她是他的主要助手。这幅
画是由雅克—路易·大卫绘制的。

原子理论：约翰·道尔顿

PHYSICAL SCIENCE IN THE NINETEENTH CENTURY

拉瓦锡未能解释，为何有些元素可以结合产生化合物而有些元素则不能，为何将两种元素简单地放在一起就不一定产生反应。当英国贵格会教徒、教师约翰·道尔顿 1808 年公布他的《化学哲理的新体系》（*New System of Chemical Philosophy*）一书时，便朝着回答这些问题的道路迈出了最重要的一步。在这本书中，他复活了古代的原子思想，并执着地认为化学反应是在原子的层面上发生的。原子是一个简单的概念。包括道尔顿在内，没有任何人知道原子是否真正存在，或者原子到底像个什么样子。但是，他们对化学过程给予了符合逻辑的解释。

作为一种思潮，对原子的兴趣早在17世纪末期就开始复苏了。一部分原因是从发现空气有重量和性能开始的。这种现象可以这样解释：假定空气是由微小的看不见的粒子化合而成，这些粒子小得探测不到，但却具有非

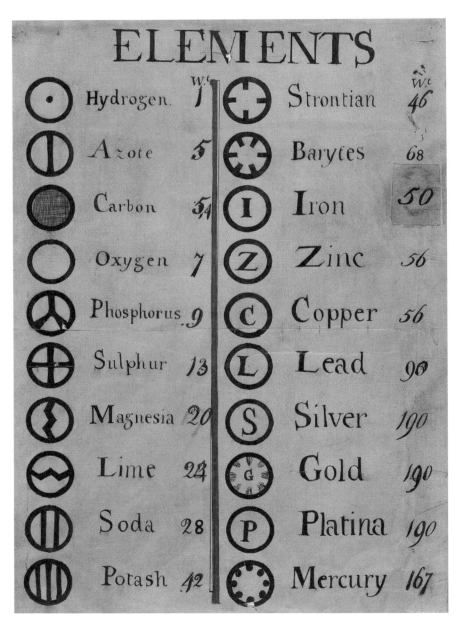

◎道尔顿的元素表，图形是他设计的，但未得到普遍接受。

Drawn & Etch'd by J. Stephenson.

◎约翰·道尔顿，现代原子化学理论之父。此肖像是19世纪20年代由斯特芬森用蚀刻法制作的。除了在化学领域的贡献，道尔顿还首次阐述了色盲——他和他的兄弟均有色盲病。

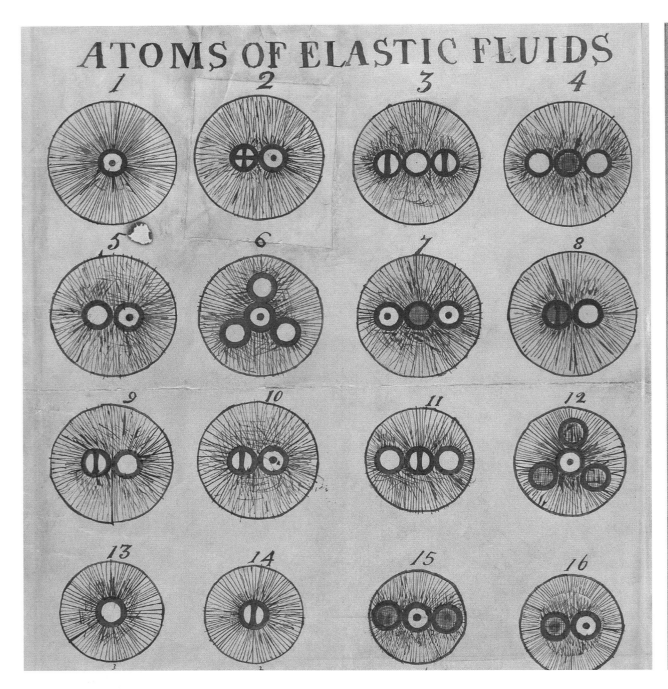

常确定的物理质量。罗伯特·玻意耳就持这种观点，并将这种观点扩展到了液体和固体。牛顿描述这种假设的原子存在时就很有影响地写道："上帝在一开始的时候就用实心的、有质量的、硬的、不可侵入的粒子形成物质，甚至硬到无法再将其分成更小的细块。"

固定的比例

在原子和化学结合之间一种可能的联系是由拉瓦锡同时代的化学家约瑟夫-路易斯·普鲁斯特于1794年提出的，当时他制定了确定的化学比例定律。普鲁斯特发现，当他将化合物分解成各部分时，它们总

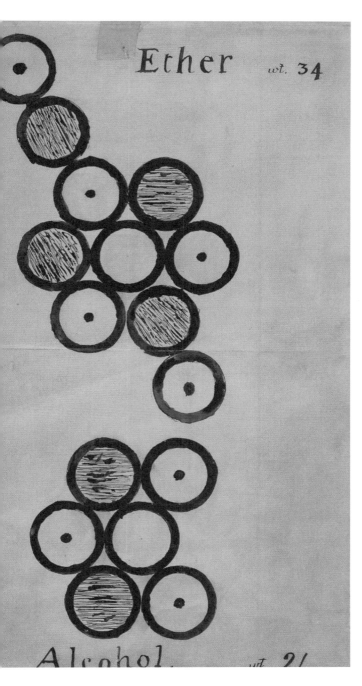

Ether *wt.* 34

Alcohol *wt.* 2/

◎道尔顿的原子和分子结构草图。左图中1是氢，2是硫化氢，3是氮氧化物，等等；右图上为乙醚，下为乙醇。道尔顿当时尚不知道分子结构有多么复杂。

是含有与其元素重量同样的比例。例如，碳酸铜总是5份铜、4份氧、1份碳。道尔顿思考这些固定的数学比例，最后断定，如果物质是在原子层面上结合起来的，那么，它们便是可以解释的。每一元素的微小粒子具有不同的重量，一对一结合起来便产生出一种化合物。原子具有同一原则，通过这种原则人们便能够理解在一种化合物中总是存在着为某一常数的比例。

道尔顿使用氢这个最轻的元素为基数1，开始估算20种元素的重量。这是用数学的方法定义元素的第一次尝试。每一种元素的重量各不相同。按照这一比例，氧是7，铁是50，最重的元素是水银，为167。

道尔顿猜想，不同的化合物也许是由同样的元素按照不同的比例组合而成的。比如，二氧化碳含有一氧化碳中所含氧的两倍。遗憾的是，道尔顿在谈论这种结合时采用的词汇混淆不清，例如，虽然后来他比较清楚地描述出由原子组成分子，但是一开始时他说水是原子。道尔顿提出了原子理论的几条基本原理，并经受住了时间的考验：所有物质都是由原子组成的；每一种元素的所有原子相同，但与别的元素的原子不同；化学反应是通过原子的重新排列发生的；原子既不能被创造出来，也不能被消灭。

道尔顿提出了一个图形符号系统来表示元素和表示元素如何结合起来产生出它们的化合物。但是，这些图形不够灵活，在复杂的方程中很难使用。后来又发展了一套不同的系统。尽管有一些错误的概念（例如，一一结合的思想，所以在他的体系中水是HO），但道尔顿的理论是一个真正天才的创造。这将在后来的实验中得到证实，并将提供对于物质的现代理解的基础。

推敲化学术语

PHYSICAL SCIENCE IN THE NINETEENTH CENTURY

拉瓦锡和道尔顿的工作在创造化学概念框架方面代表了两项重大突破，但是，仍有大量细节问题没有得到解决。1810—1860年，整个欧洲的化学家都试图测量和量化化学反应中发生的现象，以便创造出一致的化学术语。英国化学家威廉·普劳特提出的思想说明了这种不确定性。普劳特注意到：氢是最轻的元素，所有其他元素的重量都是它的倍数。所以，在此基础上，他提出所有其他元素也许是氢的化合物。

法国约瑟夫-路易斯·盖-吕萨克进行的实验似乎表明，体积比例——每一元素的量——在化学的化合物中是重要的，而不是像道尔顿先前认为的那样，简单的原子的重量。他发现，例如，当氢和氧结合形成水的时候，是两体积的氢形成一体积的水，因此给出的水的公式是H_2O，而不是像道尔顿先前所陈述的那样简单的HO。

联系起来

道尔顿的方法和盖-吕萨克的方法之间存在着差异，原因是原子和分子之间的差异尚未被理解。理解这种差异的工作是由意大利化学家阿伏伽德罗做到的。他把原子理论和体积方法联系了起来。他提出，在某些元素中的原子和在所有化合物中的原子一样是以一组原子的形式存在的，他把这些小组形式的原子命名为"分子"（拉丁文意思为"微小质量"）。这样，自由氧是O，和一体积的一氧化碳结合形成一体积的二氧化碳只需要半个体积的氧。在化学反应中只有分子被分解并形成新的形式，而原子保持不变，并且这被认为是物质守恒的真正基础。这是一种具有决定性的思想，但没有得到广泛的承认，因为这些早期的化学家还只能在屈指可数的情况下计算在一个分子中有多少原子。

◎约瑟夫-路易斯·盖-吕萨克。

使之平衡

当瑞典化学家约恩斯·贝尔塞柳斯提议使用字母符号表示元素时，化学又向前迈进了一大步。字母符号通常是以其拉丁名字为基础：Fe表示铁，Au表示金，H表示氢，Pb表示铅等。显然，这些符号被普遍接受，而道尔顿的图形符号则不然。字母符号能够将化学反应表示成方程式，在化学方程中和在数学方程中一样，两边必须平衡，这种平衡表示了物质在所有转换过程中守恒的思想。到19世纪中叶，被认为无法细分的物质数量大约为50种。原子的存在仍然尚未被所有科学家接受，许多人认为它们是一种约定、一种工作假

◎左图：约恩斯·贝尔塞柳斯，瑞典化学家。他发现了元素硒、钍和铈。

右图：贝尔塞柳斯于1818年绘出的电化学原子图。这张图是第一次试图解释电解：当相反的电荷相互面对时（上），原子相互结合；当相同的电荷（下）相互面对时，不发生反应。

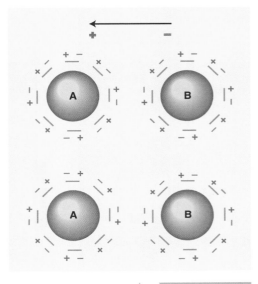

设，而不是物理现实。如果化学要向前发展，比如，如果要在大学里教授化学，那么，必要条件是应当用化学语言反映人们对化学过程固定的理解，而且所有科学家都能够同意。

1860年，第一届国际化学会议在德国的卡尔斯鲁厄召开。在那次会议上，阿伏伽德罗关于原子、复合原子和分子的思想，以及体积分析的思想被采纳。借助于这一词汇学和贝尔塞柳斯提议的符号，化学家能够合理地解释他们的实验结果，解释元素是如何结合在一起形成新的化合物和可能生成什么副产品，所有这一切都是用严格一致的语言解释的。

化学键

在卡尔斯鲁厄召开的第一届国际化学会议上讨论的另一个主题是原子价的概念。英国化学家爱德华·弗兰克兰首次引入这个概念。他论述每一元素的原子总是和一定数量的别的原子相结合：氢和1个，氧和2个，氮和3个，碳和4个别的原子相结合，等等。德国的弗里德里克·奥古斯特·克库勒意识到，碳特有的性质是它的1个化学键能够用来和另一个碳原子相结合，并且沿袭这种方式能够形成复杂的分子。这一发现对于研究这些大型碳分子性质的有机化学来说至关重要。

卡尔斯鲁厄会议是拉瓦锡在18世纪70年代开始的化学思想革命性发展的顶峰。原子的物理性质和使原子结合在一起的力的物理性质仍然一如既往地不为人所知。但是，人们已经看到它们属于物理领域。在将元素的千千万万可能的转化系统化起来这一方面，化学将发挥其作用。化学键被理解为电的特性，就像伏打、戴维、法拉第和其他人的实验所表明的那样，它属于研究那种化学键的奇妙性质的物理学领域。

◎爱德华·弗兰克兰爵士，他引入了现在被称为原子价的概念。

◎弗里德里克·奥古斯特·克库勒，德国有机化学家和苯环的发现者。

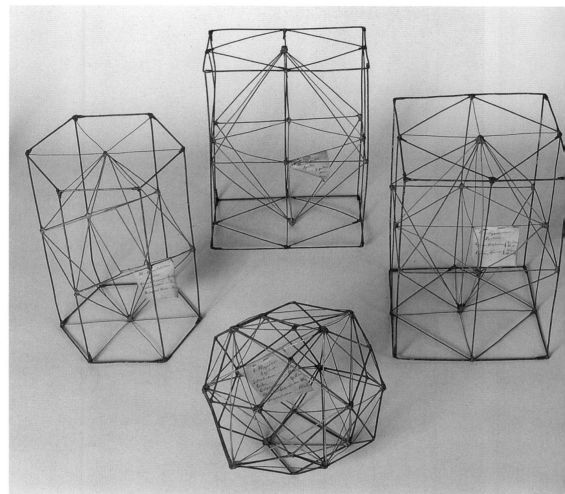

◎右图：19世纪早期，威廉·海德·沃拉斯顿建立的晶体模型。这些木质模型表示成组的球形原子如何形成晶体的形状。

◎下图：罗伯特·本生，本生燃烧器的发明者，和他的同事古斯塔夫·基希霍夫、亨利·罗斯科在一起。

罗伯特·本生
(Robert Bunsen，1811—1899年)

· 化学家和物理学家。

· 生于德国格丁根。

· 在格丁根读中学和大学，然后去了巴黎、柏林和维也纳。

· 在卡塞尔被任命为教授，后来在马堡、布雷斯劳，最后在海德堡市以教授身份定居下来。

· 利用迈克尔·法拉第的发明改造了本生燃烧器，广泛地用于实验中。

· 发明了本生灯、本生光度计及各种电池、量热器等。

· 对于有机砷化合物、气体分析和电解进行了综合性研究。

· 1859年，和古斯塔夫·基希霍夫一起，发明光谱分析。这有助于发现新的元素。

· 一次实验室发生的事故造成一只眼睛部分失明。自那时起他就被禁止在他的实验室中进行有机化学研究。

◎本生于1855年发明的本生燃烧器。

颜色代码

最重要的实验进步之一是1859年光谱学的出现。两位德国科学家罗伯特·本生和古斯塔夫·基希霍夫发现，当不同的物质燃烧时，它们的光能够用一个棱镜来进行分析，显示不同的颜色和特性，就像人的指纹体系那样各不相同。人们可以将光谱学的结果记录下来，进行比较，从而为识别不同物质提供了强大的分析工具。就像物质内部组成的科学一样，化学已经证明是科学家要去战胜的最复杂的挑战。但是到1860年的时候，化学的基础是牢固的，它的经验正以戏剧化的方式创造新的工业领域和新的材料。

◎用6件样品表示新发现的元素铊。铊是威廉·克鲁克斯于1861年发现的。他用它的绿色光谱线分离出铊。铊是一种稀有的、柔软的白色金属元素。在自然界中，铊存在于锌的混合物和某些铁矿石中。

元素周期表：德米特里·门捷列夫

PHYSICAL SCIENCE IN THE NINETEENTH CENTURY

在试图探索原子奥秘的过程中，科学家认为，关于原子唯一可以确定的事实是它的原子量。当然，原子太小，过去无法（现在仍然不能）称量单个原子的重量。但是，原子这个词确实意味着不同物质的相对质量——碳是氢的质量的12倍。这种相对的质量是可以计算的。约恩斯·贝尔塞柳斯确定了许多元素的原子量。也许令人奇怪的是，直到19世纪60年代，才有一位化学家开始研究这些重量，探索它们是否透露出原子的什么重要性质。

进行这种探索研究工作的是俄国化学家德米特里·门捷列夫。他曾与法国、德国的顶尖化学家一起进行研究，并参加了卡尔斯鲁厄会议，后来他被任命为圣彼得堡大学的教授。门捷列夫发现当时尚无适合向学生介绍化学原理的教科书，于是他开始自己撰写。组织一本书和合理地安排化学理论的任务使他开始研究给化合物这个复杂的世界排序的思想和原理。他强烈地感到，不同元素的原子量关系可能不是偶然的，他开始以原子量递增的顺序来安排元素表，并寻求它们的关系。

一切皆有序

门捷列夫的直觉是正确的。他发现元素可以分成族，并且同一族中的元素具有重要的共同特性。例如，重金属——金、汞和铅在表中是依次出现，碱性金属也是如此；再如，钙和钾在自然界中并非自由出现；另一组界定明确的元素是不受腐蚀的轻金属钛、钒和铬。

门捷列夫得出了结论，这些元素族有一些共性是因为它们的原子量类似。而由于元素遵循一定的顺序，所以其化学性质是逐渐变化的。他称他的表为"周期"表，意为数值的、数学的、有规律的：元素的原子个数的确预示这种物质的某种客观性质。这几乎像是毕达哥

◎德米特里·门捷列夫，他发现了元素的基本次序。

◎门捷列夫周期表最初的草图之一，他把元素排列在相关的元素族中。

拉斯和柏拉图古代数字神秘主义的复活，这两人认为，数学次序已经纳入宇宙结构之中了。

门捷列夫的表将次序带到令人迷惑的千变万化的物质之中，成了化学家的基本组织工具。这个表是不完全的，但是，他预测这些空档将由新元素的发现及时填补起来。在这一点上，当19世纪70—80年代发现金属镓、锗、钪和90年代发现惰性气体氦、氖和氩时，事实证明他是正确的。门捷列夫在统一化学原理方面进行了多年的研究，并且在1869年3月1日这一天阐述了他所发现的辉煌理论。

现在我们知道，原子序数实际上来自每一元素的原子中质子（或者电子）的数量。但是，门捷列夫尚不具备这种知识。在原子时代，通过增加或者减少一个电子将一种元素转化成另一种元素是可能的，换言之，在周期表中将元素向上或者向下移动是可能的。门捷列夫的成就也许是19世纪对原子研究的顶峰。人们无法直接看到或者直接检测到原子，它的存在和性质只能在实验中用推理和萃取的结论得知。

有机化学的兴起：贾斯特斯·李比希
PHYSICAL SCIENCE IN THE NINETEENTH CENTURY

◎贾斯特斯·李比希，有机化学的先驱。

贾斯特斯·李比希
（Justus Liebig，1803—1873年）

· 化学家。

· 生于德国达姆施塔特市。

· 先在波恩，后去埃尔兰根读书。

· 1822年到巴黎，和约瑟-路易斯·盖-吕萨克一起研究分析化学。

· 1824年，被破格任命为吉森大学教授，建立了一所培养化学家的学院。

· 研究同素异形现象——分子式相同但是原子连接不同的物质。

· 开发改进了有机化合物元素分析的程序；研究了有机化学、动物化学和农业化学。

· 发明了李比希冷凝器——进行化学分析的蒸馏设备。

· 1840年，出版《有机化学及其在农业和自然地理学方面的应用》（*Die Organische Chemie in Ihre Anwendung auf Agriculturund Physiologie*）一书。这本书对农业革命产生很大影响。

· 1852年，迁往慕尼黑任化学教授。

贾斯特斯·李比希生于化学世家，他的父亲是德国达姆施塔特市的一位销售染料、药品及有关化学品的商人。在巴黎师承盖-吕萨克学习之后，才华横溢的李比希21岁时便被任命为吉森大学的化学教授。在那里，他创建了首批大学教学实验室，并在尔后的30多年里将化学语言和分析技术传授给了数以百计的年轻科学家。在整个有机化学领域，即涉及生命过程基础的碳及其化合物的化学方面，李比希功勋卓著。碳虽然没有广泛地分布于自然界中，而是只形成了地球表层的大约0.2%，但是，在形成由庞大而复杂的分子组成的大量化合物方面，碳的能力在诸多元素中是十分杰出的，而且在绝大多数情况下还涉及氧和氢。18世纪末期的化学家发现碳是身体中的重要流体，出现在血液、牛奶、汗液和尿液中。科学家还验证了碳是以二氧化碳的形式被呼出体外，但是它是如何被摄入体内的呢？

来自稀薄的空气

为了回答这道问题，李比希将他的注意力转移到农业上，并且注重土壤、植物和动物的关系。所有的农业科学家都认为植物是从腐殖质，即从植物的分解物质中吸收碳。然而，李比希进行了许多实验，由这些实验得出的非常著名的结论否定了这种观点。他表明，一块给定面积的土地，不管它是农耕地或是森林，每年都会向在那里生长的植物提供同样多的碳。从这一点他推论出植物是从大气而不是从腐殖质中提取碳。尽管动物连续

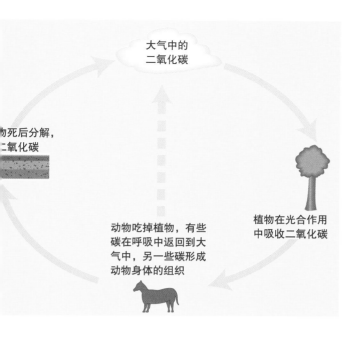

大气中的
二氧化碳

物死后分解，
二氧化碳

植物在光合作用
中吸收二氧化碳

动物吃掉植物，有些
碳在呼吸中返回到大
气中，另一些碳形成
动物身体的组织

◎碳的循环将动植物的生命联系起来，这是李比希的著名发现之一。

◎19世纪中叶的李比希冷凝器，是由伦敦的J.牛顿制造的。李比希表明，有机物世界也同样是化学物质的体现，只不过比组成无机物世界的化学物质更加复杂而已。

地呼出二氧化碳，但是，碳在大气中是稳定的，这证明必定有某种自然的机制使它循环不已。当时，简·英根豪斯已经描述，并且用实验证明了光合作用，但是，他还没有能够给出光合作用精确的化学公式。在植物中进行的基本过程，即李比希当时所描述的，是从二氧化碳中分解出氧气和碳，把氧气释放到大气中去，将碳以糖和蛋白质的形式吸收到植物的组织中去，虽然当时对于蛋白质的研究尚处于启蒙时期。

李比希在实验室中合成出尿素等重要的有机化合物，从而证明了生命过程利用了普通的化学元素。他还表明了碳循环是维持地球上所有生命的基本过程。所有生物体都是将食物转化成能量和机体结构组织，而这些食物的基础是碳，是植物在光合作用中吸收，然后又被动物吃下的碳。没有碳循环，食物供应就会停止，地球就会变得没有氧气。

对农业的革新

后来，李比希将其注意力转向氮。尽管氮以不活泼著称，但它构成地球大气的大约80%，也是生命组织中另一种基本成分。氮是如何进入动植物身体中去的呢？李比希在实验中发现，氮以极易溶解的氨气形式存在雨水之中；氮在土壤中形成硝酸盐，然后被植物吸收，又被动物吃进身体内。李比希是向土壤施加氮肥的重要先驱。他未能给出完整的氮循环过程，因为他不知道细菌在使氮返回空气方面所发挥的作用。

然而，李比希的工作是农业理论方面革命性的开端。1840年以前，人们认为动植物的生命取决于有机物，即是以前有生命的物质的循环。李比希认为，动植物的成分和营养是正常的无机元素，如碳和氮等。过去的观点是，食物增多的潜力显然有一个固定的界限，但是，李比希认为，向土壤施加基本的无机元素能够几乎无限地增加食物的产量。

李比希是19世纪的科学家团队（包括赫尔姆霍茨）

中的一员。他们证明，动物的功和新陈代谢——能量的产生和组织的生长是以氧化方式添加燃料，换句话说，是由元素间标准的化学反应产生的。化学对生理学的这一应用，在某种意义上说，彻底击败了任何活力论者的哲理，即生命是高居于任何物理基础之上和之外的一种神秘莫测的力这样一种思想。它代表了认识生物化学和科学生态学最早的开端，即动植物生命和地球环境是联系在一个互相依赖的体系之中的。

◎李比希在吉森市的实验室。他在那里培养
了数以百计的年轻科学家，包括理论化学
家和工业化学家，比其他任何人培养的后
辈都要多。

天文学：变化着的太阳系
PHYSICAL SCIENCE IN THE NINETEENTH CENTURY

19世纪天文学的主要成就是对于宇宙星体的研究和改变了人们对宇宙大小的认识。对太阳系的比较传统的研究也产生了革命性的发现。

1772年，德国的两位天文学家——约翰·提丢斯和约翰·波得引起人们对于行星与太阳距离的奇怪顺序的注意。这个数字上的顺序是：

$$0+4=4；\quad 3+4=7；\quad 6+4=10；\quad 12+4=16；$$
$$24+4=28；\quad 48+4=52；\quad 96+4=100；\quad 192+4=196。$$

如果上面的每一个和数除以10，结果便非常接近用天文单位，即以地球与太阳的距离测量的每颗行星与太阳的距离：

水星：0.4；金星：0.7；地球：1.0；火星：1.6；

木星：5.2；土星：9.5；天王星：19.2。

一般而言，这种关系对应得很好，但是，在火星和木星之间有着明显的差距。人们自然会问，是否会有一颗尚未发现的星体在2.8倍天文单位的距离处围绕太阳旋转，天文学家对此可能性研究了若干年。1801年，意大利天文学家朱塞佩·皮亚齐的确在预测的精确轨道处发现一颗行星体。他将它命名为谷神星。这颗星体很小，直径只有约950千米，大约是西班牙的大小。在以后的一些年里，情况仍然是扑朔迷离，又发现了一些更小的星体与之共有这个轨道。至1872年，一共定位出了100多颗"小行星"。人们在很长的一段时间里一直认为，它们必定是一个大星体莫名其妙地分成的许多小块。提丢斯–波得定律的重要意义仍然不够清晰。海王星不能很好地说明这一定律，而且，海王星和冥王星一起彻底打破了这一定律。看来这纯粹是一个数字关系，而根本不是一条物理定律，但是，在发现太阳系前所未知的特点方面它还是发挥了作用。

新行星

19世纪20年代，天文学家们开始对天王星的轨道感到疑惑。天王星是已知星体中最外边的一个，是1781年由威廉·赫歇耳发现的。它的轨道显示了微小的不规律性。这说明不是牛顿的引力定律不完全适用于离太阳这样遥远距离的地方，就是这个轨道被另一颗星体干扰了。在天王星之外还有另一颗星体吗？天文学家开始用拉普拉斯确定的数学模型进行计算，试图预测这样一颗星体可能的位置，然后就扫描夜空，希望找到这颗星。这导致天文学历史上最激烈的"第一次"争论。1846年9月，法国天文学家于尔班·勒·韦里耶向柏林天文台呈交了他对这颗未知行星轨迹的详细测算，并且被用作研究的基础。几天以后，这颗新的行星就被发现了。

但是，以后举行的国际庆典却把人们搞糊涂了。当时的庆典宣布一位年轻的英国数学家约翰·库奇·亚当斯在前一年已获得完全一样的结果。亚当斯将他的计算结果送到了剑桥大学天文学教授和皇家天文学家的手里，但是，人们并未遵从他的结果去对天空进行光学研究。英国和法国科学家之间的敌对在这一历史事件中发挥了作用。但是，今天，这两个人都被公认为这颗新行星的

◎ 1839 年出版的《1835 年的彗星》。这是迪科特的一幅石版画。他用埃德蒙·哈雷爵士的头像表示了这颗彗星——哈雷彗星。哈雷爵士计算出了这颗彗星的轨道。他还算定 1531 年和 1607 年的彗星是轨道周期为 76 年的同一个星体。哈雷没有活到亲眼看见他预测的现象出现，他于 1742 年离世，比哈雷彗星下次出现早了 17 年。

于尔班·勒·韦里耶

(Urbain Le Verrier，1811—1877年)

·天文学家。

·生于法国圣洛。

·1836年，成为理工学院天文学讲师。

·对天体运动甚感兴趣，出版了关于水星的《水星表》(Tables de Mercure) 一书。

·1846年，成为法国科学院院士。

·1846年，通过观察其他行星运动的不规律性推算出尚未发现的星体的存在，并计算了它的准确位置；几天之后，约翰·伽勒在他预测的准确位置处发现了海王星。

·1849年，当选为法国立法委员会议员。

·1852年，拿破仑三世任命他为参议员。

·1854—1870年，任巴黎天文台台长。

发现者。这颗星被称为海王星，意即深海之神，因为它置身于太空中如此深远的地方。

添加星星的后果

这一发现有两个奇怪的后果。第一个后果是，勒·韦里耶将他的注意力转移到研究水星的轨道。这一轨道也有一定的不规律性，这使得牛顿和许多其他科学家感

◎左图：约翰·库奇·亚当斯是英国的一位天文学家，1845年推算出海王星的存在和位置。1858年被任命为剑桥大学天文学教授。1861年起任剑桥大学天文台主任。他的这张图像取自1896年他的论文集。

◎下图：1825年剑桥大学的天文台。

到困惑。勒·韦里耶预测，在水星的轨道内，甚至更加接近太阳的地方，必定还有另一颗行星。他以火神之名命名这颗星，即伏尔甘，但他从来没有发现这颗星。第二个后果对科学几乎没有直接的重要性，但是却影响了占星术界。关于行星的影响，传统的占星术界的思想是一直集中在自古已知的五大行星上。天王星和海王星的发现首先向占星师提出了巨大的问题：这些星体肯定也会影响人类的生存。以前的所有占星术都变得无效了，因为占星师甚至还不知道真正有多少星体。

19世纪后期的占星师已经开始描述新星体（包括冥王星）特有的影响，但是这些特点又与经典神话中的天王星、海王星和冥王星的作用有关。然而，我们知道，命名这些新的星体实际上是一个很随意的过程：它们也可以很容易地给予另外一些不同的名字，并且也可能被占星术界赋予不同的性质。对于现代占星师来说，新行星的问题是一个严肃的问题。

◎黄道光，由彗星尾部尘埃和分裂成碎块的许多小行星形成，有时候与黄道一起出现。

探索星空宇宙
PHYSICAL SCIENCE IN THE NINETEENTH CENTURY

　　威廉·赫歇耳已经奠定了星体天文学新方法的基础。19世纪主要的天文学家均致力于他开创的事业——重绘人类的宇宙知识图。他的儿子约翰·赫歇耳继承了父亲的事业，并且到1833年把这一事业发扬光大到观察和分类了2300个星体。在这一过程中，约翰制定了惊人而重要的星体M51的图画。M51是猎户座的一颗星体。约翰把它看成一个中央星群，外面有分开的星环围绕。约翰认为，如果一位观察者从其中心看上去，这个环就和从地球上看到的银河系相似——"也许，这是我们的兄弟星系。"

　　老赫歇耳仅仅从英格兰看到这些星体。为了完成父亲未竟的事业，1833年，约翰将20英尺（约6米）长的反射式望远镜运到南非的开普敦。他在那里花了4年的时间来观察南半球的星空。回到英国后，他发表了1700多个星体的分类，使之像一位评论家所说的那样，对于星群现象的研究"成了赫歇耳家族的唯一领域"。

观测星体

　　这个私人单筒望远镜在19世纪40年代初期损坏了。当时，威廉·帕森斯，即后来的罗斯伯爵在其家乡爱尔兰的伯尔市制造了一台巨大的反射式望远镜，镜片直径6英尺（约183厘米），成为当时功能最强大的仪器。在这台望远镜使用的头几周里，罗斯伯爵就绘制了比赫歇耳的图还优质的M51星云图，还表明了它特有的旋转形式。关于这些星体的一个巨大的问题是它们真的是由星体组成的，还是气体形成的云团？显然赫歇耳和罗斯都把M51纳入大量的星体之中了。M51的独特的形状也强烈地表明它是一个星系。但是，它是我们这个星系中的一个分系统还是之外的另一个系统？他们没有办法回

◎英国天文学家约翰·弗里德里克·威廉·赫歇耳爵士的照片，摄于19世纪60年代。约翰·赫歇耳爵士是威廉·赫歇耳爵士的儿子，他在研究星云方面发扬光大了父亲的事业。他还是一位先驱摄影家。

◎ 1850 年左右，由詹姆斯·雷诺兹父子绘制的北半球天体中的星座。

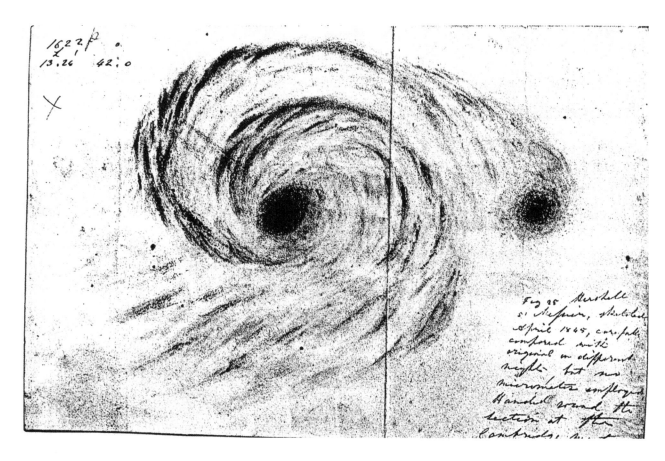

◎罗斯关于M51星云最初的图形清楚地表明了它旋涡的方式。

答这些问题，因为还没有发现测量或者估算星体距离的方法。

　　1838年，德国的天文学家弗里德里希·威廉·贝塞尔，他朝着回答这些问题的方向前进了一大步，成功地做到了当时所有的天文学家做不到的事情。具体地说，就是他发现了测量由地球围绕太阳运动所造成星球的视差运动的方法。贝塞尔用他最好的仪器仔细地观察天鹅座中的一个天体（译注：天鹅座61，也就是天津增廿九）长达一年多的时间，然后得出结论说，这颗星具有1/3秒弧的视差。后来这个角度成为一个细长的三角形的顶角。当用地球轨道直径作为底边时，就可以推算这个天体与地球的大致距离。贝塞尔将它定为6×10^{13}英

里(约9.656×10^{13}千米)。与现在所得的11.4光年相比，这个推算相当精确。

　　在一两年之内，又发现了其他星座的视差。苏格兰天文学家托马斯·亨德森在南非好望角天文台工作，并宣布半人马座中最亮的那颗星的视差有贝塞尔选择的那颗星的视差的两倍还多，这意味着它与地球的距离还不到贝塞尔选择的那颗星与地球距离的一半。实际上，它就是半人马座的α星，距地球4.5光年，一般认为是离地球最近的恒星。这些数字的量级超过了科学家预期的任何事物。它们被用于相对而言比较接近地球的那些星球。在了解宇宙究竟有多大这个问题上似乎没有答案。

◎罗斯的大型反射式望远镜的两个视图。镜面直径6英尺（约183
厘米）。尽管爱尔兰中部因天气多云而不利于星空观测，罗斯
仍用它观测到了许多重要的发现。

敲开宇宙化学之门
PHYSICAL SCIENCE IN THE NINETEENTH CENTURY

1844年，法国哲学家奥古斯特·孔德讨论了科学知识极限的问题。他认为关于星球，除了知道它们从远处看上去的外观，人类永远无法得知任何其他东西——人类无法知道它们的物理或者化学性质。这个预言发表后不到20年，孔德就被证明是错了。证明其错误的是天文学领域里最重要的，也许是最意外的技术突破——分光镜技术。

火焰发出的光芒可以用棱镜分析，燃烧的物质不同就发出不同的颜色。这一事实已为19世纪初期的一批科学家所认识。1814年，慕尼黑的一位仪器制造者约瑟夫·夫琅和费注意到，在这些情况下，光谱被许多黑线切断，虽然他看见这些线的形式随着燃烧物质的不同而变化，但他尚不能解释其意义。

◎威廉·福克斯·塔尔博特，先驱摄影家。他解释了为什么燃烧化学物质能够用棱镜进行分析。

颜色理论

光谱对化学的重要性首先是由两位英国人掌握的，即物理学家和照相先驱威廉·福克斯·塔尔博特和天文学家约翰·赫歇耳，当然还有其他人。塔尔博特写道："注视一下火焰的棱镜光谱就能发现它包含许多物质，否则要花费大量的化学分析去探测它们。"

在德国，罗伯特·本生开发出著名的无色火焰气体燃烧器，因此它不会干扰颜色分析。是他的同事古斯塔夫·基希霍夫建议他用棱镜来折射光线而不用通过各种颜色的滤光镜观察。这两位化学家于19世纪50年代在海德堡一起工作，用他们的本生燃烧器和棱镜发现了燃烧

◎古斯塔夫·基希霍夫，星体光谱学的创立者之一。

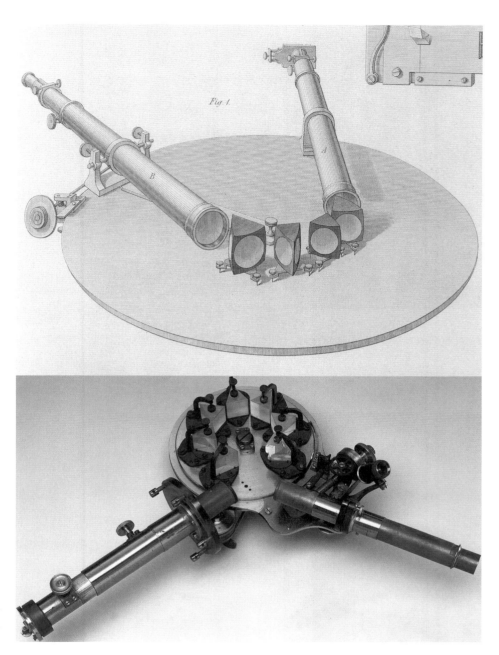

◎上图和下图：一台分光镜的
两个视图。物体的光线经过
一枚或者多枚棱镜折射，通
过目镜进行研究。

的每一种元素发射出颜色鲜艳的光谱，光谱被一条条黑线切断，每一物质的光谱各不相同，就像人的指纹各不相同那样。他们还发现这种技术可以从实验室的燃烧转移到星球研究领域。

故事是这样的，他们从实验室的窗户看到远处的火情，并用他们的分光镜能够从燃烧的物质中分辨出金属钡和锶。过了一段时间，本生向基希霍夫提议，既然他们能够分析远处火光中的物质，为什么不能用来分析太阳呢？当他们将分光镜转向太阳的时候，他们惊奇地发现，其光谱和从任何实验室燃烧得到的光谱完全类似。在1859年下半年和1860年年初的几个月里，他们绘制了太阳光谱，从中探测到钠、钙、镁、铁、铬和铜的存在。太阳的化学成分终于能够被分析出来，并且表明太阳的组成元素与地球的完全一样。

◎克里斯蒂安·多普勒。

光谱分析

一条更惊人的结论是太阳有大气层（并且由此推论出其他星体）。这一发现来自贯穿光谱所有颜色的"黑线"（吸收线）。基希霍夫认识到，这些线必定是由一个既定波长的光带造成的。这个光带被太阳周围、以极热的气体形式存在的同样元素所吸收。比如，当燃烧钠或者镁发出的光遇到以气体形式燃烧同样元素发出的光时，它们二者互相抵消，产生出特有的黑色吸收线。就是这些线的图谱和颜色的图谱结合起来发挥了识别星体的作用，就像用指纹去识别人一样。当太阳的第一张照片透露出它的巨大而炙热的日冕时，太阳大气层的存在受到人们的关注。日冕也就是太阳的大气层，它绵延到太空数百万英里。

基希霍夫撰写了一系列论文，解释他的发现，并且合理地解释了在不同光谱中看到的东西。基希霍夫的纪念碑矗立在海德堡，纪念"敲开宇宙化学之门"的光谱分析法的发现。在数年的时间里，天文学家诺尔曼·洛克耶在英国使用光谱识别出太阳的一种未知的元素，他把它叫作氦。这种元素直到1895年才从地球上分离出来。光谱学还产生了另一个巨大的发现——它能够用来测量星体运动的速度。

多普勒效应

这是奥地利物理学家克里斯蒂安·多普勒在1842年描述的原理的一种应用，即一个运动着的源产生的辐射在它远离地球而去时波长较长，而相对地球迎面而来时波长较短。这是因为辐射在运动源周围的分布是不对称的：在辐射的前面处于"受压缩"的状态，而在其后面则处于"扩张"状态。当应用于远离地球而去的星球发出来的光的时候，这意味着长波长部分，即光谱的红色的一端，处于扩张状态，而较短的蓝色波这端处于受压缩的状态。这一原理已经成为科学家所熟知的"红移"。如果一颗星球是

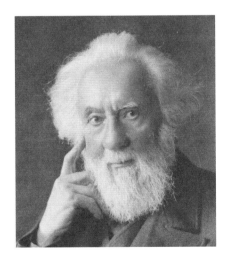

◎威廉·哈根斯，英国天文学家，他测量了远离地球而去的天狼星的运动。

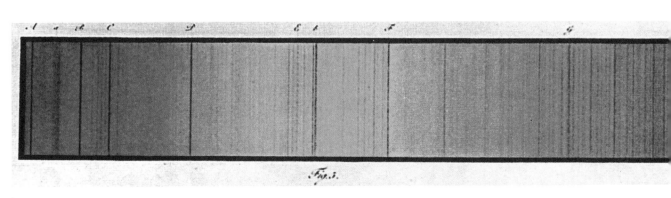

◎奥伯斯佯谬。星星均匀地散布在空间。虽然远处的星体较为暗淡，但是它们的数量也多。因此，星光照耀夜空的亮度应当是均匀的。

迎着地球高速飞来，相反的效应就会出现——将会有一个"蓝移"。

1868年，英国天文学家威廉·哈根斯分析了天空中最明亮的星——天狼星的光时发现，它的红移明显，他计算出这颗星正在以约48千米/秒的速度远离地球而去。分析红移的技术在20世纪显得最为重要，因为此时的天文学家将它用于研究银河系以外的星系。光谱学已经成为天文学家探索星空的基本工具之一。它的发现有助于构建一个完整的、全新而又出乎意料的宇宙观。

光的旅行

可以认为，19世纪的天文学家揭示了一系列线索，奠定了构建新宇宙观的基石。新宇宙观终于在20世纪二三十年代出现。另一件事是所谓的"奥伯斯佯谬"。虽然这一谬论不是德国天文学家海因里希·奥伯斯最先提出的，但是还是以他的名字命名了这一谬论。奥伯斯问道，假定天空是无限的，星体的分布是均匀的，那么，为什么夜空是黑的呢？从远离地球的星体发出的光达到地球上的量是很小的，但是在另一方面，星星的数量也随着距离的增加而增加，所以为什么夜空的光线不是均匀的呢？

奥伯斯认为，宇宙中必定有一种尘埃吸收了这些光线。但是，另一位德国人约翰·马德勒推论出了答案。来自外层空间所有星体的光线没有时间达到地球。但是，如果这是真实的，那么，光旅行的时间必定小于宇宙的年龄，在光速一定的条件下，关于宇宙的年龄和大小的思想就有了深奥的含义。

◎太阳光谱：不同的星体产生不同的黑线谱（吸收线），依其化学物质而异。这些光谱的功能像人的指纹一样，可用来识别星体的物质构成。

海因里希·奥伯斯
(Heinrich Olbers，1758—1840年)

· 天文学家。
· 生于德国阿尔贝根。
· 在格丁根和维也纳研究医学。
· 1779年，研究出计算彗星轨道的方法。
· 1781年，在不来梅行医，闲暇时利用一切机会用他的小型家庭天文台研究天文学。
· 1802年，发现了小行星智神星；1807年，又发现了另一颗小行星灶神星。
· 1815年，发现了一颗彗星，这颗星的回归期是70年，人们以他的名字命名了这颗星。
· 1826年，提出奥伯斯佯谬——夜空中星星和星系如此明亮，为什么夜空却是黑的？他对这个问题的回答是宇宙中星星的安排不可能是无限静止的。这导致了解释宇宙的理论。

 # 天文学的新技术和新视野

PHYSICAL SCIENCE IN THE NINETEENTH CENTURY

19世纪的下半期，数据分析的两项新技术——摄影术和光谱学，改变了天文学观察的基础，功能空前强大的望远镜揭示了星体和行星越来越多的奥秘。

在望远镜的设计上，两种形式的仪器，即折射式和反射式望远镜都有各自固有的困难。随着折射式望远镜的镜头功能变得越来越强大，筒体需要相应增长以适应其焦距的长度。为了防止筒体自身重量使得筒体出现弯曲因而影响图像，需要维持筒体的刚度。维持筒体的刚度也变得越来越困难。1840—1890年，这些折射式望远镜的镜筒长达100英尺（约30米），镜头直径3英尺（约1米），达到了它们发展的物理极限。

另一类型的望远镜是反射式，它比折射式望远镜短得多。但是，它的建设难度在于反射镜的镜子必须用金属铸造，其凹面的形状要十分精密，而且要抛光，以便收集和反射光线。反射镜重得惊人，而且很难铸造，又容易失去光泽。19世纪60年代以后，人们有了制造更大反射镜的能力，当时，物理学家让·傅科在巴黎创造出在玻璃镜面上镀银的技术。与金属镜相比，这种镀银镜比较轻，容易铸造，而且容易抛光。到19世纪结束时，反射式望远镜毫无疑问地成了未来望远镜的发展方向。

新发现

望远镜的功能改善之后在天文学上产生了最清晰的效果，而且还揭示了一些惊人的现象。1895年，詹姆斯·基勒在匹兹堡大学天文台进行了许多观察，证明了土星的光环既不是固态也不是液态，而是由流星状的粒子组成，彗星的组成也被分析出来。显然，彗星的头部不仅仅反射太阳的光，而且还放射出它自身的辐射光。也许，当时的人们还是把最大的兴趣放在了火星上。

◎1881年都柏林的大型反射式望远镜。

◎美国天文学家詹姆斯·基勒，1891—1898年任阿勒格尼天文台台长。

意大利天文学家乔瓦尼·斯基亚帕雷利宣布了他的判断，他看到了火星表面上有人工运河。美国的珀西瓦尔·洛厄尔在19世纪90年代接受了他的这一断言。他支持这样的思想，即火星上有智能的生命建造了这些运河，并用极地冰块融化的水来灌溉火星的土地。在火星上有

1877 年，火星离地球很近，它的近地周期是 15 ～ 17年。在 1877 年，美国海军天文台天文学家阿萨夫·霍尔首先看到火星的两颗卫星，他将它们命名为火卫一和火卫二，在希腊文中是"害怕"和"畏惧"的意思，它们也是战神的两个侍者。这两颗星非常小，其直径分别只有 25 千米和 15 千米。霍尔解释，他能够探测到这两颗星是因为他已经从火星的质量和引力计算出这两颗卫星的轨道可能的位置。

关于火星的卫星，下面介绍一段很奇特的历史。开普勒在17世纪就预言了它们的存在。当时人们知道，地球有一颗卫星，木星有四颗卫星，在数学级数的基础上，他觉得火星应当有两颗卫星。这一想法广为人知，英裔爱尔兰牧师乔纳森·斯威夫特在他的《格利弗的旅程》（Gulliver's Travels）一书中已经预言了它们。火星于1877年接近地球之后不久，更成为人们关注的焦点，

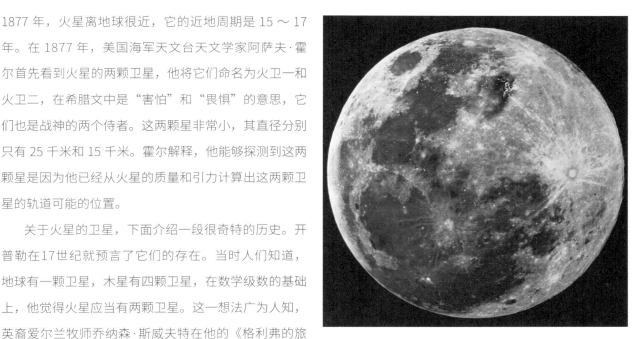

◎早期拍摄的两幅著名的月球照片，是19世纪中叶（大约1858年）由瓦伦·德拉鲁在伦敦市郊的一座天文台用13英寸（约33厘米）直径的反射式望远镜拍摄的。

生命的可能性使科学家们继续着迷了一个世纪。洛厄尔花费了多年的精力，试图定位一颗未知的行星。据信这颗星位于海王星以外。这颗星终于在1930年被发现，并且被命名为冥王星。

保存的图像

即使功能最强大的望远镜也很难直接揭示一个具体星球的情况。但是，摄影术对天文学的应用的确对宇宙学产生了巨大的影响。从19世纪50年代开始，月亮和太阳成了第一批被拍摄的天体。在日食期间看到的太阳的日冕引起人们特别的兴趣，因为它的巨大而又炽热的光环显示，太阳有大气层。但是，只有在通过功能强大的星空望远镜拍摄出一张张照片时，摄影术的重要性才真正显露出来，因为一张长时间曝光的照相底片能探测到比人的肉眼能够看到的光要微弱得多的光源，并且能被保留起来供将来研究使用。

1882年，苏格兰的天文学家戴维·吉尔在南非的好望角天文台对划过夜空的一颗明亮的彗星拍摄了一些极好的照片。当这些底片冲洗出来以后，和彗星同样令人吃惊的是背景中星星的数量极多，清晰度超出想象。鉴于这样出色的摄影结果，1887年在巴黎召开会议决定创制一系列新型的星空图。这些星空图将不是用手工画出，而是以照片形式来表示星体的详情。国际天文星图计划（Carte du Ciel）项目花费了几十年的时间才大功告成。它使星体天文学的研究发生了革命性的进步，因为这些底片可以在拍摄之后的许多年里供所有科学家研究使用。天文学家不必再没完没了地在夜晚去观察天空。天文学家们还制造了特殊的仪器来测量和协调摄影底片。这些长时间曝光的照片要求将一个时钟装置和望远镜联系起来，以便将某一视野保持长达1个小时甚至更长的时间。

摄影对于研究星云，在决定是星体空域还是气体云层方面尤其重要。美国人亨利·德雷伯和英国人艾萨克·

◎星空背景中的一颗彗星。在19世纪结束前，这样的照片替代了常规的星体图。

珀西瓦尔·洛厄尔
(Percival Lowell，1855—1916年)

· 天文学家。

· 生于马萨诸塞州波士顿。

· 就读于哈佛大学。

· 1894年，在亚利桑那州弗拉格斯塔夫建造了洛厄尔天文台。

· 强烈爱好对火星的研究。他绘制了一系列地图，表示火星表面的许多线条，他称之为运河，并提出可能存在火星人。

· 天文学方面的多产作家。1906年，他出版了《火星及其运河》（Mars and Its Canals）。

· 1907年，领导了赴智利安第斯山的天文观察远征队，带回了第一张清晰的火星照片。

· 1910年，出版了《作为生命居所的火星》（Mars as the Abode of Life）。

· 通过观察天王星和海王星轨道的"摆动化"，假设有一颗行星X存在。精确地预测了冥王星的亮度和位置。他去世14年后冥王星才被人们发现。

罗伯茨摄制了星云的许多历史性早期照片。有些照片，据我们所知，是遥远星系的照片。

五彩缤纷的宇宙

对天文学和宇宙学具有最深远意义的技术无疑是分析星体发出的光的光谱学。19世纪50年代末期，以本生和基希霍夫为首，在10年间摄制了几千个星体的光谱，并对其进行了比较。显然，星体是分组的。意大利天文学家安杰洛·塞基认为，星体光谱有四个基本类型，他把它们安排成从白蓝光为主到黄红光谱为主。这些类型可以简单地解释为它们的光谱代表了星体的不同温度。星体越热，蓝-白光就越多，星体越冷，黄-红光越多。

眼力尖的观察者早就知道，星体具有不同的颜色。托勒密曾经说过"金-红大角星"（牧夫座α星）现在有了明确而科学的解释。在19世纪80年代和19世纪90年代，哈佛学院天文台的一群天文学观察者在美国人爱德华·查尔斯·皮克林的领导下审查了几千个光谱，并且将塞基主张的四个类型扩展到十个。天文学家们开始明了其含义，这些光谱类型也许代表了一个星体在其寿命周期中所处的阶段。星体也许是在演进着的，从白热冷却到暗红，就像出炉的那些金属一样，过程就反映在它们的光谱中。星体的这种过程肯定要持续非常久远的时间。

这一发现的含义和星云及星域的含义只有在20世纪才能完全揭示出来，这时星云星域的含义为宇宙年龄惊人的新观点奠定了基础。天文学仍然是一门观察和推论的科学，因为不能用化学或者物理学的方法对它的客观物质进行处理和实验。与化学、摄影学、光学和工程中的新技术等方面意外的新联系已经极大地扩展了天文学家可以得到的数据，并且即将把这一科学带到一个全新时代的起点处。

◎仙女座星系M31，艾萨克·罗伯茨1888年12月29日拍摄。他是用双筒望远镜——一台20英寸（约51厘米）反射式望远镜和一台7英寸（约18厘米）的折射式望远镜拍摄的，是在一座家庭天文台用了4个小时才拍摄到的。

◎艾萨克·罗伯茨，英国人，天文摄影学的先驱。

傅科摆锤

PHYSICAL SCIENCE IN THE NINETEENTH CENTURY

若论19世纪发明物理科学基础实验的天才级人物，莫过于法国物理学家让·贝尔纳·傅科了。傅科是一位科学新闻工作者，他从未当过大学教师，总是先私下进行实验，然后才宣布结果。傅科最著名的实验是他无可辩驳地证明了地球围绕地轴旋转。他在研究摆锤运动一段时间后发现，移动安装摆锤的框架，摆锤的摆动平面并不变化。这使他想到了进行地球自转的演示。

他在他家的地下室里安装了一个5千克重的摆锤，摆锤用一根2米长的线悬挂着，安装得能在任何方向摆动。1851年1月8日，傅科开始了摆锤的摆动，在以后的数小时时间里，他惊喜地发现摆锤摆动的轨迹似乎是在绕着屋子旋转。傅科确信摆锤是真正在摆动，而地球的表面在它下面转动。自哥白尼时代以来一直作为一项科学原理的东西终于被简单而明确地验证了。

科学界的轰动

数周之后，这一实验又在巴黎科学院用一个11米长的摆锤重复进行，而后又在巴黎一家非教会的庙堂——先贤祠里用更长的摆锤当众进行，在那里一个360度的

◎上图：让·贝尔纳·傅科，他对地球是旋转的给予了一个可见的证明，这是在哥白尼坚持认为地球是旋转的3个世纪之后才做到的。

◎下图：英国伦敦科学博物馆中展示着能验证地球旋转的现代摆锤。

底盘能让所有观众清楚地看到摆锤平面的移动。这个实验轰动一时，大众传媒对此广为报道，全世界的科学界都反复地重复他的这个实验。傅科名噪一时，并被授予荣誉军团十字勋章。事实上，傅科意识到，他的实验只有在北极或者南极才能完美无缺地奏效，因为只有在北极或者南极，摆锤的轴才能和地球的轴垂直。在两极旋转一圈要花费24小时，而在其他纬度时间会有所变化：在巴黎要花34小时，在赤道上要花几乎48小时。傅科继续进行关于地球旋转机理的实验，于1852年发明了陀螺仪。他表示，陀螺仪能同样明确地验证地球的旋转，因为它一旦旋转起来，即使其安装架在转动，也能保持一个固定的方向不变。若干年后，这一发现导致导航用陀螺罗盘的发明。这种罗盘比磁性罗盘针能更加可靠地指出正北方向。

除了前文介绍过的傅科发明的镀银玻璃镜，他还在各种介质中验证了光的运动。起初，学术界对他相当轻视，但是后来，他被公认为天才的实验家。傅科死于脑瘤，享年48岁。

◎傅科摆锤在巴黎先贤祠引起轰动。

让·贝尔纳·傅科
(Jean Bernard Foucault，1819—1868年)

· 物理学家。

· 生于法国巴黎。

· 原本学医，但因害怕看见血液，遂改学实验物理学。

· 1845年，和阿曼德·斐索一起最先拍摄了太阳的清晰照片。

· 采用旋转镜方式算出了光速。

· 1850年，通过光速及其折射指数之间的反向关系演示了光在水中运动的速度比在空气中慢得多。

· 证明了光的波动性和光速与折射指数成反比。

· 研究出涡流——金属在运动的磁场中产生电流——傅科电流。

· 1851年，发明傅科摆锤。他用自由悬挂的摆锤在巴黎先贤祠举行的世界博览会上首次公开演示了地球的旋转。

· 1852年，建造了第一台陀螺仪。

· 1857年，制造了傅科棱镜。

· 1858年，改进了反射式望远镜的镜面，从而能够更好地探索空间。

科学和技术
PHYSICAL SCIENCE IN THE NINETEENTH CENTURY

第一次工业革命始于18世纪60年代的英国，并且是与钢铁生产和蒸汽动力等新技术联系在一起的。一般认为，这次革命具有工艺基础——有才华的工程师发现了解决古老问题的新方法，但是几乎或者根本没有在理论科学方面的贡献。18世纪80年代以后，诸如纺织机之类日益复杂的机械应用于工业中，但是它们也是技术改进，而与纯科学无关。在1800年前不久发明的汽灯也不是纯科学的成就，人们发现煤受热后（而不是燃烧）生成焦炭，放出气体，气体可以很方便地收集、储存起来，供燃烧之用，而燃烧的火焰可以控制。到了19世纪30年代，城市街道的第一批楼房就开始用汽灯照明了。

相反，19世纪40—80年代，人们目睹了第二次工业革命，这次革命直接来自本书概括论述的那些科学进步。在这一时期，科学以多种方式影响着社会生活，但是看得最清楚的方式还是电力和化学工业的出现。开尔文、赫尔姆霍茨和李比希等科学家都密切地参与到这些工业中来，正如人们所看见的那样，他们将科学应用于人们社会生活的改善。

发送信号

电报是电的首批应用，它起源于这样的认识：电脉冲能用来沿着导线传送信号。奥斯特发现电流可以使磁

◎上图：亚历山大·格雷厄姆·贝尔，电话发明人，照片拍摄于1876年。
◎下图：在当时的百科全书中看到的电报机。电报引领了通信的现代革命。

◎托马斯·阿尔瓦·爱迪生，电灯泡和留声机的发明人。

托马斯·阿尔瓦·爱迪生

(Thomas Alva Edison，1847—1931年)

·物理学家。

·生于美国俄亥俄州米兰。

·几乎没有接受过正式教育或者训练。

·出版《大干线先驱报》(Grand Trunk Herald)，这是为大干线
  铁路出版的一种报纸。

·1871年，发明自动收报机。

·1876年，移居新泽西州门洛帕克。由于成为拥有1000多项专
  利的职业发明家，变成了闻名遐迩的"门洛帕克奇才"。

·1877年，发明留声机。

·1879年，发明电灯泡。

·1881—1882年，设计了第一座配电厂。

·1912年，生产了第一部电影。

针偏转。这一发现导致19世纪30年代的实验。实验中指针能够指向字母和数字，并拼写出信息来。这一系统在英国的铁路公司中一直使用，直至莫尔斯代码出现后才被弃而不用。在莫尔斯代码中按下一个信号键就接通一个线路，并通过导线发送脉冲信号：它被冠以美国人塞缪尔·莫尔斯的名字。使用莫尔斯代码的第一条电报线于1844年在巴尔的摩和华盛顿之间开通。20年之后，铺设了大西洋海底电报电缆，将欧洲和北美洲联系起来。人类历史上首次实现了比骑马或坐船速度更快的远距离通信。

到了1880年，电报被苏格兰裔美国人亚历山大·格雷厄姆·贝尔的电话所取代。在这种电话中，送话人的声音造成空气压力波动，膜盒记录下这种波动并转换成

◎约瑟夫·斯旺爵士，他和爱迪生一起组建了爱迪生-斯旺联合电灯公司。

电流。然而，电话并没有将电报完全取代，因为要花费几十年时间来安装和普及这种传送信号的设备，而电报在当时已经是现成可用的了。

带来光明

法拉第验证了发电机原理——在一块磁铁的两极之间旋转一线圈将会在这个线圈中诱导出强大的电流。而后不久，人们便造出了功能强大而有效的发电机。但是，人们必须找出利用这种新能源的用途：用电能旋转电马达转换成机械能，或者通过两个电极之间的电弧——火花将电转换成光或者热。19世纪50年代起，在灯塔上应用的强大的弧光灯就是最初的应用之一。发明可用的低功率灯光需要多年的实验。这种电灯是美国发明家托马斯·阿尔瓦·爱迪生和英国化学家约瑟夫·斯旺在1880年发明的。灯丝灯泡的发明开辟了具有巨大潜力的电力市场。

1882年，纽约开设了世界第一座发电厂。伦敦、巴黎和其他大城市立即步其后尘。灯光主要是夜间需要，于是发电厂运营商便寻求别的电力应用，许多城市采用了有轨电车。开发基础设施的成本阻止了电力立即应用在长距离的铁路线上。

在这一时期居领先地位的投资商创建了一些大名鼎鼎的公司。除了爱迪生和斯旺，还有德国的西门子兄弟、恩斯特、德裔英国人查尔斯、美国人乔治·威斯汀豪斯和英国人塞巴斯蒂安·费兰蒂，他们都在想方设法地推动电力在家庭和工业上的应用。发电机当然要转，蒸汽机和后来的蒸汽涡轮也在使用。在这种意义上，电力仍然是由火产生的热能。但是，电力的精妙之处在于它能在某一中心处生产并输送到遥远的地方去，每一个用户不必自己用蒸汽机去获得电力。威斯汀豪斯还在尼亚加拉大瀑布下面安装涡轮，实验水力涡轮发电的可能。

化学作用

19世纪要发展的第二大工业是化学工业。纺织工业需要大量的漂白剂和染料，包括大量的酸和碱的生产。尤其染料是复杂的有机化学物质，必须为此找到人工合成的替代物，而这种工作只能由专业的化学家完成。由葡萄糖（由碳、氢和氧组成）组成的大分子多糖更是如此。19世纪80年代后期，人们用葡萄糖生产了第一种塑料赛璐珞和第一种人造纤维，新一代烈性炸物如火药也是在这一基础上生产并被用于采矿业中的爆炸作业和用来开辟长里程路面及铁路隧道。

化学在武器中的应用代表了科学在军事技术中的早期应用。但是一般说来，新技术还没有在19世纪的武器上发挥什么用处，蒸汽机在战场上百无一用。但是高爆炸子弹和炸弹同快速发射的机枪结合起来，将使战场战术发生革命性的变化。

金属的萃取也是由化学方法完成的。低等级的矿石含有杂质，这些杂质要在带有合适衬里的炉子里加热来去除，留下纯金属。经典的例子是19世纪70年代发明的，它用碱性石灰石做炉子的衬里，让石灰石和磷相结合，将磷从低等级的铁矿石中除去。

铝是世界上最常见的金属之一。但是它在自然界中并不以纯金属形态出现，必须从铝矾土中提取才能得到。在实验室中可以得到微量的铝，一直到19世纪80年代发明了电解法之后才析出了大量的纯金属铝。这一过程并非偶然发现的，而是应用科学原理的结果。除了基本材料，如塑料和轻金属，生产颜料、黏合剂、清洁剂和肥料的工业也都发展成了重要的化学企业。

冷藏

在食品工艺和处理过程中，制冷是最重要的，它对欧洲和美洲经济的发展发挥了巨大的作用。商业制冷开始于19世纪50年代，其基础是理解了某些液体蒸发后再冷凝的过程中发生的热交换。

在蒸发过程中，液体从环境中吸收热，在冷凝过程中，它们又放出热量。制冷装置被安装在铁路车厢和船舶里，允许将肉类从美洲和澳大利亚进口到欧洲。可以说，阿根廷和新西兰的经济就完全归功于这种技术。

到19世纪结束时，电力和化学等新科学改变了人类生活和工作的方式，也改变了人类通信、旅行、吃饭穿衣的方式等。由于内燃机和制药工业的出现，更大的变化也快要来临了。科学不再是纯思想体系，而是已经成为社会进步的强大动力。

◎1858年的制冰机。制冷给食品储藏带来重大改进，尤其是安装在船舶上。下图表示的是圣维多利亚号上的制冰机和储冰室。

19世纪自然科学的革命

PHYSICAL SCIENCE IN THE NINETEENTH CENTURY

如果要总结19世纪物理学家和化学家的成就，那么，应当总结为发现了看不见的东西。通过实验和思考推论，科学家揭示了自然界中隐藏的力和隐藏的形式。它们的存在是前一世纪中的先进思想所意想不到的。物理学家已经表明，任何结构，不管是在小型车间里铿锵作响的蒸汽机，还是星体宇宙，它们都是通过能量从一种形式转变到另一种形式来行使其作用。这一热力过程的最初来源和最终结果，人们只能猜想，但是关于这个宇宙运行的某些基本秘密却已经被清楚地揭示出来了。

对称性

在化学反应发生的所有变化过程中，物质是守恒的。化学家们发现，物质守恒定律补充了能量守恒定律。金属、酸和气体融合在一起或者分离开来生成无数的化合物，它们全是从几种基本的元素物质生成的。所有这一切活动都表现出绝对的平衡和对称。这种对称性可以用原子的概念来解释：这些无限细小的粒子是构成物质的基本单位，它们按照不变的数字和比例互相结合起来。这似乎表示，古代的数字神秘主义——数学的结构已经融入宇宙的结构中是正确的。这些原子是纯假设

◎1850年前后，在伦敦一座科学院的展览大厅里，正在展示当时的技术。

◎1870年，威廉·亨利·珀金（右二）、托马斯·迪克斯·珀金（左二）和实验室助手。威廉·亨利·珀金最早分离出染料——苯胺紫，这种染料是用煤焦油中提炼的化学品生产出来的，他因而建立了现代化的合成染料工业。1873年，他合成了香豆素，一种有香味的物质，从此开始了人工合成香水的工业。

◎1856年生产苯胺紫染料的原装瓶子。

的，没有任何人见过或审视过它们。但是它们对化学反应的谜团给出了符合逻辑的答案。电的神秘力量也卷入了将物质的原子结合到一起的过程，因为一个电荷就能把化合物分解成它们的元素。

当化学被应用到生命过程中时，它用另一个看不见的关系网络将有生命的和无生命的世界联系到一起。生命组织和生命的新陈代谢，归根结底，是由同样的无机物元素构成的，这些元素构成了整个有生命世界。生命具有纯物质基础，这又引起令人困惑不解的问题：即如何解释地壳中的金属或者大气的气体中和它们在植物、动物、人类身体中的组织形式之间的差异。这些元素在生命体及其环境之间的交换是一个永恒的过程，没有这种过程，任何生命都会终止。

更加宽广的视野

如果说有一种科学领域是人类的知识一直在想象而永远无法达到的，那便是星体的性质。1850—1870年，光谱和摄影技术揭示星体，包括太阳在内，都是由和地球以及我们人类的身体完全一样的化学元素组成的。而且，从太阳辐射出来的光和能也与把物质结合在一起的电有密切的联系，揭开电力之谜并用于人类自己的目的是完全可能的。

科学研究是永无止境的，而且它们似乎总能导致更为深层的问题，即自然界各种力之间的相互关系究竟如何。它们深奥的性质使19世纪真正成为一个科学的时代。将基础科学应用到新技术上究竟将以何种方式改变人类社会，没有人能够预测。

BIOLOGY AND GEOLOGY IN THE NINETEENTH CENTURY

19世纪的

生物学

地质学

与

知识革命：生命科学与地球科学
BIOLOGY AND GEOLOGY IN THE NINETEENTH CENTURY

19世纪的生命科学，创造了与物理科学同样影响深远的知识革命。和物理科学一样，它们发现了在自然界中起作用的隐秘的、看不见的过程，这些过程将生命与非生命世界的基本方面联系起来。

第一次革命发生在地质科学中。一个核心谜团一直困扰着所有博物学家：为什么在自然过程中出现了这样多种类的植物和动物。查尔斯·莱尔爵士证明了地球远较过去认为的更古老，寿命可以亿年计。他的见解为这道问题提供了一个新的答案。查尔斯·达尔文对这道问题的答案——进化论，是人类认识自己历史的一个重要的转折点，因为进化论将人类牢牢地置于动物界中，并挑战了所有有关人类起源的传统的、宗教的解释。

在漫长的岁月里，地质和进化的力量在环境中默默地起着作用，但科学家发现了另一个与人类更加接近的隐秘世界——细菌与微生物的世界。路易·巴斯德的细菌理论，回答了疾病起源这一古老问题。他揭示环境中弥漫着看不见的因子，能够侵入人体，而且这些因子构成了一个以往人们从未想象过其存在的、完整的生命世界。同样，有机化学和之后的生物化学都揭示了生命过程（如新陈代谢和生长）以及生命组织自身的结构，与构成自然界的元素相同，如碳、氢、氧、磷、硫等。

科学争论

在这些革命性的见解中，细菌理论可能对人类具有

◎1871年的查尔斯·达尔文漫画像。在那个时代，达尔文成了著名的公众人物，被认为是最领先的，也是最具争议的思想家。

◎上图：玛丽·安宁发现了许多极好的标本，如第一个鱼龙标本。

◎下图：玛丽·安宁还是个小姑娘的时候，就在英国多塞特郡莱姆里吉斯的石灰岩中搜集化石，卖给来访的博物学家。

最直接和最实际的意义，因为它最终导致人类征服了如此多样的疾病。但是意义最为深刻的认识改变由进化论产生，因为它真正重新定义了人的本质是一个物种，是自然界的一个组成部分。相较于物理或化学的发现，进化论更密切地关系到人类，它标志着一个时代的到来和论及人类地位的任何神话或神学观点的终结。因此，这是有史以来科学家提出过的最具争议的科学理论。这场争论之所以激烈，是因为进化的观点是非技术性的：任何人都可以理解这个理论，而热力学或电磁辐射的术语，则只有少数专家才能理解。

进化的概念渗透到19世纪的思想中，它赋予进步的思想一种科学的形式，这是精神的、物质的和社会的进步，引导人们脱离蒙昧和野蛮，进入一种更为丰富和完善的文明。进步的信念开始与技术创新、政治变革和经济发展相联系——人类社会所有的这些方面都可以说是按照科学规律运行的。在机械时代，整个社会可以被看作一部庞大的机器，由理性的法规指导运行。从这个意义上说，在19世纪，生命科学成了与以往的宗教一样强大的知识力量，就像物理科学提出了对物质世界的新的见解，生命科学提出了对人类的新的认识。

现代古生物学的奠基者：乔治·居维叶
BIOLOGY AND GEOLOGY IN THE NINETEENTH CENTURY

自17世纪下半叶开始，博物学家就已经意识到，化石代表着死去的植物和动物的残余，其中一些种类与现存的很不相同。将化石问题置于物种多样性争论中心的人，是法国动物学家乔治·利奥波德·居维叶。居维叶在将他的注意力转向已灭绝的物种之前，用了多年时间研究现存动物的比较解剖学。他从这些研究中得出的最重要的结论是，这些物种自身都已发展得尽善尽美，并十分完善地适应了它们的环境。因而其自身结构中发生任何重要改变，它们都无法存活。居维叶主张物种不变，每一个物种自它被创造以来，都没有改变过。因此，他排斥博物学家如拉马克等提出的早期形式的进化论。他坚持认为，不同动物类型，如脊椎动物和软体动物间的本质差异，使它们根本不可能在任何进化系统或生命链中联系起来。

乔治·利奥波德·居维叶
（Georges Léopold Cuvier，1769—1832年）

·以比较解剖学和古生物学之父闻名。
·生于法国蒙彼利埃。
·立志于管理，但对动物学感兴趣。
·1795年，在巴黎自然历史博物馆被任命为比较解剖学助理教授。
·首创动物分类学自然系统。
·复原在巴黎盆地中发现的巨大脊椎动物化石，从而将古生物学与比较解剖学联系起来。
·1798年，成为法兰西学院的自然史学教授。
·持激进的反进化论立场，鼓吹"灾变"为进化的原因。
·1814年，被任命为巴黎大学名誉校长，进入路易十八内阁。
·1831年，成为法兰西贵族。
·1832年，被任命为内务部长。

◎朱鹭的骨骼，由居维叶组装，陈列于巴黎自然历史博物馆。

◎法国动物学家乔治·居维叶。

　　虽然居维叶不是第一位收集化石的博物学家，但他是第一个试图复原完整化石物种的人，如树懒和猛犸等大型四足动物。他成为这方面的专家，据说可以根据一块骨头，复原出未知的动物。这些标本陈列在居维叶工作的巴黎自然历史博物馆，使他获得了"魔术师"的名声，可以变幻出科学上前所未知的新动物。在搜集化石的过程中，他建立了一条重要原则：岩层越深，化石的种类就越不熟悉，越不像现存的种类；而在较新的上层地层，化石似乎较容易与已知的动物类型联系起来。

灾变论

既然居维叶相信物种不变，他又如何解释这些化石

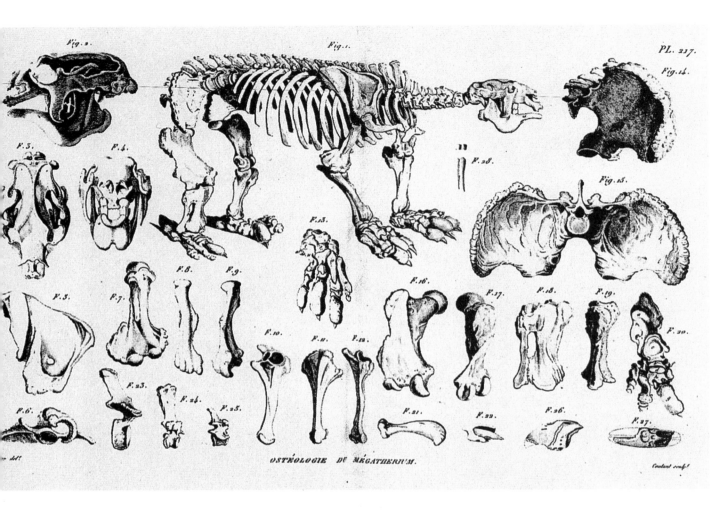

◎大懒兽——南美大型树懒的骨骼，由居维叶复原。

实际上是什么呢？他的回答是，这些都是被一系列自然灾变，如洪水或地震完全毁灭的动物。这种思想被称作灾变说，因能够解释山脉何以隆起、大湖何以形成而更具吸引力。虽然居维叶不接受造物说的极端宗教观点，但他和他伟大的法国前辈布丰一样，假定地球的寿命较短，以数万年计。居维叶认为《新旧约全书》中的洪水就是最近一次灾变，那时我们刚好有了历史记录。在那次事件以后，大地通过动物迁徙而重建生机。

居维叶的重要性，在于他将古生物学建立在经验主义的牢固根基上，展示了如何通过分析化石碎片来建立起完整的生物图像，他还确定了灭绝的关键事实。然而他从那些化石中推断出来的许多想法是完全错误的。这说明经验主义的证据不能自动引出科学真理。因为证据需要解释，而居维叶没有抓住已消亡与现存物种之间的真正关系。

在英国，与居维叶同一时代的威廉·史密斯在他的著作《通过化石组合识别地层》（*Strata Identified by Organised Fossils*）中，对地层学原理做了明确的描述。他在书中表明，某一类型的化石总是出现在一定的岩层中，因而化石种类与地层同时代。这一观念后来被称为"埋葬顺序"，并成为古生物学的基本原则之一。

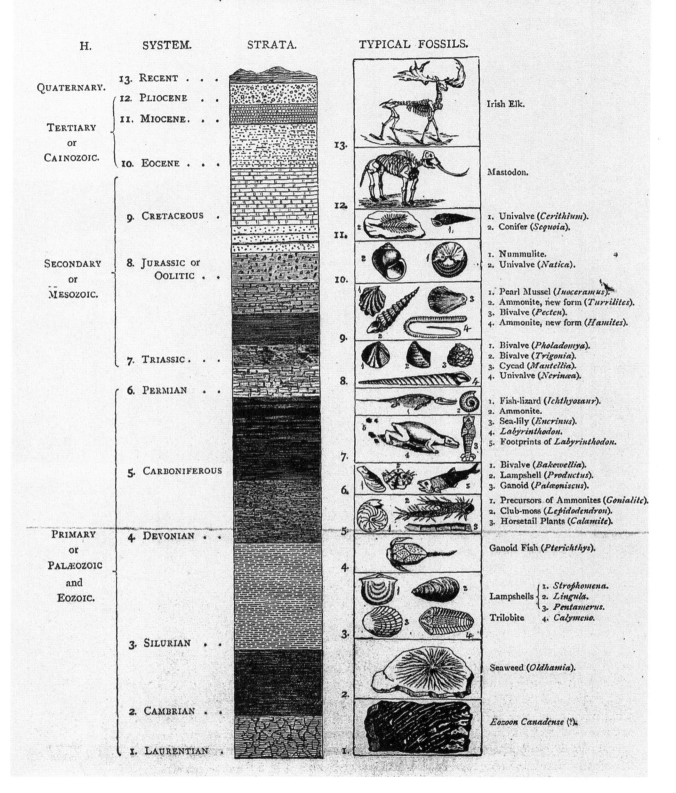

FIG. 4.—*TABLE OF STRATIFIED ROCKS.*

◎图表显示了古生物学的两条伟大原则：特定的岩石总是与特定的化石相关联，
它们都来自同一时代，而最古老的化石发现于最深层。

可怕的蜥蜴：恐龙的发现
BIOLOGY AND GEOLOGY IN THE NINETEENTH CENTURY

在早期古生物学中最轰动的事件是恐龙的发现：它们从那时进入人们的想象中，以后再也没有消失过。毫无疑问，矿工和采石工人早在19世纪以前就已经注意到这些巨大的骨骼化石，但它们从未被认真研究过。据推测，关于巨人与怪兽的传说可能就起源于这些发现，但没有证据支持这一想法。

引起人们注意的第一个关于恐龙的信号不是骨骼，而是1800年在马萨诸塞州的沙石片上发现的巨大的脚印。它们被认为是在地面居住的巨大鸟类，比如鸵鸟留下的足迹，但它们的古老年龄未被鉴定出来。

19世纪20年代，在英国发现恐龙的时代才真正开始。1822年，萨塞克斯的医生吉迪恩·曼特尔首先在沙石中发现了一颗大牙齿化石，然后又在相同的地点发现了骨化石，这些化石不像他以前见过的任何化石。他把这些标本送到巴黎交给著名的居维叶，居维叶断言它们来自一种已灭绝的犀牛。但是曼特尔持怀疑的态度，他又把这些牙齿与伦敦皇家外科医学院博物馆的标本进行了对比，发现它们与蜥蜴的标本更相像，只是被放大了。

1825年，曼特尔发表了他的论文《一种新发现的森林爬行动物》(On a Newly-Discovered Forest Reptile)，他将其命名为"禽龙"(Iguanodon)。居维叶读到了这些描述，承认这是一种新的动物，来自另一个时代的一种草食性爬行动物。

在这期间，1824年，另一位博物学家威廉·巴克兰发现和描述了在牛津附近发掘到的一种动物的遗迹，具有巨大的刀片样牙齿，与禽龙的叶片样牙齿显著不同，明显属于一种肉食性爬行动物，他将其命名为"斑龙"(Megalosaurus)，意思是"巨大的蜥蜴"。根据巴克兰的标本，居维叶估算这种动物约有12米长。

◎萨塞克斯的地质学家吉迪恩·曼特尔医生和他的妻子，他们一起认定了第一种恐龙化石。

◎两种侏罗纪恐龙——暴龙和一种小型食植恐龙。

◎19世纪20年代，曼特尔在萨塞克斯一个采石场监督挖掘恐龙化石。

◎曼特尔戏剧性地重现了一群恐龙的死亡——它们的身体沉入泥浆，以后人们将会在那里发现它们的化石。

◎在萨塞克斯发现的化石残骸，曼特尔绘图。

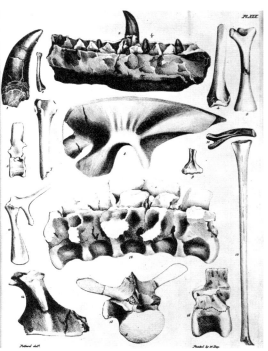

◎1853年，在伦敦水晶宫举行的科学聚会。与会者坐在恐龙模型内。

大博览会

19世纪30年代，科学家有了进一步的发现，一种全新的动物纲从时间的迷雾中显现。1842年，英国皇家外科医学院的解剖学教授理查德·欧文写了一篇关于这种化石的报告，讨论了这些爬行动物的特征，"在尺寸上远远超过了现存的最大爬行动物"，组成了蜥蜴类动物的一种不同的目，"因此我建议使用恐龙这个名字"。恐龙一词来自两个希腊语词根"可怕"和"蜥蜴"；欧文用这两个词概括了恐龙的特点。

在英国，真正把恐龙带入公众的视野是在1854年，大博览会转移到伦敦南部一个风景如画的地方，在那里展出了令人惊异的实际大小的禽龙、斑龙和其他生物的混凝土模型。这个设计由欧文策划，本杰明·沃特豪斯·霍金斯实施，1853年的除夕，两人在禽龙模型里举行了一场晚宴以庆祝模型建成。

研究在继续

尽管恐龙化石最先是在英国发现的，但最丰富的发现是在美国。在那里，寻找恐龙变成了一项认真且严肃的运动。在19世纪50年代中晚期，费城自然科学研究院的约瑟夫·莱迪博士看到了在蒙大拿州和南达科他州发现的各种化石遗迹，他认识到它们就是那种被欧文叫作恐龙的东西。因此，当1858年一个几乎完整的骨架被从新泽西州运到他面前时，他已完全为此做好了准备。他能够把它重新构建成鸭嘴龙，这种两足动物有鸟样的喙和奇怪的鸟冠样的头骨。霍金斯曾经建造过一头鸭嘴龙的模型，他提高了美国人对于恐龙的兴趣。

美国南北战争结束后，两个精力充沛、雄心勃勃的年轻人奥思尼尔·查尔斯·马什和爱德华·德克林·科普重新开始了对恐龙的追寻与研究，两人都是很富有很能干的科学家，都对追寻大恐龙着迷。他们开始是朋友，但强烈的竞争使他们变成了敌人，谁都想胜过对方。西部各州是他们探险的中心，那里有暴露的岩石，尤其是富含化石的广阔砂岩区域。马什工作的地方在怀俄明州东南部的科莫绝壁，是一个在古生物学史上非常重要的地方。那里挖掘出了第一处剑龙的遗迹，并在之后的很多年里不断发现化石。马什工作的另一个地方——科罗拉多州的莫里森，发现了第一个雷龙和梁龙的化石，它们是那种庞大的有长脖子的食植恐龙。科普工作的范围从新墨西哥州到加拿大边界，在科罗拉多州的坎宁城，他找到了异特龙的残骸，这是一种大型的食肉恐龙。

马什和科普挖掘的这些标本被送回东海岸城市的博物馆，在那里它们震惊了普通民众和来自欧洲的古生物学家。接着，人们开始对这

◎上图：爱德华·德克林·科普，19世纪60年代美国两大恐龙化石追寻家之一。

◎下图：奥思尼尔·查尔斯·马什，是爱华德·德克林·科普作为恐龙化石追寻者最大的竞争对手。

◎英国地质学家威廉·史密斯，与他创新的英国地质图。他引进了动物区系顺序的概念。

◎史密斯关于英格兰和威尔士地质图的说明。

些动物进行分类，试着解答它们是怎样生活的、为什么会灭绝等这些问题。莱尔关于地质时代分期的工作清晰地表明，这些动物在数百万年前曾经在世界上出现过，它们提供了进一步的证据支持达尔文的理论，即生命体参与了一个长期、复杂又神秘的进化过程。我们现在已经清楚地知道在这种生命形式的背后有一条发展的链条，已消失了许多年，古生物学家正试图使之重见天日。

地质学和宗教：巴克兰和钱伯斯
BIOLOGY AND GEOLOGY IN THE NINETEENTH CENTURY

发现已灭绝生物的化石提出了一个关于地球年龄的问题。由居维叶重建的这些巨大生物及曼特尔和巴克兰发现的可怕的爬行动物在几千年内繁荣然后灭绝是可能的吗？19世纪早期的少数科学家仍然接受《旧约全书》的时代框架。多数人比如布丰，倾向于认为地球的年龄是以万年计，但不很精确。但到1825年，人们已经无法否认关于灭绝的见解，进一步引起了对《旧约全书》中创世解释的困惑：地球上现存的生物是与灭绝物种相关或由它们延续下来的吗？如果是，它们是在稍晚点的时间被创造的吗？如果不是，怎样解释选择性灭绝？上帝作为造物主的角色与自然在缓慢而深奥的变化的证据怎样重新调和？几位作家，包括一些科学家，试图使这些新的地质学发现和《旧约全书》的教义相调和。

洪水理论

威廉·巴克兰是一位牧师，他对牛津大学创建一所非正规的地质学院发挥了重要作用，还在1824年发现了斑龙的遗迹。巴克兰考虑到灭绝的问题，认为他在《旧约全书》的洪水故事中找到了答案。

1822年，巴克兰发表了关于在德比郡的一个山洞里发现的鬣狗骨化石的分析，他认为这是有关洪水的历史性证据，因为欧洲鬣狗显然是在这场洪水中消失的。就这样，洪水成了造成灭绝的一种可能。这完全与居维叶的灾变论相一致，居维叶认可了巴克兰的工作。巴克兰对地质学和《旧约全书》的重新调和是有意义的，只是证据有限；如果有关灭绝物种的证据出现于世界的许多不同的相互间隔地区、许多不同的时代，那么灭绝就不得不被看作是一个过程而非一次灾难性事件。

◎一个地质横断面，巴克兰用来说明在不同深度发现的植物和动物化石。

◎牛津大学地质学家威廉·巴克兰在他的教室里。

Plate II.

◎中新世的贝壳
化石，由巴克
兰绘制。

威廉·巴克兰
(William Buckland, 1784—1856年)

·牧师，使地质学和恐龙研究大众化的人。
·出生于英格兰的阿克斯明斯特。
·受教于牛津大学。
·作为第一位地质学教授在牛津大学任职。
·他于1815年左右开始科学地研究恐龙，成为第一个描述恐龙化石的人。
·1822年，发表了《齿骨化石集》（An Assem-blage of Fossil Teeth and Bones），根据化石残骸描述了一种鬣狗摄取食物的残暴。
·最早详细描述了中生代岩石。
·1822年，发现了一个古代人的骨架，最后命名为Red Lady of Paviland。
·1824年，发表了《关注斑龙、石地巨蜥》（Notice on the Megalosaurus or Great Fossil Lizard of Stonesfield）。
·开辟了变为化石的兽粪的研究——粪化石学。
·在牛津大学任矿物学讲师。
·作为教区牧师，不懈地试图调和地质学与《旧约全书》中所描述的世界。
·1845年，任威斯敏斯特教长（主持牧师）。

罗伯特·钱伯斯
(Robert Chambers，1802—1871年)

·出生于苏格兰的皮布尔斯。
·1819年，在爱丁堡和他的哥哥一起卖书，业余时间写作。
·1824年，发表了一组散文《爱丁堡的传统》（Traditions of Edinburgh）。
·1832年，和他的哥哥威廉创办了W＆R钱伯斯出版社。
·1844年，未署名发表了《创世的自然志遗迹》，一个在达尔文前关于上帝设计的万物发展的讨论，引起轰动。
·多产作家和出版人，1859—1868年编纂了《钱伯斯百科全书》。
·创作了许多关于苏格兰历史的著作和歌曲。

渐进观点

试图调和地质学和宗教思想的一个更精细更微妙的观念来自几年后的著作，这一观念成了19世纪考虑这个问题的中心。1844年，罗伯特·钱伯斯出版了未署名的著作《创世的自然志遗迹》（Vestiges of the Natural History of Creation），他是爱丁堡出版家族中的一员，后来还出版了《钱伯斯百科全书》（Chambers's Encyclopaedia）。钱伯斯本不是一位科学家，但他深刻地思考了科学思想对上帝和自然的传统信仰的冲击。《创世的自然志遗迹》的主要论题是，生物世界由一条基本的发展定律控制，正如物质世界是由万有引力定律所控制。钱伯斯讨论了迄今发现的化石，认为它们显示了一个总的从低级到高级形式的进步，物种灭绝和新物种的出现不断发生。他利用居维叶和史密斯阐明的地层理论确定所讨论化石的年代。他说，人类的出现是一个相对新的事件，即使是在人类历史内，显然也有较高级人种的发展过程。对钱伯斯来说，这个世界发展的定律就像万有引力定律一样，已经被上帝本人铸入自然的结构之中。

在某种意义上，钱伯斯的理论受到同时代的神学观点反对，因为它明显否认了所有物种是在同一时刻被创造的观点。但钱伯斯认为，这个传统教义是天真且过分单纯化的，他认为设想通过自然法则的作用，达到上帝的目的更为高尚。钱伯斯的科学有些是不精确的，但他的观点——自然法则在渐进地发挥作用，比居维叶和巴克兰的灾变论更先进。

钱伯斯的著作在那个时代是非常有影响力的。它卖出了数万册，并被翻译成了多种语言。从低级向高级发展的自然法则观点，被应用到了生物学以外的领域，变成了维多利亚女王时代社会的根本思想。钱伯斯发表著作的时间正是达尔文正在提炼他的进化论思想的时候，达尔文很欣赏这本书，声言它为他的理论奠定了基础。正如牛顿的天文学和物理学在18世纪被看作是上帝创造一个理性的有序的世界的证据，发展和进化的观点也帮助解释了生物多样性和物种灭绝的问题。

地球的年龄：莱尔的新地质学

BIOLOGY AND GEOLOGY IN THE NINETEENTH CENTURY

到1830年，将地质学综合成一个能与当时正在出现的物理学与化学新成就相比拟的新学科的时机成熟了。半个世纪以来，严格意义的地质学已经产生了许多很重要的观念。地质学这个词是在1779年由瑞士登山家和阿尔卑斯山研究的先驱者贝内迪克特·德·索舒尔最先使用的。他的主要发现是地层学顺序：越深层的岩石比较接近表面的岩石更古老，不同岩层的化石可根据它们周围的岩石排成一定的顺序。灭绝的事实已被证实，它提出了令人困惑的问题，这些消亡的动物与现存的物种是否是相关的。人们已经知道大部分岩石不是沉积形成的就是火山形成的——也就是说，它们不是来自水中物质的沉积，就是来自剧烈的火山活动过程。

但地质学作为一个整体，被不适当的地质时代概念所阻碍。因为当时地球被猜测只有数万年的历史，地球表面的重大变化必定是由于突然的、灾难性的原因造成的。是查尔斯·莱尔爵士把地质学放到了一个新的根基上，他极大地增加了地质学家对地球年龄的估计，将其延伸到了数百万年。莱尔告诉我们的这条原则就是，地

查尔斯·莱尔
（Charles Lyell，1797—1875 年）

· 地质学家，延长了对地球的年龄估算，确定了地质科学的原理。

· 出生于苏格兰的金诺地。

· 受教于英国公立中学，后在牛津大学埃克塞特学院学习法律。

· 在伦敦成为律师。

· 1828 年，环游欧洲，研究岩石和矿石，放弃法律职业，开始写书。

· 1830 年，出版《地质学原理》第一卷。

· 1832 年，在伦敦国王学院任地质学教授，出版了《地质学原理》第二卷。

· 1833 年，出版《地质学原理》第三卷。

· 穿越大西洋，研究美国的地质学。

· 1845 年，出版《在北美旅行》（*Travels in North America*）。

· 1848 年，成为查尔斯·莱尔爵士。

· 1849 年，出版《再访美国》（*A Second Visit to the United States*）。

· 出版了许多重要的有影响力的著作，通过地质学证据支持达尔文的观点。

◎查尔斯·莱尔爵士，现代地质学的创始人。

◎西西里埃特纳火山附近的博沃峡谷，莱
　尔研究的主要地区之一。

◎莱尔所画的右边的花岗岩和左边的石灰
　石之间的分界线的横断面。

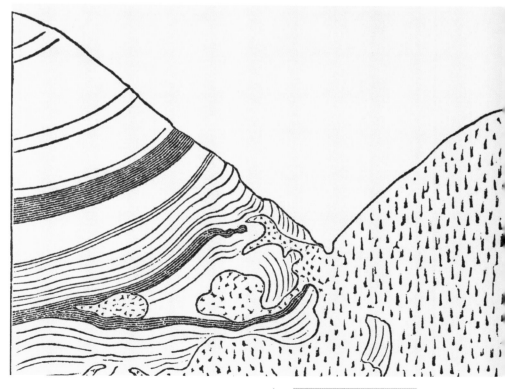

◎亚当·塞奇威克，莱尔的一位追随者，和麦奇生曾进行激烈的争论。

球是在岩石形成和磨损的同一个渐进过程中形成，这个过程今天仍在继续。

原始发现

莱尔是威廉·巴克兰在牛津大学的一名学生。一开始，他接受了老师的灾变论，但几年的原始观察使他开始相信别的东西。在他仍是一个年轻人时，他到欧洲旅

行研究地质的形成，例如，他观察意大利的河流，这些河流的沉积产生了沿岸的平原，并淤塞了古老的港口，以至它们现在位于距海岸一定距离的内陆。在法国南部，他发现了沉寂很长时间的火山，火山固化的岩浆和淡水湖沉积岩中保存的化石混生在一起。海平面的显著变化解释了在高山上发现海洋生物化石的原因。他推论，这些事实证明，环境不是在几千年而是上百万年的

◎罗德里克·麦奇生爵士在《名利场》（*Vanity Fair*）中的漫画像，他也是莱尔的学生之一，命名了许多地质学时代。

过程中形成和改变的。在西西里，莱尔对埃特纳火山的研究使他相信，高山不是在一次喷发中升起，而是在漫长的岁月里形成的。这些发现提示莱尔，过去曾起过作用的地质活动，现在仍然起着作用。而要产生这样的效果，这种过程延续的时间必然比过去任何人想象的都要长得多。

动态平衡

1828年，莱尔开始着手写一本展示他的观点并带有大量支持性证据的书。《地质学原理》（*Principles of Geology*）的第一卷发表于1830年，其中莱尔宣布了他的一致性原则：地质学家应该通过与现在的类比来解释过去。在这个基础上，即使是最大的变化也可以在给定的充足时间内得到解释。莱尔注意到，陆地动物和海洋动物的化石记录存在显著差异。他指出，海洋生物具有相对高度的延续性，而陆地物种看来改变得更剧烈，也更易发生灭绝事件。他认为这是因为陆地的环境处于一种逐渐的持续的变化状态，新物种的出现是为了对应新的条件。实际上，出现新物种是自然的一种永恒状态。莱尔强调，地球和生物世界处于一种动态平衡的状态。

1832年和1833年，他完成了《地质学原理》的第二卷和第三卷，他关于地球具有更加久远历史的观点给人们留下了深刻印象。可以说，莱尔自己从没有对地球年龄给出一个数字，以避免引起人们对于地球的起源和他工作内容的宗教含义的推测；相反，他让证据自己说话。莱尔的成就是把地质学放在一个严格的科学立足点之上，大力宣称当前起作用的同一法则也控制着过去的年代——正像物理学和数学的定律一样。关于灾难性力量一次形成地球的理论现在已经衰微，是非理性的，在地质学上没有位置。

莱尔的学生，像罗德里克·麦奇生和亚当·塞奇威克，帮助确立了我们至今仍在使用的地质学时代，如石炭纪、白垩纪、侏罗纪等。在这些人中，对莱尔关于地球年龄的观点印象最深的是查尔斯·达尔文，达尔文反过来又影响了莱尔写作他的最后几本书之一——《古人类的地质学证据》（*The Geological Evidence of the Antiquity of Man*，1863年出版），其中他回应了达尔文的进化论原则。实际上，达尔文承认，没有莱尔关于地球年龄的发现，进化论就不会产生。

地理学的创始人：亚历山大·冯·洪堡

BIOLOGY AND GEOLOGY IN THE NINETEENTH CENTURY

19世纪出现了几个全新的科学分支，如热力学和有机化学，还有一些学者把分散的研究领域结合到一起而产生出新的科学观点。最明显的例子是亚历山大·冯·洪堡，他创立了现代地理学。

亚历山大·冯·洪堡是普鲁士人，他最早的兴趣是植物学和地质学。年轻时，他就有这样一个目标，要把博物学家的许多不同的工作合成一种统一的地球科学。这个思想是要能表明岩石、土壤、气候、植物和动物所有这些是如何彼此相关的，以及是怎样被衡量和系统化的。为了完成这些理想，亚历山大·冯·洪堡认识到他需要提高自己的知识水平。

他需要到更多不同的环境中去取得比他在欧洲能发现的更多的资料，他设计了一个到南美洲旅行的计划，去直接研究一个以前没有被欧洲科学家描述过的环境。南美大陆成为西班牙和葡萄牙的殖民地已经三个世纪了，事实上已经与外界世界隔绝了。1799年，亚历山大·冯·洪堡和他的同伴，法国科学家艾梅·邦普朗，从西班牙政府那里获得特许，以科学研究的目的去南美洲旅行。

探险精神

接下来，这两位先驱花费了五年时间收集资料和标本，忍受着赤道附近炎热的气候、疾病和来自原住民的不解与敌视的考验。他们步行、骑马、乘小舟走过了9700多千米。在南美洲，他们显示了一种新的探险精神，追寻的不是黄金、奴隶或战利品，而是自然标本和科学思想。他们旅程的第一阶段是从委内瑞拉的加拉加斯通过奥里诺科河流

◎上图：年轻时的亚历山大·冯·洪堡。

◎下图：艾梅·邦普朗，法国科学家，与冯·洪堡结伴完成南美洲之旅。

◎狮猴，冯·洪堡描述的南美洲数百种物种之一。

亚历山大·冯·洪堡
（Alexander von Humboldt，1769—1859年）

· 博物学家和探险家。

· 出生于德国柏林。

· 在法兰克福、柏林、格丁根大学和弗赖堡矿业学院学习。

· 1799年，和艾梅·邦普朗前往南美洲探测未知大陆。

· 1805—1834年，出版了他的23卷本的游记——《新大陆热带旅行记》（*Travels of Humboldt and Bonpland in the Equinox Regions*）。

· 1805—1827年，住在法国。与盖-吕萨克一起实验大气的化学组成。

· 1829年，与埃伦贝格和罗丝一起到中亚探险，研究地质学、植物学和磁学。

· 1843年，在《中亚》中发表了他的发现。

· 在政府部门工作，但继续开展科学研究。

· 1845年，开始发表《宇宙》，一本通俗的关于世界的科学描述。

域，而第二阶段是在哥伦比亚、厄瓜多尔和秘鲁的山区内。他们的经验和成就很多。他们追踪了卡西基亚雷河的流程，它与分水线划分的正常规律不同，连接着奥里诺科河和亚马孙河流域。他们研究了亚马孙河中可以发出600伏电击的电鳗以及美洲虎和雨林中的热带蟒蛇。"每一个研究对象，"冯·洪堡后来写道，"从能吞掉一匹马的蟒蛇到可在一朵花的花蕊上站立的蜂鸟，都宣告着自然的伟大、力量和仁慈。"

在安第斯山脉，他们发现自己在一个完全不同于欧洲那些山脉的地方——实际上，这是那时所知的世界上最高的山。冯·洪堡和邦普朗试图攀登高6100多米的火山钦博拉索山，但未到达顶峰。这次经历，让他们首次提出了高山病。往南走，他们惊讶地看到海岸线的迅速变化，从厄瓜多尔潮湿炎热的热带丛林转变为秘鲁的沙漠。冯·洪堡做了许多海上和陆地的温度记录，发现有一个冷洋流向北移动，控制了沿海的气候；这一洋流在许多年中都以冯·洪堡为名，而现在叫作秘鲁洋流。他们发现了一种含氮丰富

◎冯·洪堡和邦普朗在他们的南美洲丛林小屋里。1800年左右绘制，显示了他们二人
1799—1804年在南美洲西班牙殖民地中探险的历程。

◎冯·洪堡和他的队伍在厄瓜多尔的大火山钦博拉索山脚下。

的堆积物——海鸟粪，原住民将其用作肥料，冯·洪堡将此介绍到欧洲。后来他们穿越中美洲，倡议开辟一条运河连接大西洋和太平洋。

科学绘图

返回欧洲后，冯·洪堡花费了接下来的20年时间写他的经历，他带回的植物标本以及他从中得到的教训。他创造了一种新型的科学绘制地图的方法，可以表明自然特征如植物、土壤或岩石的分布。他通过发明"等温线"提出了小气候的研究，等温线所连接的地方具有相同的温度。他说明了如何用比较地理学来分类气候或者预测在相同类型岩石中存在的矿物质。他分析了植物地理学依赖土壤类型和温度的情形。他注意到但没能解释地球磁场的周期性变化，后来人们发现这是与太阳黑子活动有关的一种现象。所有这些东西中，测量法是他科学地理学新的基础。

冯·洪堡再也没有做过像他的南美洲之旅那样值得称颂的旅行，尽管他在1829年曾游历俄国。除了南美洲之旅的详细报告，冯·洪堡还写了一本全面描述地球和天地万象的书，命名为《宇宙》（*Kosmos*），于1845年开始发表，但到他去世时尚未完成。《宇宙》试图使地理学成为与天文学同样水平的科学，实际是要作为天文学的延续，以天文学系统描述天空的方式系统地描述地球。冯·洪堡写道："人不能对自然施加影响，如果不能用测量和数字关系来确定自然规律，就无法利用任何自然力量。"更有意义的是，冯·洪堡的工作带来了新的变化，在德国，很多大学建立了地理学研究所，地理学很快就获得了科学的地位，尽管这个过程在英国和美国要长一些。正是冯·洪堡的成就建立了现在我们所知的环境科学。达尔文赞美冯·洪堡是历史上最伟大的科学旅行家，并称他到南美洲的历史性旅行部分上是受到了这位地理学创始人的鼓舞。

进化论：查尔斯·达尔文
BIOLOGY AND GEOLOGY IN THE NINETEENTH CENTURY

1859年，查尔斯·达尔文发表《物种起源》（*The Origin of Species*）。这在科学史上是与哥白尼和牛顿发表伟大著作同样重要的事件。和那些著作一样，《物种起源》是我们理解世界的一座里程碑；但与它们不一样的是，它对于我们自身的起源和特性具有深刻意义。

达尔文是一位幸运的英国博物学家，他从未任过公职或在大学任教，而是在他自己家附近研究和写作。他生命里最有意义的事件也许就是年轻时曾随英国贝格尔号进行的为期五年的航行，游历了南美洲和太平洋，研究野生生物。尤其是在孤立的小岛上，达尔文积累了大量的科学资料，为他后来建立的理论奠定了基础。

◎达尔文在加拉帕戈斯岛上观察的四种雀类，它们的喙适合不同的觅食方式，它们的相似性使达尔文相信它们一定来自一个相同的祖先。

◎贝格尔号。

查尔斯·达尔文
(Charles Darwin，1809—1882年)

· 博物学家。

· 出生于英格兰的什鲁斯伯里。

· 受教于什鲁斯伯里文法学校和爱丁堡大学，在那里学习医学。

· 1828年，入剑桥大学基督学院，进行神职学习，但开始对动物学、植物学和地质学感兴趣。

· 1831—1836年，乘英国贝格尔号环绕南美的海洋进行科学考察期间，为船上的博物学家。

· 发表了具有影响力的关于珊瑚礁和火山岛的地质和生态学著作。

· 1842年，安居在肯特的道恩，专心研究物种的起源。健康状况一直不好。

· 1844年，把自然选择的思想写成文字，但感到争议太大没有发表。

· 1858年，华莱士开始思索自然选择。达尔文经朋友劝说发表了他1844年的论文。

· 1858年7月1日，他和华莱士的文章同时送到林奈学会。

· 1859年11月，《物种起源》发表，引起学术界激烈的争论。

· 达尔文继续写作和发表有关自然史，尤其是植物学的文章。

· 1871年，发表《人类的由来及性的选择》(The Descent of Man and Selection in Relation to Sex)，论述了人类与猿的关系。

◎中年达尔文。

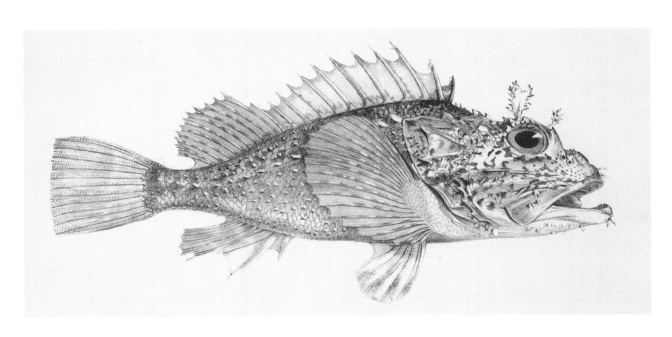

◎亚德里亚海鲉，达尔文在贝格尔号航行中的画作之一，在《贝格尔号航行的动物学》(Zoology of the Voyage of the Beagle) 中发表。

物种的多样性

达尔文发现博物学家面临的中心问题是物种的多样性：为什么在任何动物或植物的家族内都有数百个种，它们彼此基本上相似，而每一个又表现出不同的特征？在它们之间一定有某种有机联系，它们一定是从共同的祖先分化而来。这些理论大部分已由布丰和拉马克提出过，但它们是怎样又是为何发生的呢？

达尔文读了莱尔的著作，它揭示了漫长的地质时代，为发生这样变化提供了框架，但没有提供发生这种变化的机制。1837—1838年，达尔文返回英国后，当他对其笔记进行思考时，发现了物种变异的一个可能的基础。他在阅读托马斯·马尔萨斯的一篇关于人口的论文时发现了一条重要的线索。马尔萨斯提出，食物供应的限制可能对人口增长产生自然的抑制。马尔萨斯认为，受饥饿威胁，只有最适者，即那些资源最丰富、最有才智或者最勤奋的人才能够生存。达尔文把这一思想应用到了动物世界，并与他从莱尔那学来的长时间尺度联系在一起。之后，他可以设想物种通过变得更能适应其环境而进化，而那些没有充分准备的物种则走向灭绝。

自然选择

达尔文把这个过程叫作"自然选择"，在这里他指的是动物中微小的个体差异使之在获取食物中具有优势。可能是速度或力量的加强，也可能是一个器官或能力的发育，都可以使个体存活和兴旺。之后，该特征又通过繁衍传递给下一代；通过数代得到加强，一个新的物种就出现了，尤其是当该群个体实质上与其他群体相隔离时。这就是达尔文在他的贝格尔号航行中研究小岛环境时所发现的情况。

当他到达远离厄瓜多尔海岸的加拉帕戈斯岛时，他被岛上的野生生物迷住了。那里的物种与大陆出现的物种明显不同。动物解剖结构上的变化并不是如拉马克想象的是对环境的直接反应。一个动物不能为了获取食物而伸长它们的脖子或嘴巴；相反，食物可以被具有最优能力的个体获得，因而，它就可以存活，并把其优势传给子孙。这就是"自然选择"的概念，在莱尔的基本时间框架内，解释了曾经困惑了数代博物学家的物种相似性和多样性的问题。并非如居维叶所想象的那样，生物对其环境已经完美适应，在达尔文的世界中，变化和巨大的竞争（物种内和物种间的竞争）的力量起主导作用。

宗教论争

达尔文对他的理论考虑了很长时间，犹豫是否应当发表其见解。如果不是另一个博物学家阿尔弗雷德·拉塞尔·华莱士与达尔文联系，宣称他已经独立构想了一个进化的理论，他还不会发表自己的理论。这促使达尔文完成了他的理论，两个人关于这一主题的文章在1858年7月被送到了伦敦的林奈学会。到1859年11月，达尔文的全部论述发表了，有着很长的解释性题目《通过自然选择的方式；或在生存斗争中优势种得以保存的物种起源》（*The Origin of Species by Means of Natural Selection; or the Preservation of Favoured Races in the Struggle for Life*）。这本书很快出了名并引发了学术界巨大的争论。在科学家中，贝格尔号航行中收集的证据的力量使之可信，但它深刻地扰乱了西方传统的宗教信仰。很显然它与《创世记》中《宇宙》的论述是不一致的，因为它看来没有把神的力量放入自然中。实际上，它看来是把自然刻画成了一个单单由机会控制的，残酷、无休止的生存斗争。而且，人类也是这个丛林中的一部分吗？

人类

达尔文在他的书中没有讨论到作为一个物种的人类，尽管关于人类的暗示很明显，很快就可以被读者抓住。但他对这个问题的直接处理是在他后来的书《人类的由来》（*The Descent of Man*，1871年出版）中。

在这本书中他毫不犹豫地
把人类确定为猿的亲属，
这个宣告是以解剖学的明
确证据和化石记录为基础
的。他写道："这样的时
代不久以后就会到来，它
会是很精彩的，已经很熟
悉人类及其他动物的比较
结构和发展的博物学家会
相信，万物都是世界分化
作用的结果。"这是对人
们自身理解的尖锐挑战：
如果人类只是一种高级灵
长类，只是在时代的长廊
中从猿分化而来，那么人
与上帝的关系又是什么
呢？人作为万物之王的地
位又如何呢？灵魂又会怎
样呢？如果自然法则可以
解释地球上生物的进化，
那么留给上帝的任务究竟
是什么呢？很明显这个科
学领域比化学、物理学、
天文学等任何科学都更直
接地威胁到了传统观念。
达尔文的理论和将要单独
讨论的社会思想以及哲学
的含义一样，在19世纪变
成了最有力、最有争议的
思想。

◎阿尔弗雷德·拉塞尔·华莱士，博物学家，
　与达尔文同时理解了进化。

Euploea
Midamus Linn.

Papilio gambrisius Cr.

Danaus
Genutia Cr.

Euploea
mulciber Cr.

Leconia
vagaris Butler.

Euploea
edtenbacheri Feld.

Idea
ssolli Mo

♂

♂

♀

Papilio ulysses
telegonus Feld.

♀
Narathura ♂ umolphus Cr.

♂

Thysonitis pollonius Feld

SPECIMENS   ACTUALLY   COLLECTED
by
ALFRED   RUSSELL   WALLACE
from   the   British   Museum   (Natural History)

Ixias reinw

◎华莱士个人收集的部分蝴蝶标本。

生存斗争：对达尔文学说的反应

进化论打破了人类起源的传统信仰和物种不变的学说。它的深刻意义立刻被公众认识到了，并引发了激烈的争论。但这个理论比预期的更快更容易地得到了普遍接受。部分原因，是由于钱伯斯的著作《创世的自然志遗迹》已经在人们的意识中植入了进化的思想，由此可见，这些早期工作是何等重要。

在钱伯斯和达尔文的著作中，很大的差别是达尔文有大量的详细证据，而钱伯斯的书更普通、更投机，他指出上帝是怎样指导自然以便从低级生命形式中产生更高级的生命形式。使《物种起源》更易被接受的另一个原因是在19世纪60年代，学者开始鼓励人们把《创世记》中的叙述看作宗教神话，而不是作为真正的历史。上帝是万物的创造者，但他们不认为上帝能够在六天内创造世界及其中的每种生物。

◎"人类在放大的瓶子里"——博物学家赫胥黎、欧文，尤其是达尔文创造了人类是一种动物的新见解。

owen

Huxley

By Annie Keary.

托马斯·亨利·赫胥黎
(Thomas Henry Huxley，1825—1895年)

· 著名的生物学家，达尔文最重要的支持者。
· 出生于英格兰的伊令。
· 加入伦敦查令十字会医院，学习医学。
· 加入皇家海军医疗服务。
· 1846—1850年，在英国响尾蛇号上作为助理外科医生到南半球海洋进行调查活动。收集和研究海洋生物，尤其是浮游生物。
· 1854—1885年，在伦敦皇家矿业学院任自然史教授。
· 研究比较解剖学、古生物学，尤其是鸟类和爬行动物类的比较。
· 1860年，在牛津大学大不列颠协会会议上与塞缪尔·威尔伯福斯主教关于物种起源进行了激烈争论。
· 1863年，发表《关于人类在自然中的位置的证据》(Evidence as to Man's Place in Nature)。
· 开始对神学和哲学感兴趣。为他的宗教立场创造了"不可知论者"(agnostic)一词。

◎赫胥黎完成了隐居的达尔文不能完成的宣传进化论的
任务，他成为所谓的"达尔文的斗犬"。

生存斗争

达尔文学说的真正哲学问题存在于达尔文认为的进化指导力量的机制：自然选择。自然选择在许多人看来仅仅是机会——机会赠予具有某种力量的个体，使之能够生存，获得食物，变成优势种，而其他个体渐渐消亡。这就是"生存斗争"，一种残酷的没有人性的过程，一场没有指导原则的赌博。这是达尔文学说中让人最难接受的一部分。我们真的可能相信人类作为一种更高级的物种，是从过去时代的动物中，由于这种随机的斗争进化而来的吗？上帝真的可以以这样的方式设计出他的目的吗？如果只有机会的作用，一些物种又怎么能够比另一些"更高级"呢？据说达尔文的妻子爱玛就很不喜欢这种自然的想象，从来没能接受它。甚至有人猜测，达尔文在19世纪50年代所患疾病的根源，来自他对于其思想内涵的深深不安。后来，在19世纪70年代，当进化论已被公开而广泛地讨论时，他才获得了生命里最好的健康状况。

保留一个道德的观点

很多承认达尔文理论的力量，并接受进化作为一种确定的事实的科学家仍然不能接受自然选择的机制。伟大的博物学家托马斯·亨利·赫胥黎相信在生物内某种发展的力量所表达的进化：个体对环境进行反应，通过个体的努力适应环境。人们觉得拉马克的进化理论比达尔文的更容易理解。很多科学家，伟大的天文学家约翰·赫歇耳是其中之一，认为进化必定是由某种极高的智能指导的。这基本上是老的关于设计的争论，自然的法则一定是有目的的，一定是为了表达它的创造者的特征；换句话说，上帝设计了进化的过程。这个途径试图对自然保留一个宗教和道德的观点。

相同思想的非宗教版本出现于实证论哲学，由法国的奥古斯特·孔德和英国的赫伯特·斯宾塞创建，实证论者不是把进化看作一个无意义的丛林，而是走出这一丛林的过程。生命显然是一个从低级到高级的过程，其最高形式就是文明的人类。人类的历史也历经了许多阶段

◎赫胥黎在《名利场》中的漫画像。

的进化，其中人类的生命首先受宗教控制，其次是哲学，最后是科学这种最高形式的思想。

相信进步

实证论鼓励进步的信仰，即把进化作为一种确定的道德的发展，正是以这种形式，进化的观念深深地渗透进了19世纪的思想。它加强了作为这个时代特征的对进步的信仰。生物学的进步被看作是智能和社会进步的基础。在科学和技术方面的进步使人类前所未有地掌握了环境。在这个欧洲文明在世界占有优势的帝国时代，有人要把好的政体、宗教和教育带给未开化的民族。对这个观点可能有一些残酷的扭曲，例如，鼓吹那些不能接受欧洲标准的所谓不可救药的野蛮人最终将自然消亡。就像钱伯斯已经说过的那样，在这些领域内，进步被看作像广泛传播的万有引力一样，可以作为进化是伟大的自然法则之一的证据。

尚未解决的问题

还有一个由莱尔的地质学和达尔文的进化论提出的尚未解决的深刻的科学问题，来自物理学世界。星云假说是被广泛接受的地球起源理论：地球是由热的星际气体变成一种融合物质并从此逐步冷却固化形成的。最重要的物理学家开尔文勋爵已经计算出了这种冷却过程的期限，他估计地球的年龄是2500万年。尽管这个数字很大，但还是没有大到可以容许莱尔所描述的地质学结果，或者已知在地球上存在过的所有物种的进化和灭绝。在地质学和物理学间的这种争论，一直持续到发现辐射作为地球内的一种热源才得以解决。

很少有科学观点像进化论这样与社会和哲学思想有如此多的接触点相盘绕。进化论超过了19世纪物理学和化学上的任何深刻的进步，似乎确定了一种人类本身的起源和历史的新的观点，它的含义因此延伸到了生物科学领域之外。达尔文没有说明进化的机制：解剖学和生理学的变化是在什么生物水平上发生的，这些变化又是如何传递给下一代的。在下一世纪遗传学和基因变异的研究将会阐明这些问题。

海洋学的产生：挑战者号航行

BIOLOGY AND GEOLOGY IN THE NINETEENTH CENTURY

地球表面的三分之二被海洋覆盖，海洋为地球上的生命提供了一个巨大的容器。因此，不可避免的，19世纪的科学家开始系统地研究海洋。人类已经在海洋上航行了数百年，而其深处隐藏着一个巨大的神秘的自然世界。在19世纪早期，对海洋学的无知使科学家宣称没有生命能在超过610米的深部存在。

海洋探险

产生海洋科学的关键事件之一是1850年人们试图在大西洋安放海底电缆的早期尝试。从事这一工作的工程师发现海底的深度并不一致，也有一些未知生命

从水下610米处被打捞上来。这激励了相当多的探险活动，他们开始收集海洋标本，并对海洋进行物理学和化学测定。

英国挑战者号从1872年12月到1876年5月的漫长航行使这些探险活动的热度达到顶点，海洋科学也由此产生。挑战者号以前是一艘战舰，被英国海军租借给了皇家协会，人员是由海洋生物学家查尔斯·威尔·汤姆森带领的科学家。他们在海洋上穿梭，航行了4年，航程近7万英里（约11.26万千米），测量洋流和温度，收集海水的组成标本，采集了数千种海洋生物的标本。他们证明了水下压力是随着深度的增加而增加，当达到

◎英国挑战者号。

◎上图：英国挑战者号上的科学家团队。

◎下图：船上的生物学实验室。

◎显微镜下的海底泥浆。

最大深度7315米时，巨大的压力足够把钢制容器压扁或者是把玻璃容器压成粉末。但他们发现，有些生物在这样的深度仍然存在，因为他们的组织渗透了相同压力的水。显然，这个610米下的无生命区是凭空想象的。他们发现大量的生物存在于海洋上层，是微小的原生动物形式，这种美丽的对称群体被称为放线虫。放线虫的骨架残骸形成一种沉淀性的淤泥覆盖了大部分海底。更深处的温度是相同的，只比结冰温度高一点，几乎完全没有光，因此没有供给动物食用的植物。这个深度的所有鱼都是食肉的，以其他鱼或从上层漂落的死亡动物为食，但是科学家并没有发现某种"活化石"或"进化缺环"：所有物种都与已知的类别相符，显然，在海底深处的生物群落是在相当近的地质时代发展起来的。

新科学

挑战者号上的科学家没有装备绘制海底地图，但他们确定，海底就像陆地表面一样有深谷和高山。他们监测到的最深的地方是太平洋北部的马里亚纳海沟，大约有8230米深，而那些太平洋中的岛屿是真正的山，高约6100米，如从海底算起则更高。他们认识到海底的山脉在决定不同海域间温差是很重要的。但是挑战者号上没有物理学家，因此他们在研究洋流这样的事情上，知识储备是薄弱的。在该船返回英国后，科学家的发现以50卷科学报告的形式出版发行了很多年。汤姆森并没有在有生之年看到这些报告，它们是他的一个助手约翰·默里整理的。通过分析南极水下海床岩石的样本，默里推测南极冰架一定是被大陆岩石衬垫着，他是一个南极探险的极力倡导者。

挑战者号的结论为这门新科学——海洋学提供了基础，尤其是汤姆森和默里没有提出的关于海洋化学和它维持地球稳定温度的功能方面的问题。后来，海洋学家分析了全世界的洋流，在赤道和两极间的热循环效应与地球自转的效应。后者的影响是最重要的，致使在北半

◎停靠在海港的挑战者号。

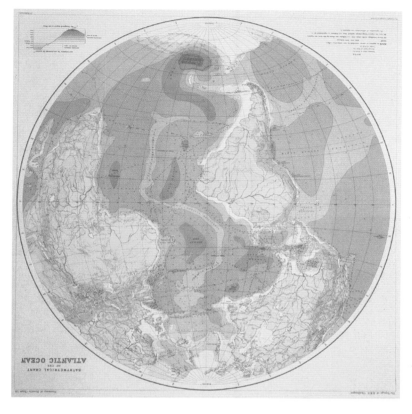

球的水顺时针运动，而在南半球逆时针运动。

当然，还有许多错误的理论。例如：美国的海洋学者马修·莫里曾尝试绘制大西洋海底地图，认为像墨西哥暖流这样的洋流是地球的磁力作用于溶解在海水里的金属引起的，后来，这一理论被证明是错误的。海洋学者强调，海洋具有97%地球上的水，从这里开始了所有生命依赖的水循环。海洋学已在几个方面得到了发展，显示了物理学和生物学的内在联系。发生在地球三分之二的环境中的过程显然对理解其他三分之一是关键的，尽管它们是相对隐蔽的且只能被科学的眼睛所捕捉。

◎上图和下图：挑战者号报告中的两幅地图。上图显示了沉淀物分布，下图显示了世界海洋的温度分布区。

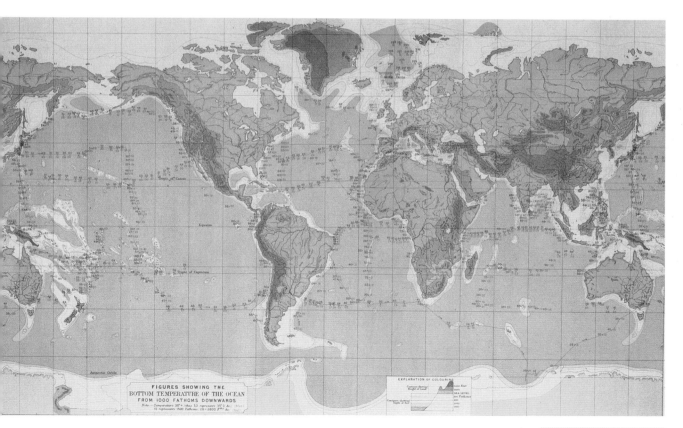

生理学：新生命科学

BIOLOGY AND GEOLOGY IN THE NINETEENTH CENTURY

◎克劳德·伯纳德，生理学先驱，在他巴黎的实验室里进行解剖。

18世纪的医生用许多哲学术语讨论生命的奥秘，包括对于生机论和机械论的争论。但是到19世纪中叶，实验医学和实验室研究彻底改变了这个问题。医院是可以观察生和死的地方，实验室成了可以进行实验的地方，在那里生命的组织和体液可以在可控制的环境下进行分析和检测。从苏格兰到俄国，从西班牙到匈牙利，生物实验室正在创建新的学科，如药学、组织学、病理学和胚胎学。把所有这些研究综合到一起的一种全面的科学叫作生理学，它的目标是解释基本的生命系统——繁殖、新陈代谢、神经控制，以及它们怎样在机体内进行调节。由于在19世纪20年代约瑟夫·杰克逊·利斯特发明了一种优质的高分辨率显微镜，可以显示细胞和组织的结构，使许多这样的新发现成为可能。

方法的改变

现代生理学与弗朗索瓦·马让迪的事业一起出现于法国。马让迪感到医学和生物学已经落在了物理学的后面，因为当分析诸如营养与感觉神经系统这样的基本活动时，往往需要引入推测和臆想。在19世纪20年代，他发展了一组实验来分离脊柱神经的感觉和运动神经根。他证明这些神经根前面的控制运动，后面的控制感觉。几乎同时，苏格兰医生查尔斯·贝尔发现了相同的现象，现在这一现象叫作贝尔–马让迪定律。马让迪开始应用他学到的化学技术鉴定草药和动物性药物，如从南美洲和远东带来的毒药的活性成分。在这些毒药里，

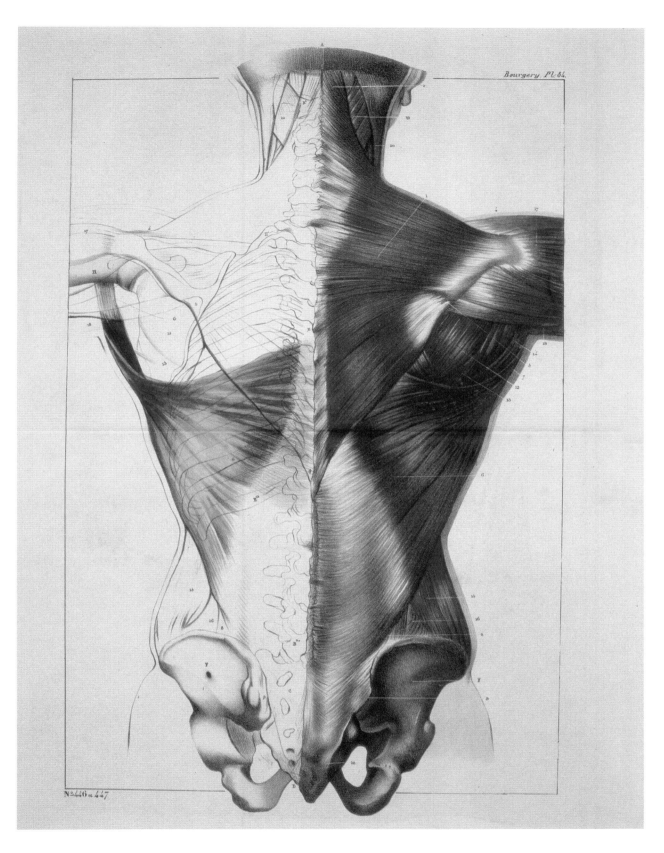

◎脊柱周围的肌肉。19世纪20年代，贝尔和马让迪都发现了
　连接到脊髓的不同的感觉和运动神经系统。

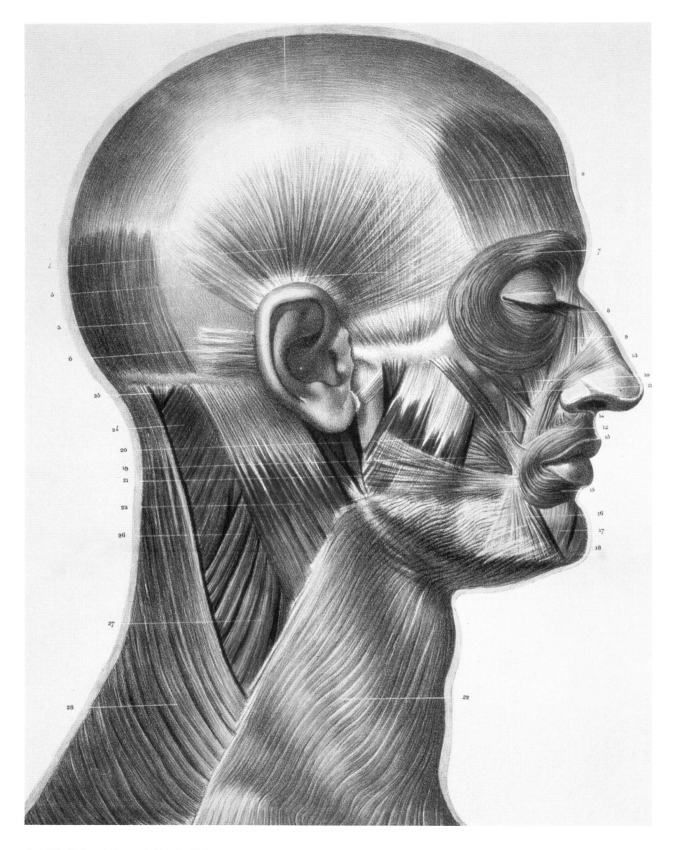

◎头颈部肌肉，来自1859年的一幅雕版图。

他成功地分离到了马钱子碱（剧毒，用于治疗呕吐，其盐酸盐可用作中枢神经的兴奋剂）、奎宁（从金鸡纳树的树皮中分离，用于减轻疟疾的症状）和吗啡（作为一种镇痛药使用），他所做的这些工作奠定了现代药学的基础。

马让迪培养了许多优秀的学生，其中最著名的是克劳德·伯纳德，他被公认为现代生理学的真正创建者。伯纳德主要研究神经和消化系统。从他的老师那里，他继承了对毒药作用的强烈兴趣，他证实它们有很特异的局部作用。例如，有一种南美洲部落使用的箭毒，只是在神经支配肌肉时起作用，通过阻止神经冲动以正常的方式使肌肉收缩，进而引起麻痹。

伯纳德最重要的发现是肝脏可以糖原的形式储存糖并将之释放入血液。他通过仔细研究给动物饲喂无糖饮食时从肝脏流出的静脉血得到了这一发现。显然，机体像一间复杂的实验室，可以合成各种所需的化学物质。由此，他总结出了著名的机体内环境学说。

基本平衡

很显然，机体拥有大量的高度敏感的机制，使之能够摄入食物、吸入氧、调节温度、抵御有害物质、指导思想和行动——简而言之，维持生命。就像人或动物生活在有利或有害的外环境中一样，在内环境中，必须调节众多物理和化学因素以创造一个和谐的有机体。伯纳德宣称，内环境的稳定是自由和独立生命的必要条件。这种有机体内的基本平衡后来被叫作"动态平衡"，意即稳定或平衡。生理学的目标就是解释机体借以维持平衡的内部系统。疾病不是像传统理解的那样是"一种引起死亡的功能"，它是机体自我调节机制某个部分的机能丧失，如果未能纠正，即可导致疾病和死亡。要理解一种疾病，首先必须理解正常的生理学系统与正常的平衡。"医学是疾病的科学，"伯纳德说，"而生理学是生命的科学，因此生理学是医学的科学基础。"

寻找生命的科学

生理学的科学方法也在德国发展起来，在那里，很多大学的医学院建立了研究实验室。在德国，与伯纳德相当的一个人是柏林的约翰尼斯·弥勒，他影响了整整一代的科学家。正是弥勒证明了哺乳动物的胎儿在子宫里，通过其正在生长的机体与母体连接的脐带里的血液进行呼吸。新的实验性生理学正在摧毁着古老的生机论，后者认为生命像精神一样，是一种存在于机体内看不见的神秘力量。生理学家正在证实，身体通过复杂的、多数基于化学反应的物理系统维持功能。看来只要分析所有这些系统，也就可以解开生命的秘密。

这些生理学先驱通过广泛使用活体动物，进行很多现在被认为是残酷的实验从而取得了他们的进展，如：切断神经、将探针插入身体的不同部分、无情地控制喂食等。从19世纪20年代以来，他们的一些实验方法引发了反对解剖运动，据说伯纳德与其妻子和女儿分居，也是由于她们无法忍受他的动物实验。反对者认为这些实验未被证实能带来实际的好处，即使有益，也太过残酷了。

细胞：生命的基本单位

BIOLOGY AND GEOLOGY IN THE NINETEENTH CENTURY

◎乔瓦尼·阿米奇，意大利植物学家，第一次观察到了花粉在花上的受精过程。

　　万物究竟是由什么构成的，化学反应又是发生在哪个层面，这些问题引导物理学家去研究原子理论。生物学家同样想知道，生命的本质是什么。数个世纪以来，人们提出过各种理论：在心脏、在大脑或血液中的某种生命力量，或是精神，或是热量。19世纪20年代，在新式显微镜的帮助下，人们发现了生物的基本组成单位——细胞，动物和植物无不如此。在这一领域的重要发现，几乎都发生在德国的生物实验室里。

微小的奇观

　　1826年，卡尔·冯·贝尔成功地鉴定了一个哺乳动物的卵子并追踪了它发育成胚胎的过程。卵子是一种单一的没有分化的细胞样单位，数个世纪以来关于先成说的争论至此告一段落。贝尔宣称："通过雄性和雌性交配而产生的每一个动物都是从一个卵子发育而成的。"但受精的机制还不清楚，因为精子细胞比卵子更小、更难以发现。1821年，意大利人乔瓦尼·阿米奇发现了花粉在花的雌蕊上受精的过程。10年后，苏格兰植物学家罗伯特·布朗证实，显微镜下可见的组成植物组织的球形结构里有核存在，现在我们叫它"细胞"。更早使用细胞这个词的是罗伯特·胡克，用以描述在显微镜下看到的软木内的空泡，尽管这些空泡并不真的是细胞。

贝尔、阿米奇和布朗的工作提供了重要的线索，即有机体可能是由更小的单位组成的。之后，马提亚·雅各布·施莱登和特奥多尔·施旺证实，确实如此。每个人的发现都表明，许多种活组织都是由具有重要特征的

◎罗伯特·布朗，苏格兰植物学家，证实了细胞核存在于植物细胞中。

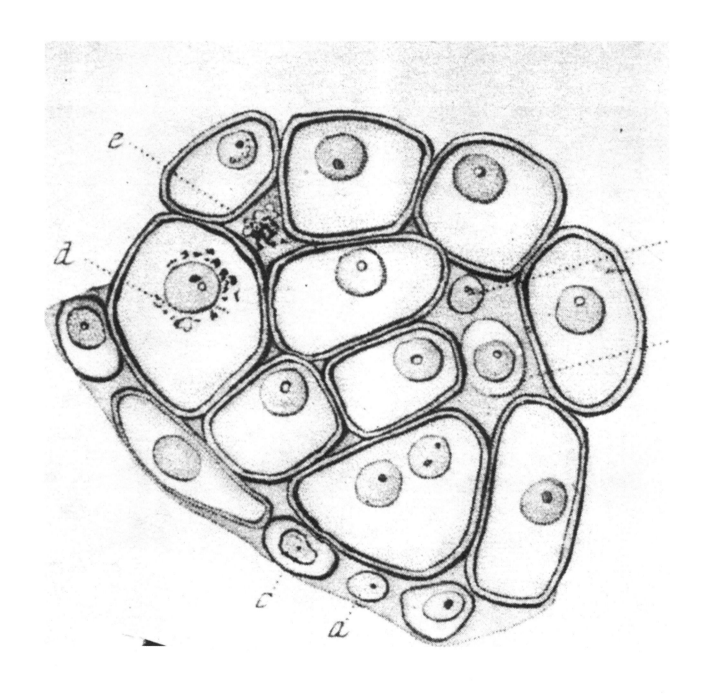

◎特奥多尔·施旺在19世纪40年代所画的细胞图。细胞的发
现可与拉瓦锡的元素理论和道尔顿的原子论相媲美。

细胞组成的。一些细胞可被挤压在一起，有发育良好的壁，比如骨头或牙齿；而另一些如血液中的细胞是独立和分离的；还有一些如肌腱和韧带中的细胞则伸长成纤维状。他们发现每一个细胞都有一个细胞核，猜测细胞核是某种形式的控制中心。他们认为组织和器官通过形成新的细胞来生长，但他们还是没能解释细胞怎样复制。他们开始相信每一个细胞在某种程度上是一个独立的生命单位，但同时服务于作为一个整体的生物。

身体的结构

另一位德国生理学家鲁道夫·菲尔绍发展和明确了这些见解，他证实细胞分裂是组织生长的基础。菲尔绍提出了这个伟大的学说，即每一个细胞都是从另一个细胞分裂出来的。他认识到发生在身体里调节健康和生长的每一个化学变化都发生在细胞内——细胞是一个小的化学加工厂。由此得出，疾病可简化成细胞的病理，这个基本的生命单位里的功能失常。按照他的看法，有机体就像一个社会或政治结构：和平共处的单个细胞的联盟，但总是可能受到其伙伴失去功能的威胁。很快，在1863年这个模型显示出对病理学家的价值，当时威廉·瓦尔代尔–哈尔茨证实癌症是以一个单个的恶性细胞开始，通过血液和淋巴系统以细胞迁移的形式扩散到身体其他部分。如果可以去除这种恶性细胞，癌症就可以治愈。

成熟的细胞理论在1877—1879年出现了一座重要的里程碑，是两位德国实验生理学家，赫尔曼·福尔和威廉·赫特维希彼此独立工作，都发现了精子使卵子受精的瞬间。两人都使用了海胆，因为他们发现海胆的透明组织适于注入标记染料。他们观察到，在几分钟内，两个细胞的细胞核融合形成一个受精卵。这样自从亚里士多德考虑生殖过程以来的一个长期争论——雌性或雄性体液是否为基本因素，现在以看起来最简单的方式解决了：两颗种子变成了一颗。这个现在看来显而易见的

基本知识，从产生到现在也只经历了一个世纪多一点的时间；如果没有显微镜和细胞结构的知识，所有的生物学家都会与之擦肩而过。

19世纪80年代，爱德华·冯·贝内登发现了细胞复制的关键步骤——核分裂。他注意到核内伸长的颗粒只是在分裂发生前复制，是瓦尔代尔-哈尔茨建议将它们命名为"染色体"（意思是可被染色的小体），因为它们容易吸收染料，从而可在显微镜下看到。

细胞的发现在生物科学史上是一座里程碑，正如原子理论对于物理学一样。和原子理论一样，细胞打开了新的探索之路。这些小单位是如何组织的？单个的细胞是如何为作为整体的有机体服务的？尽管机体只不过是一些细胞，在有机体生存过程中，又是什么法则导致这些细胞生长和死亡？这些问题的答案牵涉到复杂化学和当时还未出现的遗传学。

马提亚·雅各布·施莱登
（Matthias Jacob Schleiden，1804—1881年）

· 植物学家，植物细胞学的创始人。
· 出生于德国汉堡。
· 在海德堡大学学习法律。
· 在汉堡开设了自己的法律事务所。
· 在格丁根，然后又在柏林大学学习自然科学。
· 1838年，解释了在细胞形成过程中核的作用。
· 1839年，在发表了许多文章后，在耶拿大学获得了博士学位。
· 1842年，发表了关于细胞形成的《科学植物学的本质》(Grundzüge der Wissenschaftlichen Botanik)。
· 1850—1862年，在耶拿大学任植物学教授。

特奥多尔·施旺
（Theodore Schwann，1810—1882年）

· 生理学家，植物细胞学的创始人。
· 出生于德国诺伊斯。
· 帮助约翰尼斯·弥勒研究消化系统，用4年时间分离了胃蛋白酶。
· 发现了施旺细胞——环绕神经轴突的细胞。
· 1839年，完成关于细胞理论的重要著作。
· 1838年，移居比利时。
· 成为勒芬大学教授，1848年转到列日大学。

胚胎学问题：恩斯特·海克尔
BIOLOGY AND GEOLOGY IN THE NINETEENTH CENTURY

动物胚胎的发育一直是既直观又神秘的生理学问题。生命体的所有这些复杂的器官和系统是如何在几个月内由一个小小的卵子生长而来？细胞理论表明生物的生长通过细胞的增殖发生，但有些细胞形成骨骼，有些形成大脑，有些形成血液……这又是为什么呢？在没有遗传学的时代，在指导组织按预定模式生长的遗传密码的概念出现以前，这些问题没有答案，但19世纪的生物学家确实曾注意过这个问题，并提出了可以理解胚胎学的方式。

追踪发育过程

卡尔·冯·贝尔最先证明了哺乳动物卵子的存在，也是他说明了在发育的胚胎中不同器官出现的顺序。他观察到头、四肢和其他器官由最初的"胚层"组织折叠出芽产生。在18世纪30年代和40年代，他研究对比了许多不同物种的胚胎，从这项工作中他得出了"生物遗传原则"——胚胎越年轻，在所有物种间存在的相似性越大。

这一思想被达尔文作为进化论的有力支持——物种发育是从简单到复杂，变得越来越不同，正如胚胎的

◎海克尔画的图，表明不同物种间胎儿的相似性。从这些发现中得出了他深具影响力的"胚胎重现"理论。

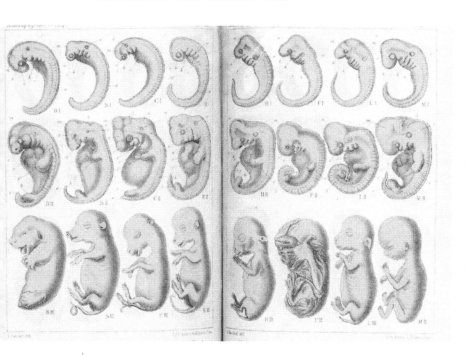

恩斯特·海克尔
（Ernst Haeckel，1834—1919年）

· 博物学家，自然史的大众化作家。

· 出生于德国波茨坦。

· 先后在维尔茨堡、柏林和维也纳大学学习医学。

· 转到耶拿大学学习解剖学。

· 1862年，成为耶拿大学动物学教授。

· 广泛游历了地中海、中东和印度。

· 1866年，出版了《有机体的普通形态学》（Generelle Morphologie der Organismen）和其他通俗自然史的著作，许多成为畅销书。

· 写作和发表了许多有关海洋生物的文章。

· 画出了生命树（右页图），表明进化的过程。

发育一样。贝尔明白在不同物种间存在亲缘关系的可能性，但他不接受达尔文的观点，即所有生物都是从一个或少数几个共同的祖先发育而来的。相反，他相信，这些生物形式彼此相似是因为它们表达了内在的需要：所有动物都必须有腿和翅膀，必须有肌肉、消化系统、大脑、心脏，等等，否则它们将不能存活。按这个观点，物种间的联系不是偶然的，也不是像进化论中所说的那样是有机的。

物的胚胎间，存在着比海克尔所认为的更大的差别。有人说他抹平了这些差别以使他的画图适应其理论，掩盖了相反的情况。海克尔是一个热心的社会达尔文主义者，相信人是自然的一部分，与其他任何生物的有机形式没有区别，人类社会就像人类身体一样是进化的产物。

胚胎和进化

杰出的哲学家、科学家恩斯特·海克尔揭示了胚胎学对于进化思想的全部含义。海克尔开展了重要的原始性研究，也写出了有高度影响力的通俗科学著作。他阐明了所谓"胚胎重现"的学说：人类胚胎在短短几个月内重复了动物经过"数百万年"，从最低级到最高级形式的整个进化过程。海克尔画了许多不同生物的胚胎，指出它们与人类胎儿生长阶段的相似性，以此支持他的学说。海克尔指出人类的胚胎，在不同的时期与一条鱼、一只蜥蜴、一只鸟或一个小的四足兽相似。"在它的快速进化过程中，"他写道，"人类个体重复了他的祖先在漫长而缓慢的进化过程中经历的最重要的变化。"这个原理给予了进化论巨大的支持，加强了在许多不同物种间的有机联系的观点。

许多年来，"胚胎重现"被作为一个已证明的事实来讲授。但最近，胚胎学家已经表明，在不同动

◎海克尔所创立的动物树，从简单的变形虫到人类。

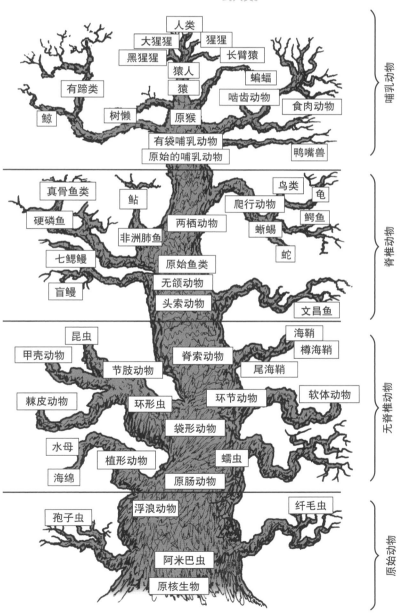

生理学：新陈代谢理论
BIOLOGY AND GEOLOGY IN THE NINETEENTH CENTURY

运动和生长是生命体的基本标志。19世纪中期，生物学家的成就是证明了运动和生长这两者中都存在能量和化学反应。当然，人们一直知道食物对生命是重要的，没有食物，机体就没有力量运动，没有能力生长。但生理学家现在已经开始研究发生这些生理活动的机制：机体如何处理食物，食物又是怎样支持生命的。他们使用的模型是机器和化学实验室。人们知道，机体不得不用它所食入的原材料产生热量、能量和维持生命。考虑到那些大型动物或劳作动物如牛和马只吃草来满足机体的全部需要，生物学家认定这个过程不是一个简单的过程。

动物化学

早在18世纪80年代，伟大的法国化学家拉瓦锡就已宣布动物的呼吸与燃烧的化学过程十分相似：从空气中摄入氧气，产生热量后，排出二氧化碳。空气中大量的氮气显然在这个过程中没有什么作用。"生命之热"是一个古老的概念，长期以来被认为是生命的本质，生理学家依据传统观念把心脏或大脑作为某种中心，认为生命之热储存在那里，并从那里通过血液运送到身体各处。但拉瓦锡提出了一个热量来源的科学论述：它来自氧化作用，就像木材或煤中的炭在燃烧中被氧化一样。

几十年后，当物理学家开始以热力学术语研究蒸汽机时，拉瓦锡理论完美地符合热机模型。但呼吸只是个

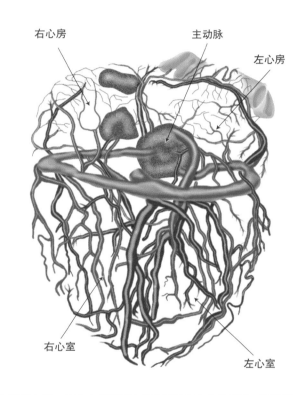

右心房　　主动脉　　左心房

右心室　　左心室

◎心脏的血管：每个人都知道心脏的跳动对生命的重要，而科学家现在开始探究血液、空气和营养物质在身体内是怎样确切地起作用的。

开始，它只解释了氧气的存在而没有其他东西：在身体里被氧化的是什么？什么取代了蒸汽机里煤的位置？

19世纪20年代，在伦敦成立了一个名为动物化学协会的科学组织，它的成员互相交换对这个问题的观点和研究结果，他们明确地预感到部分答案存在于食物的化学分析中。英国化学家威廉·普劳特注意到这个事实，既然哺乳动物的母乳是其基本营养，应该能从中发

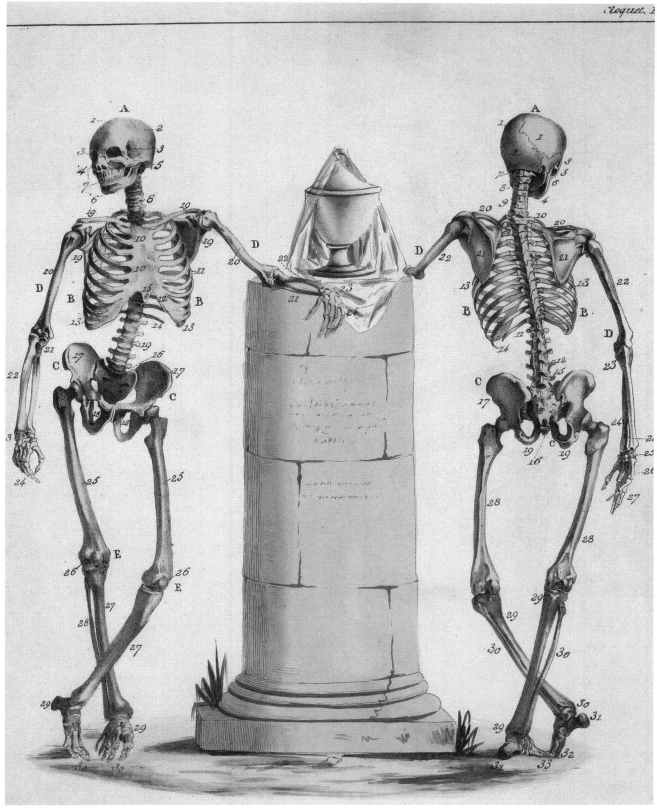

◎19世纪课本中的图例，这些图例提供给学者许多新
　发现的细节。

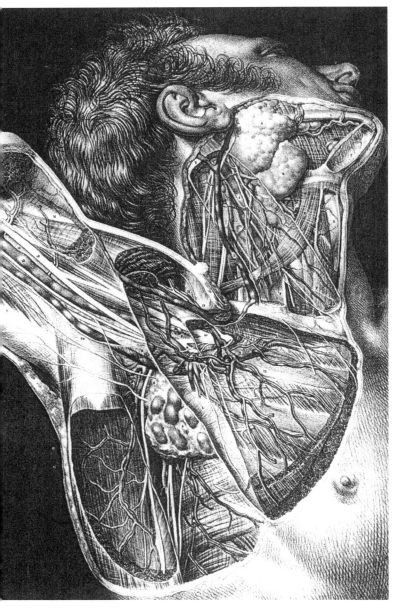

◎19世纪课本中的图例，这些图例提供给学者许多新
　发现的细节。

现它包含生长（现在叫作蛋白质）和产生能量（现在叫作碳水化合物）的所有必需成分。有机化学的创始人贾斯特斯·李比希真正推动了生理化学的进步，他创建了食物、动物组织和体液的化学分析程序。李比希发现生命之热不像传统医学猜想的那样是与生俱来的，而可由化学反应解释。呼吸摄入氧，与含碳的化学物质（糖）

结合，释放出能量（热）、二氧化碳和水。这种含氮的物质被用来构成肌肉和其他组织，最后的代谢废物包括尿液、磷酸盐和其他化学副产品。机体不仅仅是把食物变成热量，还用它建造组织。

李比希相信，对这些输入输出物质的科学研究，将会揭示机体这个化学机器的内在工作情况。他把营养物质划分为他所谓的"造形食物"（包括氮，被用来建造组织）和"呼吸食物"（包括碳，被氧化产生热和能量）。脂肪也含有碳，但与糖不同，是以一种可储存的形式存在。这样，我们现在的名词蛋白质、碳水化合物和脂肪就产生了。按李比希的观点，生命存在于这些化学反应中：生命不是一种神秘的力量，它与无机化学反应只有程度和复杂性上的差别。并不存在两种化学，化学就是化学。

在血液中

李比希的一些追随者甚至更进一步宣布了生命的纯化学观点，他们认为："大脑分泌思想就像胃分泌胃液一样，或者像肝脏分泌胆汁、肾脏分泌尿液。"

但还存在另一个问题：这些反应是在哪里发生的？半个多世纪以来，从拉瓦锡到19世纪60年代，人们相信氧化反应发生在血液中。血液流到肺部吸收氧，接着与可得到的碳、水及氮结合。热被释放出来作为能量，产生蛋白质，无用的二氧化碳被带回肺脏，尿液带到肾脏，所有过程都由血液处理和传递。

细胞学说的建立把血液从这个基本位置上剔除了，新一代的细胞学家发展出研究细胞内过程的技术，如氧和糖通过细胞膜的传递等。人们现在知道，呼吸，或者说能量的释放，是在细胞内发生，血液的作用是运输——把氧和营养物质带给细胞，细胞才是生命反应发生的地方。

英国化学家爱德华·弗兰克兰这样总结这个过程："命令从大脑传递到肌肉，神经因素决定氧化作用。潜

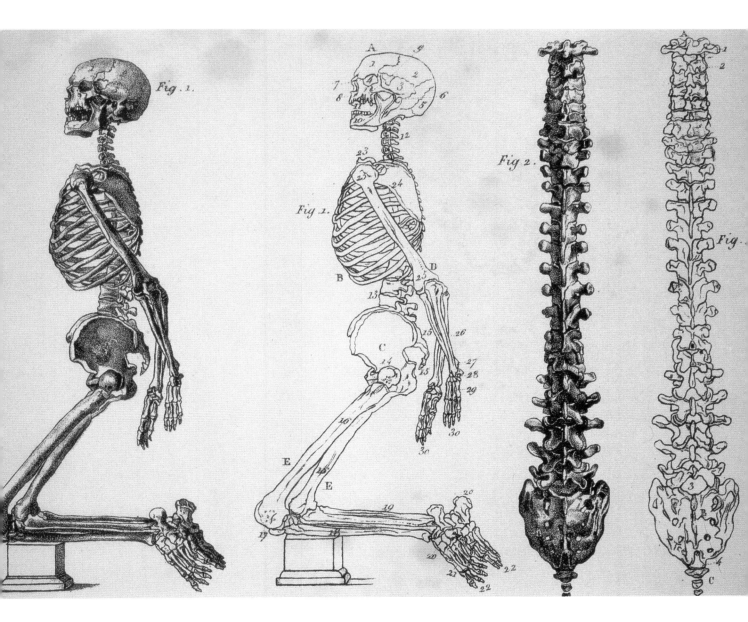

◎脊椎的研究，来自1859年《克氏解剖学》的插图。

在的能量变为实际的能量，一部分承担运动的形式，其他看来是作为热量。这是动物热的来源，也是肌肉能量的起源。就像蒸汽机汽缸里的活塞一样，肌肉只是一个把热量转化为运动的机器。"

当然，在这个阶段，人们并没有理解细胞内真正复杂的化学反应，因为生物化学的时代还未到来。蛋白质在生命体中的作用过程远比糖的氧化复杂，生命还需

要更多微量化学物质。因为催化剂的观点已经引入无机化学中，一些化学家已经推测，这些化学过程一定需要调节，需要引发反应而不参与其中的物质。除了基本元素，还需要数十年来发现那数百种复杂的化学调节物和抑制物。但是19世纪的生理学家真正不平凡之处，在于他们在实验室里把热力学、化学和生物学综合在一起，改变了人们在讨论"生命的奥秘"时的关键词。

神经元和轴突：探究神经系统
BIOLOGY AND GEOLOGY IN THE NINETEENTH CENTURY

17世纪，笛卡儿提出了人体是一台机器的设想，通过控制电线或管道——神经，携带信息从大脑传递到身体的各个部位。思想、人性和意识都存在于这个机器之外的精神世界。这个模型作为起点很好，但它留下了许多没有回答的问题：这些信息实际是怎样工作的，思想怎样转化为行动，或为什么一些行动受意识支配，而另一些不受意识支配。19世纪的神经学不能回答这些关于大脑或人类意识的最深层的问题，但确实已经成功地绘制了神经系统主要特点的图谱。

在显微镜下

利用19世纪30—40年代改良的复合显微镜，一批科学家，包括罗伯特·雷马克、约翰内斯·普尔基涅和鲁道夫·冯·克利克确定了神经纤维的精细结构。神经纤维实际上是从细胞延伸出来的，可以达到距离细胞核几十厘米的地方。精细的染色技术使这些特征可被医生通过显微镜看到。纤维当然不像传统上想象的那样是空的，所以它们不能传导任何形式的"神经液体"。这个不寻常的单位被叫作"神经元"，延伸部分被叫作"轴突"。

一个较大的困惑，是由西班牙组织学家雷蒙·卡扎尔提出的，即神经元看来是彼此分离的，没有实际的接触点，以致无法解释神经冲动的传输。直到19世纪末，英国生理学家查尔斯·谢林顿才发现，这种接触是由一种电流引起，他把这种接触叫作"突触"。真的是由一个低能量的电冲动连接了两个神经元间的空隙吗？德国的物理学家赫尔曼·冯·亥姆霍兹成功地测量出这些电冲动传递的速度在每秒30～40米。

无意识的行动

人们很早就已认识到，大量的行动是不受意识控制的——眨眼、咳

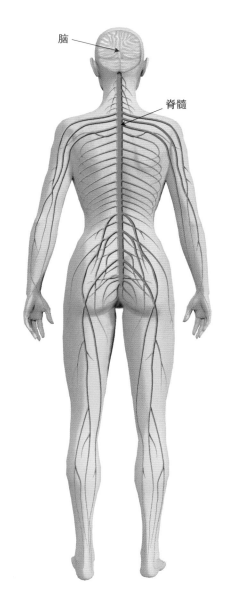

脑

脊髓

◎从脊髓和大脑分支出来的神经系统。反射活动未经大脑从脊髓传达到身体的不同部分，再回到脊髓。肢端避开热源的反应就是一个例子。

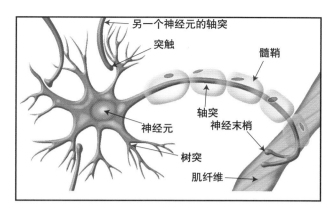

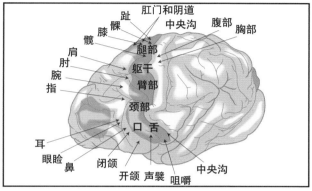

◎上图：一个典型的神经细胞，带有星状体即神经元和延伸的轴突。

◎下图：表明大脑区域以及它们通过神经系统所控制的部位。

海姆就已经发表了他们的心理活动定位理论，后又被他们提升为一种科学叫作"颅相学"。在这个理论中，人性的许多方面，如贪婪、慷慨、残忍、愤怒、神圣等，都可从颅骨的形状读出来，它是从大脑的节产生的。颅相学在欧洲变成了一种流行时尚，尽管它并不是一门科学，但它鼓励了人们去描画大脑。

综合的系统

许多神经学家进行这样的实验：用电极刺激大脑或者切除大脑的一小部分来确定视觉、嗅觉等感觉或者某一肢体运动能力的位置；他们甚至切除整个中枢神经系统，特定的反射仍未受损伤。伦敦的神经生理学家大卫·费里尔研究了猴子的神经学损伤的后果，发现猴子的症状有时极像有大脑疾病或严重头部损伤的人。但这些实验的结果不是很明确：在大脑的一个区域内定位视觉或手臂运动这样的功能是可能的；但也会出现这种情况，当切断运动皮质的相关部分引起一只手臂的瘫痪时，运动能力可能会在几个月内完全恢复，而大脑的该区域还未完全产生。因此研究人员可以确定，大脑有一定程度的适应灵活性，而意识、意志或"心灵"根本不能被定位。

很明显，神经系统首先是一个综合的系统，能使身体为一个目的服务，估计和平衡来自环境的相矛盾的信号。把这个系统分析成纯粹的物理方式好像很遥远，但已有了一个实验性开始。像科学家在研究新陈代谢时，以机器作为主要模型试图理解身体的工作方式的观念，对描画神经、大脑和心灵的复杂性难有帮助。

嗽、碰触高温物体时缩回手，等等，这些反应被叫作反射活动。实验表明，即使将脊髓与大脑之间切断仍会发生，这与它们和意识没有关系相一致。英国物理学家马歇尔·霍尔表明，反射活动集中在从脊髓出来的一组反射弧中。这样脊髓就不仅仅是一个主要的神经导管：它有自己的生命；它是一个"脊髓脑"，有自己的自主功能；实际上，在某些方面，它比大脑优越，因为它总是清醒和警觉的，而大脑需要睡眠。

神经系统可在一定程度上被描画出来，而大脑本身呢？想象一下身体里这许许多多的功能，每一种都由大脑里的某个特定区域控制，这是不合逻辑的吗？早在1819年，维也纳大学的弗朗兹·加尔和约翰·施普尔茨

疾病的微生物理论：路易·巴斯德
BIOLOGY AND GEOLOGY IN THE NINETEENTH CENTURY

19世纪，生物学的杰出人物是法国人路易·巴斯德，他证明了一种不可想象的生命形式——微生物的存在，并且明确地描述了一种新的疾病模型，即由这些外在因素侵袭人体引起疾病。当然，人们对感染和传染早已有了实质的了解，这就是为什么总是要把麻风病患者和鼠疫病人与他人隔离。人们始终认为这样做可以避免疾病的蔓延，但疾病的根本原因仍是一个谜。

对疾病本质的真正理解成为科学史上最伟大的智力突破之一。巴斯德不是一位职业医生，但他所做的工作永远改变了医学的理论和实践。巴斯德发现细菌理论的过程漫长而复杂，始于19世纪50年代对发酵本质的研究。

活的有机物

当时，所有知名的化学家包括贾斯特斯·李比希都持有这样的传统观点，即发酵是一个纯粹的化学过程，其中糖被转化为酒精和气体。发酵发生在无氧条件下的事实支持这一观点，因而人们认为氧气是任何形式呼吸的基本因素。但巴斯德发现，对发酵物质酵母无法进行任何化学分析，在任何化学公式里都没有体现它的作用。这导致了他后来的关键发现：酵母是一种活的生物，从糖中提取氧而无须空气也能生存，并从同一来源提取碳和氮以供生长；当酵母暴露于空气时，可生长但不发酵糖，只有在无氧时发酵才会发生。

通过显微镜观察，巴斯德发现酵母是一种单细胞

◎路易·巴斯德，他所创建的疾病微生物理论彻底改变了医学。

◎巴斯德用于说明空气
中充满可引起腐败的
微生物所用的一个封
闭的玻璃瓶。

真菌，也有其他类似的生物参与了其他生物学过程，特别是腐败过程。动物或植物的分解由这些微小的生物引起，它们能够从曾经有生命的组织中分离碳、氢、氮和其他元素用于自己的生命过程。死亡的特殊气味仅仅是硫以气体的形式从腐烂的有机物中释放出来。

"生命参与死亡的各个阶段"，巴斯德写道，死亡和分解是永恒的元素循环的一个基本部分，正如李比希描述的碳循环和氮循环那样。

严格的实验

在哪里可以发现这些微生物，它们又是怎样传播的？巴斯德用无机物质在密闭和开口的容器中做了一系列严格的实验，最后表明在空气、水和土壤中充满了一大群不可见的活的微生物。这些微小的生物体大部分可用显微镜观察到，它们参与了植物和动物世界的基本化学过程。

在古老的关于自然发生论的争论中显示了这些微生

物的本质。1859年，博物学家费利克斯·普歇对19世纪的新唯物主义发表了为自然发生论冗长而烦琐的辩护。唯物学者被这个自然发生论的观点吸引是因为它支持了他们的信仰，生命是一种纯粹的不具人格的物理现象，在合适的化学条件下可在任何时候发生。巴斯德自己也相信传统的宗教观点，认为生命的产生是一个独一无二的神圣事件，所有生命都是从其他生命繁衍而来。1860年，法国科学院为对这一问题的最终回答提供了奖金，巴斯德和普歇都设计了实验来证明他们的理论。巴斯德首先证明空气可在经过消毒的无机物质中产生发酵或腐败；第二，这不单单是空气，而是空气中所含的某种物质在起作用，这种物质可被过滤出去；第三，这种作用是由显微镜下可见的微小物体引起，它们有些是可活动的；第四，环境因素尤其是温度直接影响这些微生物的繁殖。巴斯德打败普歇赢得了科学院奖。

实际应用

在接下来的几年中，巴斯德用微生物的概念鉴定了许多动物疾病，如炭疽和动物霍乱的病因。他演示了怎样加热牛奶（巴斯德消毒法）可以杀灭所含的微生物。但他犹豫了很长时间才进入人类医学领域，让他的理论接受最终的检验。他用从感染动物身上取得的疫苗实验，从詹纳对天花的早期工作学到了免疫的概念。一些医学界流派排斥细菌理论：大型的、复杂的生物被小得看不见的生物攻击并杀死看来荒唐可笑，这些细菌的存在被认为是疾病的结果而非原因。但是直到19世纪80年代早期，巴斯德开始确信，这些特殊的病原体要对许多疾病（即使不是全部）负责，这种疾病模式应成为医学的核心。

征服狂犬病

没有什么事件能比征服狂犬病更戏剧化地彰显新理论的胜利。狂犬病的症状神秘而可怕，且必死无疑。巴

◎巴斯德，现代细菌学之父。

路易·巴斯德
(Louis Pasteur，1822—1895年)

· 现代细菌学之父，化学家。

· 出生于法国多尔。

· 先后在贝藏松和巴黎高等师范学校学习。

· 1867年，在索邦神学院（巴黎大学前身）成为化学教授，之前在斯特拉斯堡，里尔和巴黎讲课。

· 他的研究证明自然发生论的观点是错误的。

· 在研究腐败和预防葡萄酒酸败时发明了"巴斯德消毒法"。

· 1865年，在进行了蚕病的研究后复兴了法国的丝绸工业。

· 发展了疾病的微生物理论，帮助预防炭疽、白喉、霍乱、黄热病和其他疾病的爆发。

· 1855年，发明了一种治疗狂犬病的疫苗。

· 1888年，巴斯德研究所在巴黎建立，路易·巴斯德任第一任所长。

◎《死亡分发处》，
1866年的一幅漫
画。巴斯德的微生
物理论为伤寒这样
的流行病提供了科
学的解释。

斯德从被感染的狗身上提取了一种狂犬病血清，他相信
可以战胜这种疾病，但他不愿用它实验。直到1885年，
一个被疯狗严重咬伤的9岁男孩约瑟夫·迈斯特被带到他
的实验室，医生认为他已经没救了。巴斯德带着强烈的
预感，同意使用他的疫苗。经过很长的疗程，男孩得救
了，他后来到了巴斯德的诊所工作。其他的病例接着来
了，尽管有少数失败，但巴斯德的疾病模式和治疗方法
被公认是成功的。巴斯德实际上从来没有见过狂犬病的
病原体，因为它太小了。但他预测了它的存在，后来证
明这是一种病毒。

巴斯德的工作不仅被看作一种科学发现，而且是
在人类历史上一座真正的里程碑：它宣告了迄今为止不
能征服的疾病和死亡原因的终结；它变成了19世纪宗教
观念进步的一部分，人们相信科学能够战胜人类的自然
敌人。在他最后一次公开讲演中，巴斯德说起他的"不
可战胜的信仰——科学和和平将战胜愚昧和战争"。这
个隐秘的生物形态的存在，证明了19世纪科学在揭示自
然界不同方面间无形联系的又一个例子。热力学、进化
论、化学循环和现在的微生物学都表明了自然的许多分
支相互交织，成为复杂联结的循环。

细菌和微生物学：科赫和埃尔利希
BIOLOGY AND GEOLOGY IN THE NINETEENTH CENTURY

巴斯德的工作是微生物世界的最明显且巨大的革命，在这一领域他并不是孤军奋战。从19世纪30年代起，新的复合显微镜使像克里斯蒂安·埃伦贝格这样的科学家能够研究海洋原生动物的丰富世界，并且在他著名的传世著作里显示它们的不同形式。几年后，海克尔对一些原生动物的对称结构表示赞美，并提出它们可能是最早的生命形式，是从复杂的无机晶体衍生的。巴斯德的成就是表明这些微小的生命是如何与自然界以及人类相互作用的。其他人也在努力得出相同的结论，因为他们不可能没有注意到患病动物和人的细胞标本中的这些小体。

◎罗伯特·科赫，巴斯德之后最伟大的微生物学先驱。

自学

在巴斯德之后，最重要的细菌学家是德国人罗伯特·科赫，他与巴斯德不同，最初他是一名医生，后来因为兴趣转为研究微生物学。在19世纪60年代后期，科赫自学了在宿主体外繁殖实验用细菌培养物，并通过染色技术看到它们。他利用感染了炭疽的羊的血液，展示了这种微生物是怎样通过芽孢繁殖的，且芽孢在很冷、很干燥的条件下仍能存活并能出芽变为活动的细菌。像巴斯德一样，科赫开始相信许多感染性疾病都是由身体里这些行为特异的细菌引起，他开始着手分离它们。经过在埃及和印度的长期旅行，他发现了引起阿米巴痢疾和霍乱的微生物，并发现这些微生物通过饮用水、食物和衣服传播。

罗伯特·科赫
（Robert Koch，1843—1910年）

· 结核病专家，临床细菌学创始人。

· 出生于德国克劳斯霍。

· 在格丁根大学学习医学。

· 1880年，在帝国健康委员会任职。

· 1882年，发现引起结核病的细菌。

· 1883年，带领一个德国探险队到达印度和埃及，在那里发现了霍乱病菌。

· 设计了"科赫原则"，一个基本科学原则的方法学。

· 1885年，出任卫生学会会长。

· 1890年，发展了结核菌素，结核病的一种诊断工具。

· 1891年，就任柏林传染病研究所所长。

· 1905年，由于结核病的工作获得诺贝尔生理学或医学奖。

在他返回德国后，他重新开始了对19世纪欧洲的头号致命疾病——结核病的研究。1882年3月，他宣布分离并培养了结核病细菌。他立即开始实验，从死亡的杆菌中制造一种疫苗。到1890年，他宣布可能治愈这种疾病。但这个宣布是不成熟的，因为疫苗没有起作用，许多聚集到他在柏林的诊所的人不久后都死了。此时距成功的结核疫苗产生出来还要再过35年，但科赫已经从这次挫折中恢复过来，开始进一步分离致命性细菌，包括麻风、腺鼠疫和疟疾，尽管后者的传播是一个谜，因为它看来不是通过人与人传播的。

化学利器

科赫分离这些不可见的致命微生物的工作，为战胜这些疾病奠定了基础，肺结核的经验表明不是所有的微生物都像天花和狂犬病那样对免疫疗法有反应。保罗·埃尔利希首创了一种替代的方法，他在柏林与科赫一起工作了许多年，埃尔利希持"生物体通过正常的化学过程维持功能，因而应当可能用化学手段与疾病状态做斗争"的有机化学观点，推想可以选择能够攻击细菌使其丧失致病能力，而且没有毒副作用的化学物质。他的这一理论最值得称道的成功之处在于，他发现一种叫作"撒尔佛散"（Salvarsan）的化学物质，对杀死梅毒病原体高度有效。埃尔利希因此被认为是化学疗法的创始人。虽然化疗在治疗梅毒上最终被抗生素疗法取代，但它被成功地应用到了癌症治疗上。

然而对人类有害的微生物只是少数。科学家不久就发现，土壤中充满了数以百万计的微生物，这些微生物对将死去的有机物分解成为植物可重新利用的形式起着关键作用。以这种方式，化学元素首先被植物所利用，接着被食植物的动物利用，从而实现持续不断地循环利用。

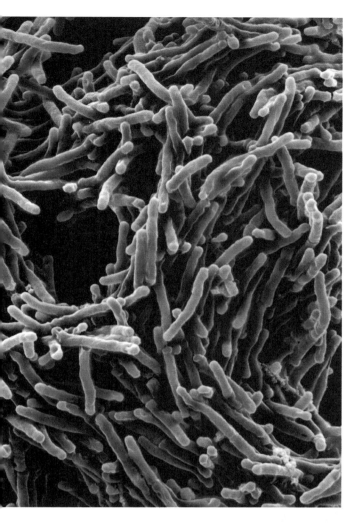

◎科赫1882年分离的结核病细菌——但没能制备出有效疫苗。

保罗·埃尔利希
(Paul Ehrlich，1854—1915年)

·细菌学家，化学疗法的先驱。

·出生于德国斯特兰。

·在布雷斯劳、斯特拉斯堡、弗赖堡、莱比锡大学学习医学。

·对细菌学和化学感兴趣。1878年研究动物组织染色技术，获得博士学位。

·转到柏林医疗诊所，在那里研究血细胞。

·1887年，成为柏林大学医学系的讲师。

·1890年，转到传染病研究所研究免疫学。

·对免疫学的研究使他建立了侧链理论。

·将撒尔佛散用于治疗梅毒。

·1908年，与埃利·梅奇尼科夫一起赢得了诺贝尔生理学或医学奖。

科学和医学：外科的革命

BIOLOGY AND GEOLOGY IN THE NINETEENTH CENTURY

在19世纪，有两项科学发现彻底改变了医学实践：麻醉剂和抗生素。纵观历史，有些自然药物被用来止痛，如曼陀罗剂、鸦片和酒精，但它们的作用是有限的，因此主要体腔的侵入性手术还不可能施行，大多外科工作局限于切断手术。

早在1800年，汉弗莱·戴维就报告了一氧化二氮气体可使人产生眩晕、发笑的反应，最后会失去意识，他写道，"它似乎能够消除疼痛"。当时他注意到一氧化二氮能缓解发炎的齿龈的疼痛，建议在手术中使用。这种气体被称为"笑气"，引起了社会的轰动，但好像没有人实际上把它作为麻醉剂试用。相反，19世纪40年代早期，在美国牙医使用乙醚（一种带有甜味和刺激性气味的气体）诱导病人失去意识，在拔牙上开辟了一个新时代。

麻醉的突破

第一台有全面文字记录的手术发生在1846年10月16日，在马萨诸塞州综合医院，威廉·莫顿成功地麻醉了一个病人以便从他的脖子上切除一个肿瘤。几个月内，乙醚被巴黎和伦敦的医院广泛应用在手术中，各大报纸都为这座征服疼痛的里程碑而欢呼。不久，乙醚被发现有不良的副作用，它刺激患者肺部并引起呕吐。爱丁堡的产科学教授詹姆士·辛普森，在1847年用氯仿替代乙醚，尤其是在难产中使用。但由于非自然性，医学界反对在生产中使用氯仿，直到1853年4月维多利亚女

◎上图：汉弗莱·戴维爵士，化学家，发现了一氧化二氮——笑气的特性。

◎下图：维多利亚女王在生孩子时使用氯仿是一座里程碑。

◎上图：笑气引起
了社会轰动，但
作为麻醉剂并未
获得成功。

◎下图：1802年
一次化学讲演中
的讽刺性场面。

◎霍勒斯·韦尔斯，美国牙医，尝试用笑气、乙醚和氯仿来进行麻醉。但最终，他以自杀的方式结束了他艰难的事业。

◎19世纪50年代设计的氯仿面罩。

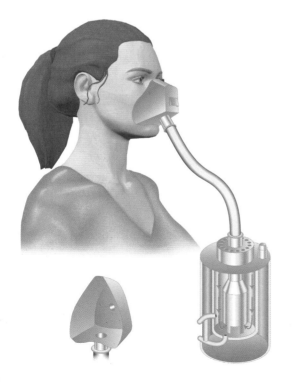

王在生她的第八个孩子利奥波德王子时使用了氯仿。这个事件确保了氯仿被医学界和公众接受。接着科学家开始了局部麻醉的研究，古柯叶的活性成分可卡因被成功分离出来，并在19世纪80年代早期投入使用。麻醉剂为外科手术的发展提供了条件，但另一问题仍然阻碍着这一领域的进步：手术后感染的威胁。在前巴斯德时代，医院的清洁状况特别糟糕，医生们自己也承认，一个病人进入医院做手术比在战场上死亡的机会更大。大约有一半病人伤口会出现坏疽感染，以致病人会在一台名义上成功的手术后数天内死亡。

生和死

19世纪40年代早期，维也纳综合医院的一位医生伊格纳茨·塞麦尔维斯使人们更加关注产褥热——侵袭产后母亲的致命性感染的有关问题。塞麦尔维斯注意到了两间产科病房非同一般的事实：一间病房的死亡率高达1/3，而另一间只有1/30。为什么？它们之间的差别是，在死亡率高的病房，病人由医学生处置，而在另一个病房只有助产士。因此致命的感染一定来自医生。他们从其他工作中获得了感染来源，有些人甚至是在进行尸体解剖后直接来到产房。当塞麦尔维斯的同事，一位法医学教授，在一次尸检中切破了手指，死于血液中毒后，他的怀疑加深了。

这是在巴斯德以前的时代，塞麦尔维斯没有细菌理论的指引，可是得出造成解剖对象死亡的某种因子传给了活着的病人这样的结论，是没有道理的吗？1847年5月，塞麦尔维斯制定了一项新的制度，即在接生前用氯水洗手，由此，在他的病房里病人死亡率急剧下降。后来，他转到了布达佩斯的一家医院，在那里得到了相同的结果。但他的见解遇到了一些同事的怀疑与抵制，以至于他精神崩溃，在漠视中死去了。

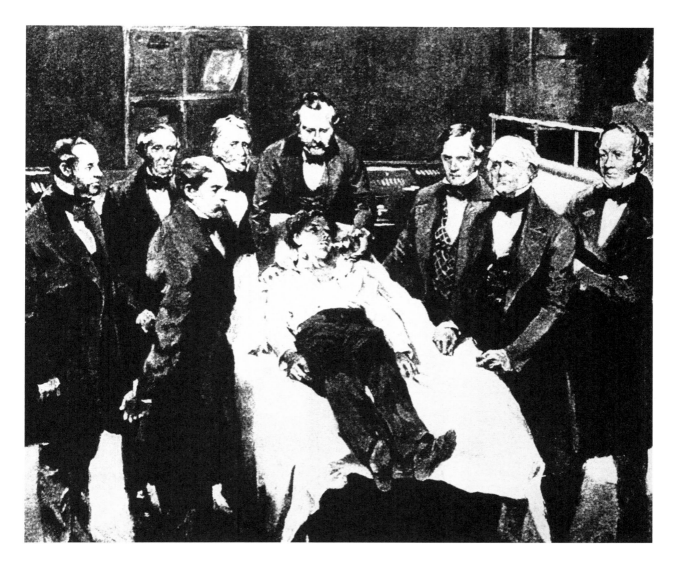

◎1846年10月16日，在马萨诸塞州综合医院第一次公开展示手术麻醉的画面。从酒精到鸦片，历史上使用过许多种麻醉剂，但直到1846年，才显示给公众一台成功的手术，并发表了一个说明。在图中，我们可以看到的正在通过病人口腔注入乙醚的麻醉师是牙医威廉·莫顿，他正要进行一台颈部肿瘤切除手术。

科学革命

在塞麦尔维斯的同一时代，约瑟夫·利斯特（约瑟夫·杰克逊·利斯特之子）也在格拉斯哥研究医院感染这个问题。他开始相信坏疽和相似的伤口感染基本上和腐败相同，巴斯德的新著作表明它们是由空气中的细菌引起的。利斯特读了巴斯德的著作后开始使用苯酚消毒伤口。同时，手术环境也用一种防腐剂喷洒的方式进行清洁。在整个19世纪60年代，利斯特稳定地降低了术后死亡人数，但一些医生仍然拒绝接受细菌理论。"这些小动物在哪里呢？"一个人问道，"给我们看看，我们就会相信它们。"但是医学史的潮流已经转变了，到19世纪80年代，巴斯德和科赫的工作以及利斯特等人的外科实践已经证实了新的细菌科学的正确性。这是外科的一个罕见的例子，医学作为一个整体正被一种真正的科学革命转变着。

遗传学的创始人：格雷戈尔·孟德尔

BIOLOGY AND GEOLOGY IN THE NINETEENTH CENTURY

1865年春天，自然历史学会在位于今天捷克共和国的布尔诺举行了一次会议。会议上，格雷戈尔·孟德尔在讲演中报告了关于控制植物繁殖的一个历时8年的研究结果。这个讲演的文章后来在1866年该学会的杂志上发表了，但这个讲演和这篇文章都没有引起科学界的注意。30年后，一些生物学家重新发现了孟德尔的著作，认识到他奠定了现代遗传学的基础。

变化的世代

格雷戈尔·孟德尔是布尔诺奥古斯丁教修道院的修道士，但他主要的兴趣是科学而不是神学。他在维也纳大学接受过良好的教育，学习了数学、物理学、生物学和哲学。他将修道士的工作看作从事科学研究的手段，因为修道院集合了众多知识分子。最初，他开展了气象学的原始研究，但他最伟大的工作是在植物繁殖方面，从1855年开始他一直从事这项工作。

他研究了近3万种植物的繁殖结果，可以看出，他一定是有着详细周密的计划和想要验证的理论，不然他无法一直进行。他选择了豌豆，并且挑选了7个他想在传代中观察的特征：茎长、花的位置、豆荚的形状和颜色、种子的形状和颜色、子叶的颜色。他想看一看这些特征是如何随着时间重复或改变的。

孟德尔所发现的精髓包括：当绿豌豆的花粉授给黄豌豆时，所有子代都是一种颜色——黄色。这已经很有趣了，因为通常的感觉会认为颜色会混合，但接着出现了更惊奇的事，当这些第二代植物自己授粉时，少量的绿色豌豆重新出现。而且，孟德尔证实它是按1∶3的精确比例出现。在孟德尔选择研究的每一个其他特征——高度、种子的形状、花的位置等，这种模式重复出现。

意外的结论

孟德尔的天才不仅在于设计周密的实验，而且在于从中得出推论，他得出了一些意外和深奥的结论。最重要的是，每一个特征是由独立存在的，被他叫

◎格雷戈尔·孟德尔，奥地利修道士，遗传学先驱。

格雷戈尔·孟德尔
(Gregor Mendel, 1822—1884年)

·植物学家，现代遗传学基础的设计者。

·出生于奥地利德鲁附近的乡村。

·1847年，被任命为神职人员。

·1851—1853年，在维也纳大学学习科学。

·1856—1863年，在修道院的花园里工作，研究植物的遗传特征。

·进行交叉授粉和繁殖豌豆实验，使他得出了显性和隐性基因理论。

·1868年，成为修道院院长。

·创立了"孟德尔分离定律"和"独立分配定律"。

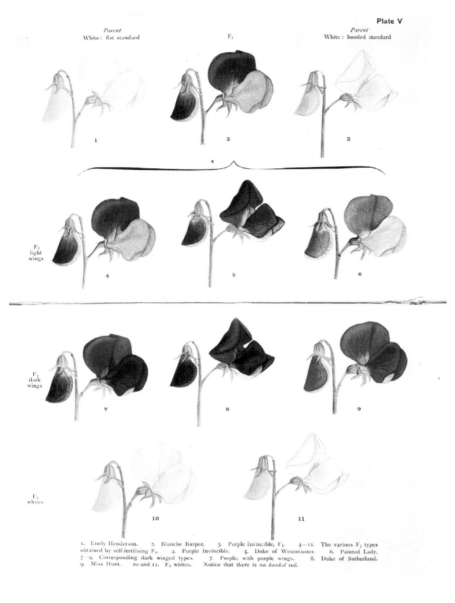

Plate V

Parent
White : flat standard

F₁

Parent
White : hooded standard

1

3

2

F₂
light
wings

4

5

6

F₂
dark
wings

7

8

9

F₂
whites

10

11

1. Emily Henderson.　2. Blanche Burpee.　3. Purple Invincible, F₁.　4—11. The various F₂ types obtained by self-fertilising F₁.　4. Purple Invincible.　5. Duke of Westminster.　6. Painted Lady.　7—9. Corresponding dark winged types.　7. Purple, with purple wings.　8. Duke of Sutherland.　9. Miss Hunt.　10 and 11. F₂ whites.　Notice that there is no *hooded* red.

◎孟德尔：甜豌豆——孟德尔书中的一个图版。

作因子的东西决定的。这些因子是成对的，来自父母双方。在子代中，一个因子是占优势的，而另一个是隐匿的，孟德尔称之为"隐性性状"。但这个隐匿的因子并未消失，它在第三代会重新出现。因此，当它们通过世代传递时，这些因子保持了它们的完整特征——没有混合或改变。通过统计分析大量的数据，孟德尔成功地阐明了这些以前被认为是随机现象的规律。我们不知道孟

德尔是否相信他的因子在花粉种子中真正存在，但他一定猜想过那是什么。然而，由于在当时整个学术界缺少对他的观点的回应，孟德尔气馁了，他没有再做进一步的工作。孟德尔的研究结果在1900年左右才被人们所认可，他的实验被重复，他的结论得到了确定。

DNA的预言

遗传因子的观点成了公认的事实，但它和进化论之间令人困惑的矛盾立即显现。如果生物物种的特征在世世代代中完整传递，物种又怎样改变和进化的呢？奥古斯特·魏斯曼的重要著作及他关于"遗传物质"的理论强调了这个问题。魏斯曼强调体内生殖细胞分离的同一性。魏斯曼相信，代与代间遗传物质的传递不受生物环境的影响。魏斯曼非常有洞察力，他认为遗传物质就位于生殖细胞核内，他的理论被看作是DNA的预言。他表明，在受精过程中染色体的减数分裂是必须的，否则染色体数目会增加。如果每一个细胞有46个染色体，当细胞分裂时，它们会减成两组23个。鉴于这种遗传物质的稳定性，魏斯曼也不能解释变异是怎样在物种内部产生的。进化论和已证实的遗传学事实相协调是20世纪生物学的主要成就之一。

人类学：人的科学

BIOLOGY AND GEOLOGY IN THE NINETEENTH CENTURY

到19世纪中叶，科学家已经对自然的描述性科学研究取得了重要进展：大到恒星，小到显微镜可见的微生物，人们不断地探索和揭开大自然神秘的面纱。但有一个课题很少被科学地研究过，即人类本身，不是他的躯体，而是他的精神和文化。人类世界——社会组成、家庭、法律、宗教也可以用与植物的生长或化学行为相同的方式进行研究和分析吗？如果可以，也会发现它们遵循自然法则吗？

古希腊的科学家就曾经提过关于人类社会的问题，关于它应怎样统治，关于我们所指的好与坏，等等。但

◎人类进化的证据使人类学家提出了这样的问题：文化结构和规范是怎样发展的——部落制、宗教、食人风俗，等等。

◎当时一本通俗百科全书的四页，显示"人种学——人类的种族"。

◎今天我们想当然地认为人类进化经历了许多年，
我们的祖先是类似于猿的猎手。

詹姆斯·弗雷泽
(James Frazer, 1854—1941年)

·人类学家。

·出生于苏格兰的格拉斯哥。

·在拉奇弗得学院学习，后到格拉斯哥大学学习。

·加入剑桥的三一学院，开始学习古典文学，后对人类学产生
了浓厚兴趣。

·1890年，发表《黄金支系：比较宗教学研究》（The Golden
Bough: A Study in Comparative Religion）。

·出版了他自己对经典著作的译著。

·1907—1908年，在利物浦任社会人类学教授。

·1908年，转到剑桥任社会人类学教授。

·1911—1915年，对《黄金支系：比较宗教学研究》进行了广
泛修订和重写，以12卷本的形式再版。

方、有广泛差别的文化和风俗的人身上。19世纪的政治
形势使这成为可能，当时非洲的广大地区、美洲和太平
洋岛屿都在欧洲的控制之下，因此可以进行此项研究。
同时，关于人类起源的传统宗教信仰的减弱为研究这些
问题的新科学开辟了道路。

有序的体系

在18世纪的启蒙时代，许多哲学家想知道，世界上
许多不同的人是怎样彼此相关的：他们都是从一个共同
的祖先繁衍而来的吗？如果是，他们怎会有这么大的差
别？他们对不同种族的解剖学结构、语言、宗教和风俗
进行了对比，但这些早期的研究者缺少一条对照原则，
可以把所有证据组织成一套有序的体系。这条原则随着
进化论出现了，生命形式按时间顺序彼此相关，每一个

他们的回答是基于伦理依据或宗教信仰。没有人提议关
于人类的信仰和行为可以被收集、对比、合成为一种人
类的科学。在19世纪所发生的是这种科学研究的模型，
一种建于观察和分析之上的模型被应用到了世界不同地

都是从更早的一个生长出来，有一个从低级形式到高级形式的进步过程。这条原则毫无疑问导致了人类学的产生，因为它提供了人类社会和风俗在按时间顺序发展的体系中彼此相关的可能性。正如美国人类学家刘易斯·亨利·摩根所写的：

> 不可否认，人类的一部分处在野蛮状态，一部分是在未开化状态，还有一部分是在文明化状态，这三种不同的情形在自然中彼此相关，同样是发展的必然顺序。

人类学家寻求支配人类社会的法则。摩根强调，在城市化以前的社会，亲缘关系是最重要的。他建立了这样的理论：社会组织的主要改变是来自食物生产的改变，人类开始是猎人和采集者，进步到发展农业，然后是复杂的城市生活，在每一个阶段，艺术、科学和政体也发生了巨大改变。这些主要的划分仍然被今天的人类学家接受。

人类的统一

这个分支被英国人类学家爱德华·伯内特·泰勒准确地反映出来。他写到，按照发展的规律，"野蛮和文明作为一个形成过程的低级和高级阶段是相联系的"。泰勒明确指出宗教和神话理论相当于最初的科学。例如，非物质的灵魂和精神，普遍的信仰假设它们定居于每个人的身体内，这是试图解释一个活人和一个死人间的差别。

泰勒的信仰在文化的进化中具有重要的影响：19世纪许多人提议，人类的种族是如此不同，在身体上和精神上，他们不能属于同一个物种。相反，泰勒的工作强调了人类的统一性。但是毫无疑问，按照泰勒这样的人类学家阐述的方式将进化原则应用于人类社会，被用来证明欧洲的帝国主义的正当性。有人认为：非洲、南美洲或太平洋地区的人们，正是在欧洲文明的榜样作用影响下走出野蛮状态的。

宇宙神话

这个时期，另一位深具影响的人物是詹姆斯·弗雷泽，他把巫术和宗教解释为古代试图控制自然和巩固国王以及实施巫术仪式的祭司的权利。泰勒和弗雷泽指出了许多这些古代信仰的现代残留，他们显示了宇宙神话，比如在基督教背后也存在的死亡和重生。

19世纪的人类学真的是一门科学吗？回答必然是否定的。它的一些领袖人物，像摩根，确实旅行并在他所描述的人群中生活过；但其他人，如弗雷泽，则从没离开过西欧，也没有亲身经历过人类文化的多样化。进化对他们来说是一条原则，他们从来没有详细追踪任何特殊的人类群体是怎样从另一个群体发展而来的；他们的资料是不完善的。

在20世纪早期，一个新的人类学学派出现了，它强调任何社会风俗和信仰的形成都是因为它们在那个社会里发挥了重要功能，而不是源自其他。但是，人类学在19世纪后期的兴起表明科学模式的强力吸引力，尤其是进化论原则。人们热切期望以规律的形式分析人类文化，并表明人类也是自然的一部分。他们完成这项任务的思想受他们那个时候的文化形式所影响，但他们试图把人类放在科学问题的范围内。把人类放在科学研究的世界外是很不合理的，但人类心理和社会制度是否可以被成功地分析成科学规律仍未得到回答。

总结：19世纪的成就

直到19世纪中叶，世界史中可能都没有提及科学。无论是政府、社会和人民的生活，还是战争、商业的历史——科学并没有对它们产生巨大的影响。即使是一些重要的创新和成就，如第一次横越大洋，它们也是伟大的实践功绩，而不是源于科学，也没有产生新的科学知识。但到19世纪末，科学已经在很大程度上改变了人们的生活方式和思考方式，变成了西方文明的主导力量。19世纪的伟大思想是科学思想：进化论、疾病的微生物理论、热力学、物质的原子基础，等等。这些思想在几年内交互出现，转变了人们了解自己和世界的方式。与哥白尼和牛顿的工作不同，这种转变并非纯粹的智力革命。科学的进步立即在新技术的出现及征服致死性疾病方面显现出巨大的作用。人类依靠肌肉或风帆的力量进入19世纪；而在离开19世纪时，则带着通过科学给予的机器的力量，使运输、制造、通信和破坏的能力增加了几千倍。

科学的控制

在人类对知识的长期探索中意识到科学是可以提供知识的。科学方法被更广泛地延伸到了新的研究领域，

◎马斯特里赫特阶的爬行动物化石——人们震惊于在自己脚下的土地发现如此巨大的生物。

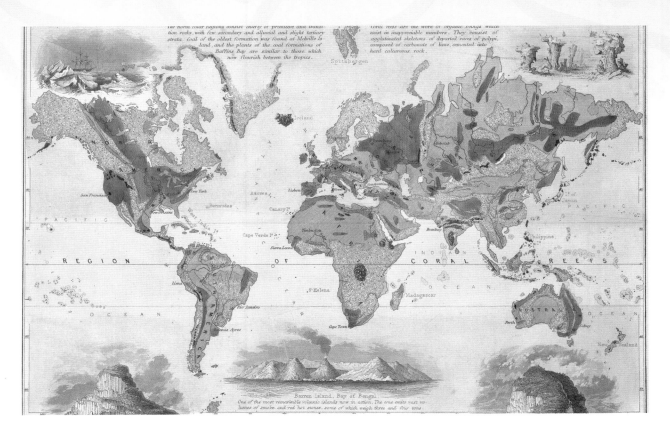

◎19世纪的地图不仅能够表明整块陆地的形状，而且可表明潜在的地质概况。

如人类学和人类历史学。进化论为理解人类文明本身提供了一把智慧钥匙。在机器的时代，最大的机器是人类社会，许多哲学家和历史学家认为人类历史必定也是科学规律的表达。卡尔·马克思写道："历史本身是自然史的一部分，自然的发展推进到人：自然科学包括人类的科学。"把人类社会带到科学控制之下的目标是19世纪产生的又一个伟大思想。

科学思想的地位提升对宗教和哲学思想的传播产生了巨大影响。神学家认识到，有必要将他们的信仰"去神话色彩"，正如他们让步说《新旧约全书》包括许多古老的神话元素一样。第一次，在法国的理性哲学之外，公然的无神论获得了立足之地。一个生活在维多利亚女王时代的科学家写道："我们宣布，我们将从神学手中夺取宇宙理论的整个领域。"在整个欧洲和美洲的

大学课程提纲中，已经开始设立科学，而化学、电学和微生物学的新应用意味着科学变成了一个有吸引力的事业，具有潜在的高回报。

在这个时期，科学的伟大成就，就是证明了自然界的力量是如何以连续的循环联系在一起的。生物体通过化学元素的循环而生活，通过利用热能工作；化学和物理学过程到处存在，甚至存在于天文学中；太阳是无数恒星中的一颗，因为太阳光是一种能量，地球的所有华美从中衍生。科学在发展它自己的宇宙观，但每一个发现都打开了新的谜题和探求的领域：原子的本质、进化的机制、细胞内的化学、星球的进化——每一个问题在这一时代看来都无法回答，但科学的思想势不可当，20世纪人们将会发展新的技术以揭示这些奥秘。